海流海潮动力学的新见解

修日晨　顾玉荷　著

海洋出版社

2017年·北京

内 容 简 介

本书共8章。书中对传统的经典的地转流、Ekman风海流以及Rossby波理论，有理有据地提出了新见解。书中重点对海潮运动提出了新的整体潮理论。认为，海潮运动是由天文潮和自主潮两个部分组成，天文潮为世界所有海洋所共有，自主潮则为每个海域所独有。书中强调指出：只有在牛顿时间系统里，海潮运动才能成为一种真正的牛顿运动，即成为一种“简单、确定、有序、可逆的”运动。据此，作者提出了整体潮的预报方法。整体法提供的预报产品，图式直观、简便，易于实现数字化、可视化、智能化，其预报结果具有更高的精度。书中还简要介绍了混沌运动。认为混沌运动就是一种异常的牛顿运动，或是一种异常的随机运动，是广泛地存在于海洋中的第三种运动形态。

本书可供物理海洋学专业及相关领域的科研、教学人员，高等院校相关领域的研究生和本科生阅读参考。

图书在版编目(CIP)数据

海流海潮动力学的新见解/修日晨，顾玉荷著. —北京：海洋出版社，2017.5
ISBN 978-7-5027-9817-8

Ⅰ.①海… Ⅱ.①修… ②顾… Ⅲ.①海流-动力学-研究②海潮-动力学-研究 Ⅳ.①P731.21②P731.23

中国版本图书馆CIP数据核字(2017)第147477号

责任编辑：高 英 陈茂廷
责任印制：赵麟苏
海洋出版社 出版发行
http://www.oceanpress.com.cn
北京市海淀区大慧寺路8号 邮编：100081
北京朝阳印刷厂有限责任公司印刷 新华书店北京发行所经销
2017年6月第1版 2017年6月第1次印刷
开本：787mm×1092mm 1/16 印张：17.25
字数：425千字 定价：88.00元
发行部：62132549 邮购部：68038093 总编室：62114335

我们应该建立这样的观念:在研究物体宏观的常速的运动时,牛顿力学是很准确的。因此凡是不符合牛顿力学的观点、方法都必须抛弃,更不能以经验来代替牛顿力学;当然,可以以自己的经验来更好地理解、运用牛顿力学。

——束星北

本书的出版,得到国家海洋局第一海洋研究所和物理海洋研究室的大力支持和相关经费资助。在此,笔者对所领导和室领导深表敬意和谢意!

目 次

第一章 绪 论

第一节 引 言

在阅读有关的海洋动力学专著时，笔者感到书中大都是充满了数学公式和数学论述，真正涉及到海洋动力学方面的内容并不多。因此，本章在第二节中首先把物理学中关于运动学和动力学的定义介绍给读者，让读者了解运动学与动力学的研究内容以及两者之间的区别所在。本书就是以此为依据对海洋运动学和动力学的研究现状进行了评论，并建议读者也以此为依据对本书进行评论。

物理海洋学是一门年轻的边缘学科，是物理学中的相关定律在物理海洋学中的具体应用。因此，在海洋动力学中必然要借用很多物理学中的专业术语（专业名词）。由于每个专业术语都有其特定的含义，因此，只有对每个专业术语的特定含义都有了正确的理解和认识之后，在采用时才能避免犯错误。书中还以人们所熟悉的摩擦力为例予以说明。

在第四节中介绍了运动的种类，除了人们所熟悉的牛顿运动和随机运动外，还特别介绍了混沌运动。现在，人们已把混沌运动理论与相对论和量子力学相提并列为物理学在20世纪的“三大发现”，或把混沌运动称为牛顿力学的第三次突破，并指出混沌运动也是自然界中最广泛、并永恒存在着的一种运动。当然，海洋也不能例外。

在第五节“牛顿力学定律的时空条件”中，基于牛顿力学对时间限定条件的要求，指出在运用牛顿力学定律来研究海洋中的潮运动时，已有的太阳时间系统和太阴时间系统都不能满足用牛顿力学定律来研究海潮运动时对时间条件的要求，必须建立一种以地、月、日三者相互运动所建立起来的新型时间系统，即潮汐时间系统。实践结果表明，在海潮运动中，唯有潮汐时间系统才是牛顿力学定律所要求的牛顿时间系统。

在第六节中，介绍了物理学中关于质点的假设，在连续介质力学中对质点的假设是“认为流体质点连续地充满了真实流体所占有的整个空间”。本章也采用这种对质点的假设，此外还进一步假设流体质点的质量为单位1，在运动方程中皆省略了海水密度项。

第七节简述了“方程的建立及功能分析”。由于流体质点有移动、转动、振动3种运动形态，故其方程也就有描述流体质点空间位置变化的移（运）动方程、刚性自转运动的涡度方程和振动状态传播的波动方程。方程建立之后，就应以牛顿力学和相关定律为依据对方程的功能进行分析，看它是否具有实现预期目标的功能。需注意的是决不可对方程提出超越其功能范围之外的额外要求。

在第八节的“方程功能的举例分析”中,首次指出地转平衡运动方程的功能只能够解决地转流的流向不再发生偏转的问题,它根本就没有解决地转流的流速是怎样产生的,以及地转流是怎样保持恒速稳定的功能。对 Ekman 风海流的运动方程,其功能只能限于在正确的边界条件下,解决海表层以下稳定风海流在地转偏向力作用下所发生的流向偏转问题,它根本就没有解决地转偏向力对表层流流向所产生的偏向问题,这个要求已超出了该方程的功能范围。对于 Rossby 利用涡度守恒方程来解决 Rossby 波的问题,显然是用错了方程。欲想研究波动问题,只能选用波动方程。

第二节　运动学和动力学

一、运动学和动力学的定义

在物理学中,对物体(机械)运动的研究分两大部分:运动学和动力学。

所谓运动学,就是运用位置矢量、位移、速度、加速度等特征物理量,借助其与坐标密切相关的运动函数(也称运动方程)的方法,对运动形态和规律进行描述,但在描述的过程中往往不涉及引起物体运动形态的变化和规律产生的原因。也就是说,运动学是着重运用数学工具对物体的运动形态和规律进行准确地或较准确地描述,但在其描述的过程中往往不去追究引起运动形态的变化和规律产生的力学原因。简言之,运动学就是研究建方程、解方程,即研究运动的数学建模及描述。

所谓动力学,就是以牛顿力学及相关的定律为依据,通过对物体所受的作用力与其运动形态所发生变化之间的关系进行研究,寻找出其基本规律,并提出运用这些规律的预报方法。也就是说,动力学不仅要研究出物体在所受外力作用时其运动形态的变化和运动的基本规律,还要提出正确运用这些规律来预测(报)其未来运动(形态)的预报方法。简言之,动力学就是研究 $F=ma$,即研究运动的物理学机理。

二、海洋运动学和动力学的研究现状

近年来,随着计算方法的不断发展、完善,计算机运算能力的飞速提高,数值计算几乎达到了“无所不能”的地步,因此,在物理海洋学中运动学的研究取得了长足的进步。与此同时,动力学的研究却进展非常缓慢,许多重大的基础理论方面的问题至今依然未能取得令人满意的结果。如,在地转流中,科氏力与水平压强梯度力之间到底是一种什么样的因果关系,两者又是怎样达成地转平衡的？怎样才能准确地计算出地转流？对于这样一些根本性问题至今也没有真正得到解决。在 Ekman 的风海流中,既然表层流的右偏角是科氏力的作用所为，为什么该右偏角却是45°角的恒量，且在赤道处也不等于0？科氏力既然是一种不做功的惯性力，为什么其表层流流速的大小却与科氏参量f成反比关系，在赤道处表层流速无限大？Rossby波既然是一种长波运动，为什么不直接用波动方程求解，却用描述流体质点旋转运动的涡度守恒方程？虽然早在1687年牛顿就论证了引潮力与海潮运动之间有着确定的因果关系，并提出了著名的平衡潮理论，但是，引潮力在哪里？它的量值多大？周期是多少？它与海潮运动之间到底是一种什么样的因果关系？海潮运动的基本规律是什么？海潮运动有哪些基本特征？……总之，由于人们至今也不知道产生海潮运动的引潮力F是什么样的，所以，人们也就不知道在引潮力F作用下所产生的海潮运动的"ma"是什么样的运动形态，更不可能提供出一种能够进行准确预报海潮运动的预报方法。本书认为在流、浪、潮3个动力学的专科中，海潮动力学研究的进展最为缓慢，存在的问题也最多。正因如此，本书才使用了两章的篇幅专题论述了海潮动力学。

第三节　关于定义

所谓定义，是指学科中的专业术语或专业名词的特定含义，它通常是在相关专业的教科书中出现。定义是对事物的本质、特性和范围作出的扼要说明和界定。它是人们对所认识对象的认知成果和总结，是科学思维的结晶。定义能够帮助人们把握事物的本质，统一人们的认识，指导人们在科学研究和社会生活中的实践。

在科学研究中，只有对相关的专业术语的定义有了正确的理解和认识，才能避免出现错误。如摩擦力。在物理学教科书中对摩擦力的定义是：摩擦力是一种接触力，它是不同物体之间或同一物体各部分之间作相对运动时而产生的一种阻止（相对）运动发生的阻滞力。摩擦力的方向位于接触面的切线方向并与（相对）运动方向相反，其量值与相对运动的速度和摩擦系数密切相关。由摩擦力的定义可知：第一，摩擦力是一种被动力，它是在物体作相对运动时才导致产生的一种作用力；第二，摩擦力是阻止（相对）运动发生的阻力，是消耗物体运动能量的消耗力；第三，摩擦力的方向永远与物体（相对）运动的方向相反；第四，摩擦力量值的大小与物体（相对）运动的速度和摩擦系数密切相关；五、摩擦力是使物体由加速运动到达稳态运动的作用因子。当我们用牛顿力学来分析研究海水质点的运动时，摩擦力的属性没有发生任何改变，摩擦力的定义依然正确、有效。令人遗憾的是在海洋教科书中对摩擦力的认知和作用却出现了概念上错误。如，在Ekman的风海流理论中，运动方程式明明是地转偏向力与由它的作用所引起的两个摩擦应力的合力三者达成了地转平衡，但教科书中却认为是"地转偏向力与摩擦力两者取得了地转平衡"。这种观点显然是错误的。道理很简单。因为地转偏向力（科氏力）是一种不做功的力，它的方向永远与运动方向垂直，其量值是地理纬度的正弦函数且在赤道区消失。如果真的是"摩擦力"与它达成了平衡，那么，摩擦力岂不是也就变成了一种方向与流向垂直、量值大小也是地理纬度的正弦函数、并在赤道区消失的不做功的力吗？另外，在地转流中，不难理解，更可证明，只有在摩擦力作用的情况下，水平压强梯度力才能与地转偏向力两者达成地转平衡。但在海洋教科书中，却认为只有在忽略了摩擦力作用的情况下才能实现地转平衡，认为在有摩擦力作用的情况下，只能实现准地转平衡。这显然也是错误的。又如，对于惯性问题，物理教科书也有明确的定义。所谓惯性，是指物体在不受外力作用的情况下能够保持“静者恒静、动者恒动”的属性。很显然，惯性运动本身是不会有运动周期的。然而在海洋教科书中都认为海洋中的惯性流是有惯性周期的，其惯性频率为 f，惯性周期为 $2\pi/f$。这显然也是错误的。类似的例子还有，在此不再列举。

定义具有历史性。对一个事物的认识往往需要经历一个历史过程，不同的历史阶段的认识就会产生不同的定义。

定义还具有多样性。有的事物本身就具有多义性，因此，对它的定义也就具有多样性。另外，人们对新生事物的认识往往需要经历一个实践过程，在这个实践过程中，不同的实践认识也会给出不同的定义。

第四节　运动的种类

依据运动的不同性质，运动可分为以下 3 种不同类型。

1. 牛顿运动：凡是遵从牛顿力学定律的运动，称为牛顿运动。它是一种简单、确定、有序、可逆的运动。是在自然界中最为人们所熟悉的一种运动。

2. 随机运动：凡是遵从统计力学定律的运动，称为随机运动。它是一种复杂、随机、无序、部分可逆的运动。

3. 混沌运动：它是一种既不完全遵从牛顿力学定律，也不完全遵从统计力学定律的异常运动。它是一种简单与复杂一体、确定性与随机性并存、有序与无序统一的突发性的异常运动。它是在 20 世纪初才被发现、70 年代才被人们承认并确立为一种新型的运动形态。在海水运动中，尽管它也是普遍存在着的一种运动形态，但至今却仍然未被人们所认识并认真加以研究的运动。

众所周知，在遵从牛顿力学定律的运动中，运动与作用力之间是存在着“一一对应”的确定性关系。在相同的动力学原因的条件下，其所产生的结果必定是相同的，恒定的；或者等价的周期现象所持续的时间周期必定是相同的，恒定的。也就是说，只要知道了质点（运动）的初始条件之后，就可以运用牛顿力学所建立起来的运动方程计算出质点的运动轨迹。正如拉普拉斯所说“只要给我宇宙中所有质点的初始条件，我就能算出将来的一切”。在遵从统计力学定律的随机性运动中，运动与作用因子之间则是“多一对应”的关系，一个平衡态对应着瞬时万变的众多微观状态，其未来的运动形态虽然也是可以确定的，但只能是在统计学意义上讲的，且在其过程中允许有某种不可逆性。

长期以来,人们一直认为物体运动或者是完全遵从牛顿力学定律的确定性运动,或者是完全遵从统计力学定律的随机性运动,它们之外不再存在另外的第三种运动。然而在 1963 年,美国气象学家洛伦兹(Lorenz)在研究大气的对流运动时,发现一个确定的含有 3 个变量的自洽方程能够导出混沌解,从此拉开了研究混沌运动的序幕。现在,人们已把混沌理论与相对论和量子力学并列为物理学在 20 世纪的“三大发现”,或者把混沌运动称为牛顿力学的第三次突破。所谓混沌运动,它是牛顿运动与随机运动两种运动性质兼而有之、并把它们连接起来的第三种运动。实际上,牛顿力学是在假设运动系统是封闭的无耗散的理想条件下,才给出了一种完全可逆和确定有序的理想的物体运动图像。然而在现实自然界中,完全封闭、无耗散的运动系统是根本不可能存在的。因此确切地说,牛顿力学所给出的物体运动图像在现实自然界中是不可能真正存在的。这样说,是否意味着牛顿力学已毫无实际意义?不是的。因为任何的开放、耗散的运动系统,在一定的条件下都可以视为牛顿力学的运动系统,正如现实自然界中根本不存在直线,但任何曲线在一定的区间内皆可视为直线一样。而且实践表明,能够(基本上)遵从牛顿力学运动定律的物体运动,是自然界中最普遍的和最基本的一种运动。在此,我们不妨把能够(基本上)遵从牛顿力学运动定律的物体运动,称为牛顿运动,或称为正常运动。然而,由于运动系统毕竟都是开放的,耗散的,运动的平衡只能是动态的,暂时的。在经过一定的时间段之后,由于系统的开放耗散的持续作用,使该系统极大地偏离了牛顿力学运动所依赖存在的运动系统,此时该系统中的物体运动就不再遵从牛顿力学定律,演变成一种非确定性的无序的突发性运动。这种运动就称为混沌运动,亦可称为异常运动。实际上,自然界中根本就不可能存在完全封闭、无耗散的运动系统,任何系统的运动都不可能处处、时时皆做到完全的(能量)平衡,所以物体的牛顿运动也只能是一种近时的,暂时性的运动行为。由于运动系统中的多余动能总是以无序位能的形式储存起来,因此,随着运动的发展,无序位能随之不断积累,该系统中的物体运动偏离平衡态就愈远。当物体运动偏离平衡态足够远时,该运动就不再遵从牛顿运动定律,而是由有序运动演变成无序的突发性运动,把系统中所积累起来的无序位能全部转变成无序动能释放出来,然后该系统中的运动又恢复到“原来的”运动状态。如此循环不止。由此可知,混沌运动也是自然界中最广泛、永恒存在着的一种运动。

第五节 牛顿力学定律的时空条件

众所周知,任何真理都是相对的,是有限定条件的。牛顿力学定律也是如此。在运用牛顿力学定律研究物体的运动时,它对时间和空间都有限定条件。

牛顿力学定律对空间的限定条件是:量度物体运动范围大小的空间必须是惯性空间系统,即没有加速度的空间系统。

牛顿力学定律对时间的限定条件是:量度物体运动过程长短的时间必须是恰当时

间系统，即在这个时间系统里，必须做到相同的动力学原因在相同的时间内所产生的结果必定是相同的，恒定的；或者，等价的周期现象所持续的时间周期必定是相同的，恒定的。该恰当时间系统就称为牛顿时间系统。

牛顿力学定律对空间的要求条件在教科书中已有详细地论述。关于牛顿力学定律对时间的要求条件，由于在教科书中并没有明确的指出，使人们误认为它对时间没有限定条件。正是由于人们忽视了牛顿力学定律对于时间条件的要求，让人们在海潮运动的研究中就付出了不应有的惨重代价。

众所周知，现在已有两种时间系统：一种是以地—日两者相互运动所建立起来的太阳时间系统；另一种是以地—月两者相互运动所建立起来的太阴时间系统。很显然，太阳时间系统只限于用牛顿力学定律来研究太阳潮运动对于时间条件的要求，而太阴时间系统也只能限于用牛顿力学定律来研究太阴潮运动对时间条件的要求。由于海潮运动是在太阳引潮力和月球引潮力共同作用下所产生的，因此，对海潮运动而言，不论是以地—日相互运动所建立起来的太阳时间系统，或是以地—月相互运动所建立起来的太阴时间系统，由于它们都是不能满足用牛顿力学定律研究海潮运动对于时间条件的要求，所以它们都不是以牛顿力学定律来研究海潮运动的牛顿时间系统。也就是说，在这两种时间系统里，都无法运用牛顿力学来分析研究海水质点的潮运动。由此可见，尽管海潮运动本来是一种遵从牛顿力学定律的简单、确定、有序、可逆的运动，但在这两种时间系统里，却都变成了一种复杂、无序、毫无规律可循的混乱性运动。尽管早在1687年牛顿就提出了著名的平衡潮理论，拉普拉斯于1775—1776年又提出了著名的动力潮理论，但在此后潮汐动力学的理论研究方面却再无重大进展。尽管英国开尔文在1868年就设计出了一种潮汐预报的调和方法，此后，经过众多科学家的不懈努力，又把调和方法发展的非常的完美，但潮汐的预报工作至今仍然不能很好地满足使用部门的需求。原因何在？本书认为在海潮运动的研究中，没有建立起一种牛顿时间系统是其根本原因。道理很简单，用一种非牛顿时间系统的时间尺度所量度出来的海潮运动信息必然是一些杂乱无章的混乱信息，根本无法展示出海潮运动真实的运动形态。由于它们与真实的海潮运动的信息之间并无必然联系，所以在一种非牛顿时间系统里，对海潮运动既无法进行动力学研究，也无法切实进行有效的运动学研究，更无法对海潮运动提供出一种准确的预报方法。对此，本书将在第六章和第七章中详述。

第六节　关于质点的假设

一、固体力学中的质点假设

在固体力学中，质点是一种最简单的物理模型。众所周知，任何物体都有一定的形状和大小,一般说物体的运动都与物体的形状、大小有关。但在某些情况下,当物体的形状、大小对所讨论的问题影响很小时,就完全可以忽略不计。因此,在研究这类问题时,可以只考虑物体的质量,不必考虑物体的形状和大小,把物体简化为一个有质量的点。这种能够代表实际运动物体的一个有质量的点,就称为质点。如果再进一步简化,把该物体的质量简化为一个质量单位,该质点就成为一个具有单位质量的质点。在本书的运动方程中一般不出现海水密度项,因为本书采用的是具有一个单位质量的质点。

在固体力学中常见的质点有两种:一种是运动质点,另一种是作用质点。当我们只限于讨论物体作为一个整体在空间上的运动情况时,又无需考虑该物体的形状和大小对运动的影响时,就可把该物体抽象为质点进行研究。这种质点就称为运动质点。当我们讨论两个物体间的万有引力的作用时,由于两物体相距非常远,无需考虑它们的形状和大小对两者之间引力作用的影响,把它们皆抽象为质点进行研究。这种质点就称为作用质点。

二、连续介质力学中的质点假设

流体是由大量分子组成。分子间的真空区的尺度远大于分子本身的尺度。每个分子皆无休止地作不规则的运动,相互间经常碰撞,交换着动量和能量。因此流体的微观结构和运动无论在时间上或空间上都充满着不均匀性、离散性和随机性。另一方面人们用仪器测量到的或用肉眼观测到的流体宏观结构及运动却又明显地呈现出均匀性、连续性和确定性。流体微观运动的不均匀性、离散性、随机性和其宏观运动的均匀性、连续性、确定性是如此之不同却又和谐地统一在流体的整体的运动过程中,从而形成了流体运动的两个重要侧面。

流体力学是研究流体的宏观运动。研究流体的宏观运动存在着两种不同的途径。一种是统计物理的方法。是从分子和原子的运动出发,采用统计平均的方法建立宏观物理量满足的方程,并确定流体的性质。这种方法虽然自然直观,但它还不能为流体力学提供出充分的理论根据。第二种办法是以连续介质假设为基础,假设认为流体质点连续地充满了真实流体所占有的整个空间。所谓流体质点是指它在微观上充分大、宏观上充分小的分子团。一方面,分子团的尺度与分子运动的尺度相比要足够大,使得其中包含有大量的分子,对分子团进行统计平均后能得到稳定的物理量(如质量、速度、压力、温度等)值。另一方面又要求分子团的尺度与所研究问题的特征尺度相比要足够小,使得分子团的平均物理量可以看成是均匀不变的。也就是说,流体质点所具有的宏观物理量(如质量、速度、压力、温度等)能够满足一切应该遵循的物理定律及物理性质,如牛顿定律,质量、能量守恒定律,热力学定律,以及扩散、黏性、热传导等输运性质。

本书采用流体质点的假设是认为流体质点连续地充满了真实流体(海水和大气)所占有的整个空间,本书中还进一步假设流体质点的质量为单位 1,在运动方程中皆省略之。

第七节　方程的建立及功能分析

一、物体的运动形式和方程类型

物体的任何复杂的机械运动，都可以还原为移动、转动、振动 3 种形式。刚体只有移动和转动；连续介质有移动、转动、振动 3 种形式。连续介质可以是弹性的固体，也可以是可(不可)压缩的流体或气体。

不同的作用力决定了物体的不同运动形式，不同的运动形式就决定了不同类型的运动方程。若力的作用点位于物体(流体)的质心处时，该物体就只能产生一种空间位置变化的运动。描述该物体空间位置变化的方程，就称为位移方程，或称运动方程、动量方程，方程中速度 $\vec{V}$ 只表示物体的位移速度。若力的作用点不位于质心而形成作用力矩时，该物体就只能产生一种绕轴自转的旋转运动。描述物体刚性自转运动的方程，就称为转动方程；对于流体质点而言，描述流体质点刚性自转运动的方程，就称为涡度方程，方程中速度 $\vec{V}$ 只表示其自转运动中的旋转线速度。若作用于流体质点质心上力是周期力时，此时流体质点将产生两种振动：一是质点在恢复力作用下所产生的固有振动，或称自由振动；另一个是在周期力强迫作用下所产生的强迫振动。描述流体质点的振动及振动状态在流体中传播过程的方程，称为波动方程，方程中速度 $\vec{V}$ 只表示质点的振动速度。需强调指出：上述 3 种运动方程分别独立地描述了流体质点的 3 种形式的运动，其质点运动速度 $\vec{V}$ 的含义各不相同。由于 3 种运动之间并无必然联系，因此，这 3 种运动方程之间既不能相互替代，也不能相互转换。

二、作用力的种类

所谓作用力，是指(两个)物体之间的相互作用和相互影响，它与参考系统无关。依作用力的距离来看，作用力有两种：一是超距离作用力，如万有引力，电磁力等；另是接触力，它是大量广泛存在着的一种作用力。

依据力对物体运动的作用情况，它可分为以下 5 种：

(1)动力。它是一种对物体的运动提供能量支持并使之产生加速度的作用力，它又可分为驱动力和策动力，前者为直接动力，后者为间接动力。

(2)阻力。它是一种对物体的运动消耗能量并使之运动减速的作用力，如摩擦力。

(3)偏向力。它是一种对物体的运动既不提供能量支持也不消耗能量、仅仅改变物体运动方向的作用力，如向心力。

(4)恢复力(弹性力)。物体在外力作用下产生形变，其内部就产生一种恢复其原来形状的力，这种力就称为恢复力，又称为弹性力。

(5)惯性力。它是在非惯性系统中依据牛顿力学定律推论出来的一种假想力，如惯性离心力和科氏力。

三、方程中作用力的取舍原则

在建立描述物体运动的相关运动方程时，首先要对相关的各类作用力进行分析比较，决定取舍，在对作用力进行取舍时，应遵从以下两项原则。

(1)同类相比、大者为先原则。不同类型的作用力之间没有可比性。只有在相同类型的作用力之中才有可比性，才能依据它们量值大小进行取舍。

(2)唯一是大原则。如果在某种类型力中只有一种，而该类型力的作用又必须予以考虑，此时，唯一作用力就是最大，决不应舍弃不用。如运动能否达到稳定状态时，摩擦力的作用就必须予以考虑，因为运动欲想实现稳态运动，摩擦力是其唯一作用因子。

四、方程的功能分析

方程仅仅是一种物理量之间的关系式。方程建立的正确与否，完全取决于建立者对牛顿力学和相关定律的理解和处理的程度如何。因此，我们考虑问题的依据只能是牛顿力学和相关定律，不能是方程式。当我们按照所研究问题的要求建立起相关的运动方程之后，首先就必须以牛顿力学和相关定律为依据，对该方程的功能进行分析，看它是否具有实现预期目标的能力。然后再依据合理的边界条件和初始条件对其求解，并对求解结果做出初步地分析与判断，看其是否实现了预期的目标要求。需注意的是，决不可对方程提出超越出其功能范围之外的额外要求。对此，下面举例说明。

第八节 方程功能的举例分析

一、地转流

(一)地转流的定义及形成机制

地转流在教科书中是这样定义的：水平压强梯度力和地转偏向力两者相平衡条件下的海流(《海洋科技名词》,2007)，称为地转流。也有人认为：地转流是由于海水密度分布不均匀,由压强梯度力与地转偏向力(科氏力)两者取得平衡时所生成的一种定常恒速流动(《中国大百科全书》,1987)。

地转流的运动方程为:

$$\left.\begin{aligned} fv &= \frac{\partial p}{\partial x} \\ -fu &= \frac{\partial p}{\partial y} \end{aligned}\right\}. \tag{1-8-1}$$

对于地转流的形成机制,在教科书中通常是这样阐述的:在水平压强梯度力的作用下,海水将在受力的方向上产生运动。与此同时科氏力(地转偏向力)便相应起作用,不断地改变海流的方向,直到水平压强梯度力与科氏力大小相等方向相反取得平衡时,海水的流动便达稳定状态。这种水平压强梯度力与科氏力取得平衡时的定常流动,称为地转流。有的作者把地转流的这种形成机制,还用图式描绘出来(图 1.1、图 1.2)。但令人不解的是:迄今为止,对于地转流的形成机制依然停留在这种主观想象之中,未见有人对此在理论上予以论证。本书将在第三章中予以详细论述,在此仅对地转平衡方程的功能进行分析讨论。

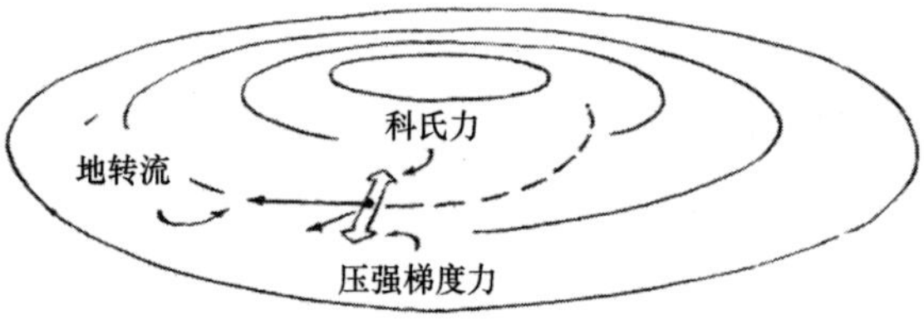

图 1.1　地转平衡运动形成过程之一(M. G. Gross,1972)

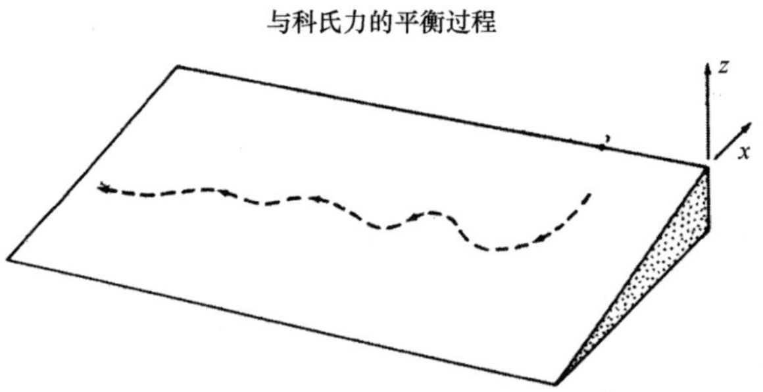

图 1.2　地转平衡运动形成过程之二(Knass,1978)

(二)地转流运动方程的功能分析

式(1-8-1)是地转平衡运动的方程(组),本书认为它只能告诉人们以下信息。

(1)由于其左端的地转偏向力(科氏力)是地理纬度的正弦函数,且在赤道区消失,因此,与它达成平衡的水平压强梯度力必然也是地理纬度的正弦函数,在赤道区亦消失。这表明:地转平衡运动方程中的主导因子是地转偏向力,不是水平压强梯度力,而且该水平压强梯度力是在地转偏向力的作用之下才产生出来的反偏向力。在赤道区由于地转偏向力的消失,地转平衡关系式也就随之消失,但该地转流流速(u,v)却依然存在,并未随之消失。由此可知,式(1-8-1)左端的地转偏向力与右端的水平压强梯度力皆与方程中地转流流速的产生及大小没有关联。

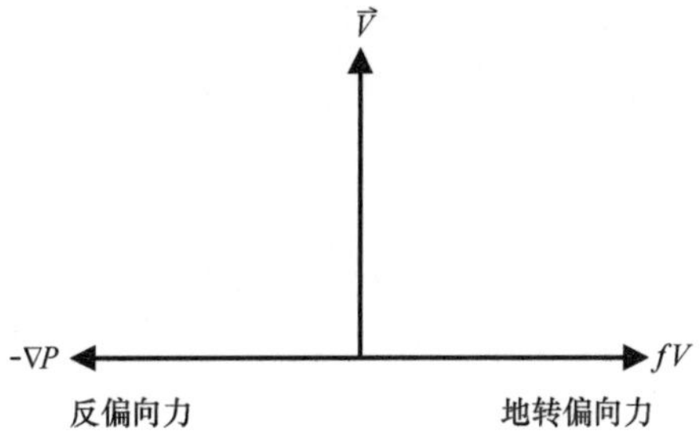

图 1.3 地转偏向力与水平压强梯度力的地转平衡图

(2)如图 1.3 所示。由于地转偏向力永远是一种只能改变海水运动方向、永不做功的偏向力,因此,与地转偏向力达成平衡的水平压强梯度力也必然是一种永不做功的反偏向力。由此可知地转平衡方程(1-8-1)的功能,只能解决地转流流向的偏转问题。它根本就没有解决地转流形成机制的功能。即,它无法回答地转流的流速是怎样产生的,是由什么力的作用所产生的。正如火车的左右两铁轨的地转平衡无法回答火车的发动机是蒸汽机、柴油机或是电动机一样。

(3)在方程式(1-8-1)中,对左端的地转偏向力项中的流速(u,v)的属性并没有限制条件,它既可以是由水平压强梯度力的作用所为,也可以是由风应力作用所为,或是由两者的共同作用所致。对于式(1-8-1)右端的水平压强梯度力也没有限制条件,在地转偏向力的作用之下,它既可以完全是由海水密度的水平分布不均匀所为,也可以完全是由海面倾斜所为,或是由两者的共同作用所为。

二、Ekman 风海流

(一)关于 Ekman 风海流

Ekman 在论证地球自转对大洋风海流运动的影响(On the Influence of the Earth's Rotation on Ocean-Currents)时,他所使用的运动方程是:

$$\left.\begin{aligned} -fv &= \mu\frac{\partial^2 u}{\partial z^2} \\ fu &= \mu\frac{\partial^2 v}{\partial z^2} \end{aligned}\right\}. \tag{1-8-2}$$

其边界条件是:

$$z=0,\quad \left.\frac{\partial u}{\partial z}\right|_{z=0}=0,\quad \mu\left.\frac{\partial v}{\partial z}\right|_{z=0}=-T_y;$$

$$z\to\infty, u=0, v=0.$$

这就是著名的 Ekman 漂流(Ekman drift current)。其定义是:理想化的无边界、无限深和密度均匀的海洋,因海面受稳定风长时间吹刮,出现铅直湍流而产生的水平湍流摩擦力,与地转偏向力平衡时出现的海流(《中国大百科全书》,1987)。

(二)运动方程的功能分析

首先需指出:式(1-8-2)是风海流的地转平衡运动的方程式,其力学上的含义与式(1-8-1)完全相同。即,它们都是地转偏向力与在它作用下所产生的反偏向力两者达成了地转平衡运动的方程式,但在式(1-8-2)中的反偏向力是由摩擦应力的合力所组成,其主导因子依然还是地转偏向力。

(1)需强调指出,$\mu\frac{\partial^2 u}{\partial z^2}$ 和 $\mu\frac{\partial^2 v}{\partial z^2}$ 的含义是表示上、下两层海水作用在水质点上的切应力的合应力,决不是摩擦力。该合应力既可以是使该水质点产生加速运动的动力,也可以是使该水质点减速运动的阻力。在式(1-8-2)中,如图 1.4 所示,它是在地转偏向力的作用下所产生的仅仅能够阻止水质点运动方向改变的反偏向力。因此,Ekman 风海流的正确定义应该是:在理想化的无边界、无限深和密度均匀的海洋中,在海面受稳定风长时间吹刮的情况下,地转偏向力和在它作用下所产生的反偏向力$\left(\mu\frac{\partial^2 u}{\partial z^2},\mu\frac{\partial^2 v}{\partial z^2}\right)$取得地转平衡条件下的风海流。它是 3 种力之间的平衡,决不是地转偏向力与摩擦力两者之间取得平衡。需指出,在赤道区,地转偏向力消失,Ekman 漂流的地转平衡关系式中的合应力亦不复存在,但该稳定的风海流流速(u,v)却依然存在,其中的摩擦应力也依然存在。

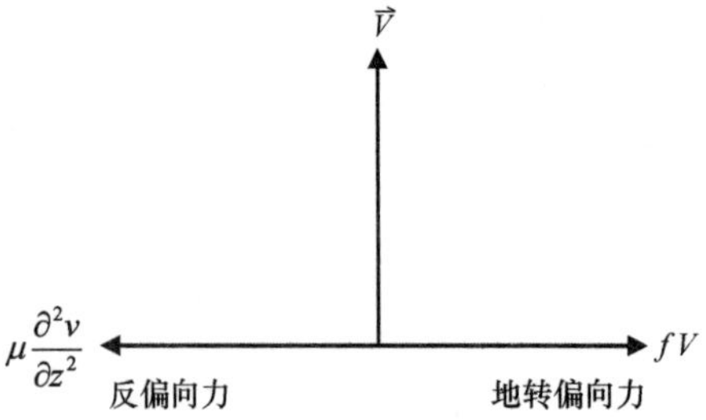

图 1.4　地转偏向力与摩擦合应力的地转平衡图

(2)众所周知,式(1-8-2)是二阶微分方程,它的功能仅限于描述地球自转对表层以下稳定的风海流流向偏移的影响作用,根本就不具有描述地球自转对表层稳定的风海流向偏移影响作用的功能,更不具有描述整个大洋风海流形成机制的功能。欲想知道地球自转对表层的风海流的影响作用情况，就必须另建方程。正确的做法应该是首先建立一个研究地球自转对表层风海流的影响作用的运动方程，求其准确解。然后以该表层流为已知的上边界条件，再用式(1-8-2)来研究地球自转对于表层以下稳定的风海流的影响作用，求其准确解。对此，将在第四章详述。

(3)如前所述，既然地转偏向力是一种仅仅限于只能改变运动方向、对运动永不做功的偏向力，且在赤道区消失。因此，与地转偏向力达成地转平衡的切应力合力$\left(\mu\dfrac{\partial^2 u}{\partial z^2},\mu\dfrac{\partial^2 v}{\partial z^2}\right)$必然也永远是一种只能阻止运动方向改变的反偏向力，且在赤道区亦不存在。因此，可以肯定，式(1-8-2)根本就不具有描述风海流流速的产生及其大小的功能，而且只有在风海流流速达到了定常恒速之后，其地转平衡方程式(1-8-2)才能成立，决不是相反。总之，本书认为，地转平衡运动方程式(1-8-2)的功能只限于解决表层以下稳定的风海流流向在地转偏向力作用下的偏向问题，决不具有解决风海流的形成机理的功能，更不能把它夸大为研究大洋风海流理论的基石。

三、地转偏向力与水平压强梯度力和湍流摩擦合应力所达成的地转平衡方程的功能分析

在《大洋环流》(黄瑞新，2012)一书中，作者在模式方程的建立中说："模式方程是对于一个相对薄的(几十米厚)表层建立的，在该层中，湍流的垂向切变力在动力平衡中是一个支配因素。对于远离海岸和赤道的大洋内区之大尺度运动来说，水平动量方程组为：

$$\left.\begin{aligned} -fv &= -\frac{1}{\rho_0}\frac{\partial p}{\partial x}+\frac{\partial}{\partial z}\left(A\frac{\partial u}{\partial z}\right) \quad (2.182\text{a})\\ fu &= -\frac{1}{\rho_0}\frac{\partial p}{\partial y}+\frac{\partial}{\partial z}\left(A\frac{\partial v}{\partial z}\right) \quad (2.182\text{b})\end{aligned}\right\}, \qquad (1\text{-}8\text{-}3)$$

其中，ρ_0为参考密度，取常量。边界条件为：在海面之下很大深度处，速度为0，作用于海面的垂向应力应该与施加于海洋上的风应力相匹配，即

$$\text{当 } z\to-\infty \text{ 时}，(u,v)\to 0，(2.183)$$

$$\text{当 } z=0 \text{ 处}，A\frac{\partial u}{\partial z}=\tau^x/\rho_0，A\frac{\partial v}{\partial z}=\tau^y/\rho_0，(2.184)$$

其中，A为涡动黏性系数。

如果不考虑参数密度ρ_0，并令黏性系数为常量，则式(2.182a)、(2.182b)就成为本书(1-8-1)、(1-8-2)两者的合成式(1-8-3)，如图1.5所示，即为地转流与Ekman漂流两者的合成。因此，它依然是一种地转平衡运动方程，只不过方程式的右端是由水平压强梯度力和垂向端切合应力两种偏向力的合力所组成而已。因此，式(1-8-3)与式

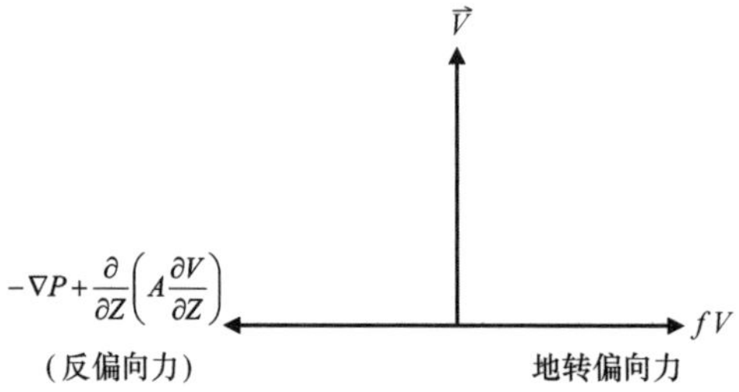

图 1.5 地转偏向力与水平压强梯度力加摩擦合应力的地转平衡图

(1-8-1)、(1-8-2)的力学本质没有任何改变,其功能当然也不会改变。

(一)地转平衡方程的力学本质未变

由于式(1-8-3)中左端依然是地转偏向力,即依然是一种对运动速度不做功只能改变运动方向的偏向力。那么,其右端与它达成平衡的水平压强梯度力和垂向湍切合应力两者的合力,必然也是一种对运动速度不做功只能阻止运动方向改变的反偏向力。也就是说,式(1-8-3)中与地转偏向力达成地转平衡的水平压强梯度力和垂向湍切合应力的力学本质与式(1-8-1)和(1-8-2)是完全相同的,没有发生任何改变。即,式(1-8-3)依然是一种不做功的地转平衡运动方程式,决不是具有做功能力的动力平衡运动方程式。所以本书认为(1-8-3)中的"湍流的垂向切变力在动力平衡中是一个支配因素"的观点是错误的。因为式(1-8-3)中根本就不存在动力项,也不能把式(1-8-3)称"动能方程"。式(1-8-3)依然是地转平衡运动方程,它的功能也只能限于保持运动方向不再发生偏转而已,对于方程中的运动速度(u,v)是怎样产生的,是由什么力作用产生的,该方程是无法回答的。因此该方程更不能作为研究大洋风海流和热盐环流的依据。在赤道区,地转偏向力消失,与地转偏向力达成地转平衡的水平压强梯度力和垂向湍切合应力也必然随之消失,但式(1-8-3)中的运动速度(u,v)却并不随之消失。摩擦应力也不消失。由此可知,在地转平衡运动方程式(1-8-3)中的支配因素依然只能是地转偏向力,决不是作者所说的"湍流的垂向切变力"。

(二)选取的边界条件是错误的

作者所选用的上边界条件是"作用于海面的垂向应力"与施加于海洋上的风应力相平衡。令人不解的是,在海面上水平压强梯度力哪儿去了?为什么在海面就不存在水平压强梯度力了?既然在海面也存在着水平运动速度(u_0,v_0),为什么地转偏向力在海面却不存在了?另外,作者所选用的下边界条件是"$z\to-\infty$时,$(u,v)\to0$"。作者在建立方程时,不是明确指出该方程组"是对于一个相对薄的(几十米厚)表层建立的",把几十米厚的薄层作为$z\to-\infty$来处理,理论依据何在?

综上所述,本书认为,式(1-8-3)依然是一种地转平衡运动方程。而地转平衡运动方程本身的功能只能解决匀速直线运动的速度方向不发生改变的问题,它根本就没有用来描述风生大洋海流和热盐环流的形成机理的功能，况且，所选用的边界条件又是错误的。

四、关于 Rossby 波

Rossby 在分析研究了大量的观测资料后发现：当高空中的西风带气流受到南北向扰动力作用时，会产生低频的长波运动，其中有快波，有慢波，甚至还有静止波和反向波。这些低频长波被后人称为 Rossby 波。Rossby 在《Relation between variation in the intensity of the zone circulation of the Atmosphere and the Displacement of the Semi-permanent centers of Action》一文中，对他所发现的这种低频长波的形成机制进行了研究。令人不解的是，他在该文中并没有使用波动方程，而是使用了涡度守恒方程：

$$f + \zeta = \text{恒量}, \tag{1-8-4}$$

式中，$f = 2\Omega\sin\phi$ ，为地转涡度；$\zeta = \frac{\partial v}{\partial x} - \frac{\partial u}{\partial y}$ 为相对涡度。

本书认为，Rossby 在研究 Rossby 波的形成机制时，不使用波动方程而使用涡度守恒方程，是一个令人无法理解的原则性错误。理由如下：

（1）涡度方程是用来描述流体质点钢性自转的旋转运动，涡度守恒，是表示流体质点在旋转运动中保持角动量守恒。不难理解，涡度守恒方程根本就不具有描述流体质点振动运动的功能。另外，流体质点的转动和振动是两种完全不同性质的运动形态，它们之间也没有任何的相互关联，两者之间更不能相互转换。因此本书认为 Rossby 在该文中把涡度方程又转换为波动方程的做法，也同样是错误的。

（2）$\beta = \frac{\partial f}{\partial y}$ 仅是表示地转涡度 f 的纬度变化率，f 本身根本不是力，f 的纬度变化率 β 更不是能够产生 Rossby 波的恢复力。如果 β 真的是 Rossby 波的恢复力，就应该给出 β 的振动频率和自由振动周期。再者，这样也就否定了利用水平转动圆盘的水动力模型进行 Rossby 波实验的理论依据，因为在水平旋转圆盘中，$\beta = 0$。所以，把 β 视为恢复力也是错误的。

总之，本书认为，利用涡度守恒方程来研究大气中纬向水平环流中的 Rossby 波的形成机制，是令人无法理解的原则性错误。正确的做法应是使用波动方程，求其解析解，让求解结果揭示出 Rossby 波的形成机制。详细情况见第五章。

第九节　结果与讨论

一、关于动力学

依据动力学研究内容的要求来看，海流、海潮动力学的研究显然是不够的。如，对地转流而言，地转流是怎样形成的？至今仍然是停留在用语言文字的描述上，或用图示的方法予以说明，根本就没有在理论上给予严密的论证，反而提出了“只有在忽略了摩擦力作用的情况下”才能实现真正的地转平衡这一错误论点。对于地转影响下的大洋风海流，至今也未解决表层流向右偏角为45°恒量这一不合理的结果。对于 Rossby 波的问题更为严重，既然 Rossby 波是一种低频长波，为什么不用波动方程对其求解，反而使用与流体波动毫不相关的涡度守恒方程？海潮动力学的研究存在的问题更多。既然早在300多年前牛顿就论证了引潮力与海潮运动之间有着确定的因果关系，但是，对于引潮力有什么样的力学特征，引潮力与海潮运动之间是什么样的因果关系，海潮运动又有什么样的运动特征，这样一些基本问题，至今也未见有人给出明确的解答。既然调和法的预报已经很完善、很准确了，请问：在每年、每月中，哪几天是大潮，哪几天是小潮？每天的潮周期是多少等等。对于这样一些最基本的要求，调和法也无法进行计算和预报。由此可知，在海流和海潮的动力学研究中所存在的问题都不少，尚需要进行深入探讨研究。

二、关于定义

在海洋动力学中往往需要采用物理学和数学方面的一些专业术语或科学专用名词。由于它们都有特定的含义，因此在采用时一定要保持它们的原义不被改变，否则就会出错误。如，关于惯性问题。物体的惯性问题是由牛顿第一定律提出并由牛顿第二定律给予界定的。所谓物体的惯性，是指它拥有的保持“静者恒静，动者恒动”的属性。惯性与质量是同义语，质量也称为惯量。很显然，惯性运动是一种匀速直线运动，它是没有运动周期的。在海洋动力学中，如果要采用物理学的“惯性”和“惯性运动”这个专业术语，就应保持其原义不变，决不应再把海水的惯性流按上一个惯性周期，这种做法显然是错误的。另外，海洋动力学中还有一种流行观点是，在太平洋赤道附近，自西向东传播的 Kelvin 波，在美洲的东海岸反射之后就能变成 Rossby 波。这说明持有这种观点的人根本就没有弄清楚 Kelvin 波和 Rossby 波两者的特定含义。依据原定义：Kelvin 波是水质点为垂向振动的强迫波，Rossby 波是水质点在 f 平面上水平振动的自由波。这样两种不同性质的波之间是不能相互转换的！

三、关于运动的种类

在牛顿运动、随机运动和混沌运动这3种运动中，前两种运动人们最为熟悉。混沌运动是20世纪70年代初才被承认并确立为一种新的运动形态。本书认为，所谓的混沌运动，就是一种异常运动，它既可以是一种异常的牛顿运动，也可以是一种异常的随机运动。混沌运动所突然释放出来的动能是无序动能，该无序动能不是来自于作用力的(直接)作用，而是来自于牛顿运动或随机运动中无序位能的即时转换。在无序位能的积累阶段，就是混沌运动的发育形成阶段，也是正常的牛顿运动或正常的随机运动由正常态向异常态的演变阶段。当无序位能的积累到达了一个临界值时，此时若再受到扰动因子的作用，该无序位能就将即时地转换成无序动能而演变成一种异常运动，即混沌运动。此时，把无序位能释放出去之后的牛顿运动（或随机运动）就又恢复到其原有的运动状态。

四、关于牛顿力学定律对时间的限定条件

迄今为止，人们只知道牛顿力学定律对运动空间有限定条件：必须是惯性空间系统。不知道牛顿力学定律对其时间系统也有限定条件：量度物体运动过程长短的时间系统"必须做到相同的动力学原因在相同的时间内所产生的结果必定是相同的，恒定的；或者，等价的周期现象所持续的时间周期必定是相同的，恒定的。"对于这样的时间系统，就称为牛顿时间系统。因为只有在这样的时间系统里，牛顿运动才能成为一种"简单、确定、有序、可逆"的牛顿运动，否则，它就成一种"毫无规律可循的混乱性运动"，海潮运动就是如此。如，对于半日潮和全日潮在《海洋科技名词》(2007)中是这样定义的："[正规]半日潮：在1个太阴日(24小时25分)中有两次低潮和两次高潮，相邻的低潮或相邻的高潮的潮高大体相等的潮汐现象"。"[正规]全日潮：在1个太阴日内出现一次高潮和一次低潮的潮汐现象"。需指出，以太阴日所定义的半日潮和全日潮，只能适合于由月球引潮力作用所产生的太阴潮，决不适合于由日、月两者引潮力共同作用所产生的海潮。由附录1可知，海潮的日周期是不断变化着的，其最短的日周期为24小时26分，最长的日周期为25小时54分。这表明，不论是以地、日两者相互运动所建立起来的太阳时间系统，或是以地、月两者相互运动所建立起来的太阴时间系统，它们都不是牛顿力学定律所要求的牛顿时间系统。因此，正确的"半日潮"和"全日潮"的定义应该是采用牛顿时间系统，即潮汐时间系统，把其中的"太阴日"改为"潮汐日"并去掉其括号内的"24小时25分"。

五、关于方程的建立及功能分析

当依据所研究运动的类型而建立起相关的运动方程时，首先要对所建方程进行功能分析，看它能否实现预期的目标。如：若要研究海水的稳定的长波运动，就要建立波动方程，方程中必须要有恢复力、摩擦力、周期性作用力等项。因为，如果方程中没有恢复力项，就不能称为波动方程；如果没有摩擦力项，就不会有稳定的波动；如果没有周期性作用力项，就不会有长波运动。由此可见，Rossby在研究他所发现的Rossby波运动现象时，竟然不建立相关的波动方程，而是采用与波动毫不相关的涡度守恒方程，是令人无法理解的原则性错误；另外，他把地转涡度 $f = 2\Omega\sin\phi$ 的纬度变化率 β ，即把科氏参量

f的纬度率$\beta = \frac{\partial f}{\partial y}$视为能够产生 Rossby 波的恢复力,更是难以让人理解的错误。因为f本身不是力,$\frac{\partial f}{\partial y}=\beta$更不能是恢复力。如果$\beta$真的是恢复力,请问:$\beta$的自由振动周期是多少?由此可知,Rossby 由此所设计出来的 Rossby 波解也必然是错误的。详情见第五章。

另外,对于地转流中的地转平衡运动方程式(1-8-1),它是一个二级运动方程,或称为再生运动方程。因为,这个地转运动方程是在地转流流速达到恒速之后,地转偏向力才能与在它作用下所产生的水平压强梯度力两者取得平衡。该地转平衡运动方程式(1-8-1)的功能仅限于保证了稳定的地转流的流向不再发生偏转而已。对于该地转流的流速是由什么力的作用所为,该流速又是怎样实现了恒速,该地转平衡方程都不能给予解答,这已超出了该方程的功能范围。详情见第三章。

第二章　地球自转对运动的影响

第一节　引　言

1835 年,法国数学家 Coriolis 研究了旋转系统中的流体运动,论证了地球自转偏向力的存在。该力被后人称为 Coriolis 力,即科氏力。

关于科氏力数学表达式$-2\vec{\Omega}\times\vec{V}$的推导,有关教科书都有介绍。但对科氏力的物理学意义的解释,不仅简单,且有不当之处。如,物理教科书在阐述旋转系统径向运动中的科氏力的形成原因时,认为是由于运动物体的牵连线速度保持不变所致,并以简单的几何图形法予以证明。在有关海洋教科书中,也都采用这种观点加以说明。实际上,这种观点显然是错误的,因为物体在径向运动的过程中,保持不变的只能是其牵连角动量,决不会是其牵连线速度。

在有关的教科书中,不仅对科氏力产生的原因给出了错误的解释,还把科氏力的地理纬度上的空间变化率β视为一种力,认为它是能够产生 Rossby 波的恢复力。在这种情况下,关于地球自转对运动的影响这一重大问题,就不可能给出正确的论述。因此,尽管科氏力的提出在数学上是严密的,经历了 100 多年,教科书对科氏力产生的原因却依然没有给出正确的说明,人们对科氏力作用的认识也不一致。如:一般认为对中、小尺度的运动是不需考虑科氏力的作用,大尺度的运动才必须考虑科氏力的作用。但也有些人却认为小尺度运动,即使在水桶这样微小尺度的水池中,其水流运动方向也会因受科氏力的作用而呈现出顺时针方向的旋转运动。另外,科氏力与地转偏向力两者之间是什么关系,两者是否可以等同视之,在赤道区科氏力是否存在,这样一些重大问题,人们的认识也不一致。因此,关于地球自转对运动的影响问题,尚需进行深入研究。

第二节　地球自转对静止物体的影响

一、地球无自转

如果地球无自转运动,此时,地球表面上所有处于静止状态的物体就仅仅受到两个力的作用:一是指向地球中心的地心引力,也称重力;二是与重力相平衡的地球表面对该物体的支持力。如果地球表面完全由等深的海水所包围,地球将是一个正规的球形体。此时,地球表面上所有的物体只具有一种位能:重力位能。

二、地球以角速度 Ω 匀速旋转

如果地球以角速度 Ω 匀速旋转,此时,地球表面上所有处于静止状态的物体,除具有上述两个力外,还将受到一个牵连向心力的作用。由于牵连向心力完全是由地心引力提供,因此,地球的自转作用,就使得位于地球表面上物体的重量随着牵连向心力的增加而减小。不难证明,在赤道区物体的重量最轻,在两极地区物体的重量无变化。在这种情况下,如果地球表面由等深海水所包围,地球将是一个旋转球体。此时地球表面上的物体除具有重力位能外,将增加新的位能——地转位能。

三、牵连角动量是地转位能

为什么把牵连角动量称为地转位能?因为它完全符合物理学中关于位能的定义。所谓动能,是指物体的运动之能,它是由物体的质量和速度所决定。所谓位能,是指能够转换为动能的储备能,它是由物体在系统内所处的位置和彼此间相互作用力的性质所决定。

不难理解,在地球这个旋转系统内,其表面上所有处于静止状态的物体都有两种能够转换为动能的储备能:一种是由地心引力作用而产生的重力位能,另一种是由地转作用而产生的牵连角动量,即地转位能。这两种位能的共同点是:第一,它们都具有表征储备能量值大小的位势高度。对重力位能而言,其理论上的零点应是地心,但因重力位能只能在地球表层有限高度的范围内才能进行动能的转换,故有效重力位能的位势高度 h 只能是地表层上的一个有限值,其表达式为 $E_p = mgh$。地转位能则不同,地转轴为零点,其表达式为 $E'_p = mr^2\Omega$,Ω 为地转角速度,r 为物体距地转轴的垂直距离,即向径,它是地转位能的位势高度。很显然,地转位能的最大值在赤道,为 $mR^2\Omega$;最小值为 0,位于两极地区以及它们之间的联线(即地转轴)上。第二,它们都能够转换为动能,且两者形式相似:$E_k = \frac{1}{2}mv^2$,$E'_k = \frac{1}{2}I\Omega^2 = \frac{1}{2}mv'^2$。第三,它们都是通过位势高度的变化才转换成动能的。对此,可参见表 2.1。

表 2.1 平动量与转动量之间的相似性

概念	平 动	转 动	备 注
位移	s	θ	$s=r\theta$

续表

概念	平 动	转 动	备 注
速度,角速度	$V=\dfrac{ds}{dt}$	$\omega=\dfrac{d\theta}{dt}$	$v'=r\omega$
力,力矩	F	Γ	$\Gamma=Fr$
平衡	$F=0$	$\Gamma=0$	
平动惯量,转动惯量	m	I	$I=mr^2$
动能	$E_k=\dfrac{1}{2}mv^2$	$E'_k=\dfrac{1}{2}I\omega^2$	$E'_k=\dfrac{1}{2}mv'^2$
重力位能,地转位能	$E_p=mgh$	$E'_p=I\Omega$	$E'_p=mr^2\Omega$

四、地转位能的转换机制

地转位能之所以能够转换为地转动能,是因为在无力矩作用的情况下位势高度发生的改变而引起其转动惯量发生相应变化的结果。假设物体 P 位于赤道,当它由赤道向北极作径向运动时,在无横向力作用的情况下,必然保持其角动量守恒。

$$\because \quad mR^2\Omega = mr^2\omega = \text{恒量},$$

$$\therefore \quad \omega = \frac{R^2}{r^2}\Omega, \tag{2-2-1}$$

$$V = \frac{R}{r}V_0, \tag{2-2-2}$$

式中,R 为地球半径,Ω 为地球自转角速度,V_0 为 P 在赤道处的牵连线速度;r 为 P 所在纬度处的向径,ω 为该处的旋转速度,V 为该处的线速度。

由式(2-2-1)和(2-2-2)可知,当物体由赤道向北极作径向运动时,其向径(r)就减小,即其位势高度就变低,其转动惯量就随之减小,转动的角速度就随之增大,地转位能就随之转换为相应的地转动能。当物体到达北极时,向径 $r=0$,位势高度消失,此时物体的地转位能就完全转换为地转动能,详见表 2.2。

表 2.2　物体的位势高度、转动惯量、角速度及线速度的地理分布

地理纬度(ϕ)	位势高度(r)	转动惯量(I)	角速度(ω)	线速度(V)
0	R	I_0	Ω	V_0
10	$0.98R$	$0.97I_0$	1.03Ω	$1.02V_0$
20	$0.94R$	$0.88I_0$	1.13Ω	$1.06V_0$
30	$0.87R$	$0.75I_0$	1.33Ω	$1.15V_0$
40	$0.77R$	$0.59I_0$	1.70Ω	$1.31V_0$
50	$0.64R$	$0.41I_0$	2.42Ω	$1.56V_0$

续表

地理纬度(ϕ)	位势高度(r)	转动惯量(I)	角速度(ω)	线速度(V)
60	$0.50R$	$0.25I_0$	4.00Ω	$2.00V_0$
70	$0.34R$	$0.12I_0$	8.55Ω	$2.92V_0$
80	$0.17R$	$0.03I_0$	33.16Ω	$5.76V_0$
85	$0.09R$	$0.01I_0$	131.65Ω	$11.47V_0$
90	0.00	0.00	∞	∞

总之，由上述可知，地球的自转使地球表面上所有处于静止状态的物体都具有了牵连线速度、牵连角动量以及地转位能。它们的量值大小皆与其所处的地理位置有关。

第三节　地球自转对径向运动的影响

一、旋转圆盘上的径向运动

如图 2.1 所示，设有一个半径为 R、角速度为 Ω 匀速旋转的圆盘，物体 P 在圆盘面上沿半径 R 以速度 V 匀速向圆盘中心作径向运动，现分析圆盘旋转对物体 P 作径向运动的影响情况。

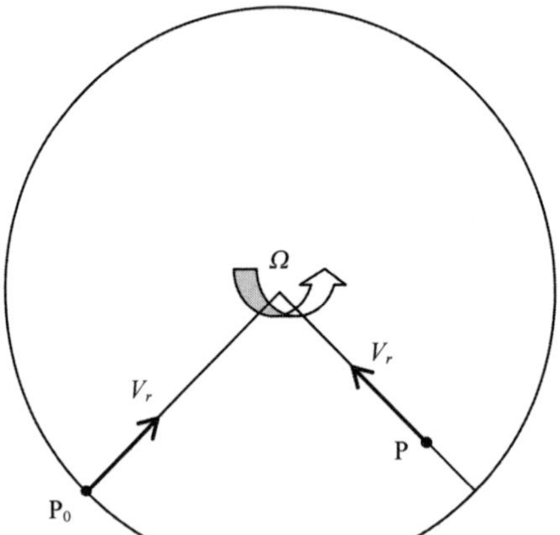

图 2.1　旋转圆盘内的径向运动

由图 2.1 可知，物体在 P_0 处所具有的牵连线速度 V_0、牵连角动量 J_0 分别为：

$$V_0 = R\Omega, \tag{2-3-1}$$

$$J_0 = mR^2\Omega. \tag{2-3-2}$$

当物体由 P_0运动到 P 处时，P 点处的牵连线速度 V_P和牵连角动量 J_P分别是

$$V_P = r\Omega, \tag{2-3-3}$$

$$J_P = mr^2\Omega. \tag{2-3-4}$$

由于 $r<R$，P 点处的牵连转动惯量要小于 P_0点处的牵连转动惯量，故 P 点处的牵连角动量 J_P要小于 P_0点处的牵连角动量 J_0，即 P 点处的地转位能要少于 P_0点处的地转位能。如果物体 P 在作径向运动的过程中没有受到力矩的作用，即没有受到横向力的作用，那么，它在径向运动的过程中必然保持其角动量不变。在这种情况下，由于其转动惯量将因向径的变化而改变，它的角速度就必然也要随之发生改变：

$$\because \quad \frac{dJ_0}{dt} = 0,$$

$$\therefore \quad \beta = \frac{d\Omega}{dt} = -\frac{2\Omega V}{R}, \tag{2-3-5}$$

式(2-3-5)中角加速度 β 的正负，取决于径向速度 V 的方向。若 V 是指向圆盘中心，V 为负值，此时 $\beta > 0$；否则，V 为正值，$\beta < 0$。这表明，若物体 P 向圆盘中心运动，此时其转动惯量将减小，其角速度就增大，运动就偏向右方；反之，若背离圆盘中心运动，其转动惯量将增大，其角速度就变小，运动亦偏向右方。

由式(2-3-5)可知，物体 P 在作径向运动的过程中，若要使其运动方向保持不变，即使其角速度 Ω 保持不变，就必须要给它施加一个作用力矩，即施加一个指向左方的横向作用力。

$$\because \quad F \cdot R = \frac{dJ_0}{dt} = \frac{d(mR^2\Omega)}{dt},$$

$$\therefore \quad F = 2m\Omega V. \tag{2-3-6}$$

由式(2-3-6)可知，欲使在旋转圆盘中作径向运动的物体 P 的运动方向保持不变，即使其角速度 Ω 保持不变，就必须在其作径向运动的过程中再给它施加一个指向左方的横向作用力，否则，它的运动方向就必然向右发生偏移，其偏移的速率为 $-2\Omega V$。由此可知，物体 P 在作径向运动的过程中所产生的（相对）运动方向的改变，是由于它在径向运动的过程中必须遵从角动量守恒定律的必然结果。但对位于圆盘内的观察者来说，他认为物体 P 在作径向运动的过程中所发生的这种“右偏”现象，必定是在其运动过程中又受到了一个指向右方的偏向作用力 $-2m\Omega V$ 所为，这个他所设想出来的偏向作用力 $-2m\Omega V$ 就称为地转偏向力，又称为科氏力。由此可知，物体在作径向运动中所出现的这个地转偏向力，完全是因为它在运动的过程中必须要遵从“角动量守恒”原理的必然结果。

二、地球自转对地球表面径向运动的影响

在研究了旋转圆盘内径向运动的情况之后，再研究地球自转对地球表面上径向运

动的影响。如图 2.2 所示,设物体 P 在北半球以速度 V 沿子午圈由南向北极匀速运动。在此种情况下,速度 V 有两个分量:一是与地转轴垂直、与赤道面平行的速度分量 V_r,另是与地转轴平行、与赤道面垂直的速度分量 V_n,它们分别为:

$$V_r = V\sin\phi, \tag{2-3-7}$$

$$V_n = V\cos\phi, \tag{2-3-8}$$

$$r = R\cos\phi, \tag{2-3-9}$$

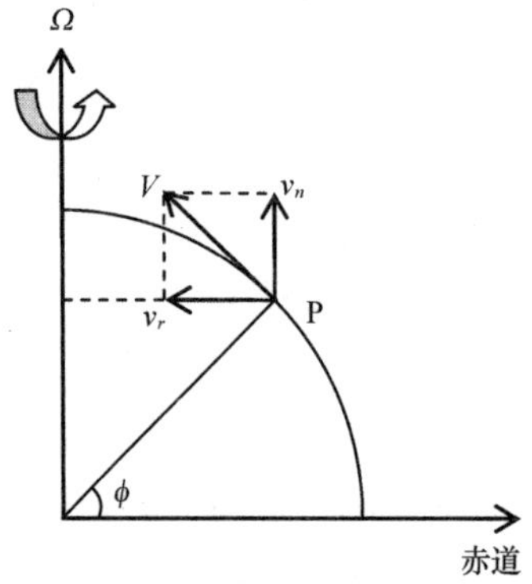

图 2.2　地球表面上的径向运动

式中,R 为地球半径,r 为物体 P 至地转轴的距离,即向径;ϕ 为地理纬度。

若物体 P 在径向运动的过程中并未受到力矩(横向作用力)的作用,它在径向运动过程中就保持其角动量守恒。由于速度分量 V_n 与地转轴平行,故该速度分量不能引起物体 P 的转动惯量发生任何改变。能够引起物体 P 转动惯量发生改变的是速度分量 V_r。由式(2-3-5)可知,此时其角加速度

$$\beta = -\frac{2\Omega V_r}{r} = -\frac{2\Omega V\sin\phi}{r} = -\frac{fV}{r}, \tag{2-3-10}$$

式中的 $f = 2\Omega\sin\phi$,是科氏参量。由此可知,所谓的 f 平面,就是与地转轴垂直、与赤道面平行的面,水动力实验中的旋转圆盘,亦可称为 f 平面。

式(2-3-10)与式(2-3-5)两者是完全等同的。这充分证明,科氏力的产生,完全是由于物体在径向运动中遵从角动量守恒原理的必然结果,也是地转位能转换为地转动能过程的具体表现。

由表 2.2 可知,当物体 P 由赤道区运动到 10°N 时,其角速度仅增加 3%,线速度仅增加 2%,地转位能也仅有 3%转换为地转动能。由此可知,在赤道的北、南纬 10°之间的范围内,以及在百千米级及其以下的中小尺度的运动中,由于地转影响作用并不明显,因此可以完全不必考虑地球自转的影响。但是,随着地理纬度的增加,地转影响作用就愈加明显,在 60°N 处,物体 P 的角速度将增加 3 倍,线速度也将增加 1 倍,其地转位能也将有 75%转换为地转动能;在 80°N 处,物体 P 的自转角速度将增加 32.16 倍,线速度增加 4.76 倍,地转位能将有 97%已转换为地转动能;在北极区,地转位能将全部被转换

为地转动能。其自转角速度和线速度都将变得无限大。由此可知，当物体由赤道区向北(南)极作径向运动时，如果不对它施加指向左方的作用力(矩)，它是不可能到达北极区的，甚至也不能到达高纬度区。反之亦然。由于位于北(南)极地区的物体不具有牵连角动量，它同样也不能到达赤道地区，除非它在其(径向)运动过程中又得到一个指向其左方的作用力(矩)。

综上所述，位于地球表面上处于静止状态的物体，除两极地区外，它们都拥有牵连角动量，即拥有地转位能，且在赤道区地转位能值最大。物体在作径向运动时，它必须遵从角动量守恒定律。因此，它由赤道(或低纬度)区向极地(或高纬度)区作径向运动的过程，也是其地转位能随之转换为地转动能和其运动方向随之右偏的过程，其偏移速率为 $2\Omega V_r$。同理，在物体由极地向赤道(或低纬度)区作径向运动时，由于其角动量的缺失也同样使其运动方向发生右偏，其偏移速率亦为 $2\Omega V_r$。由此可知，由于地球表面上的物体在径向的运动中必须要遵从角动量守恒定律，这不仅是高空大气西、东风带形成的主要原因，也是世界大洋表层流呈现出顺时针(北半球)和反时针(南半球)环流的主要原因。另外，海水和大气的大规模的径向运动，也必将引起地球自转速度发生相应的变化。当它们大规模的由赤道流向北(南)极时，地球自转速度就加快；反之，若它们大规模的由北(南)极流向赤道时，地球自转速度就变慢。

最后需指出，物体在地球表面上作径向运动时，地球自转对该运动的影响是仅仅表现在改变物体的运动方向上。因此，在这种情况下，科氏力即地转偏向力，两者可以等同视之。

第四节　地球自转对纬向运动的影响

一、旋转圆盘中的圆周运动

如图 2.3 所示，设圆盘以角速度 Ω 匀速旋转，圆盘半径为 R，物体 P 以线速度 V 在圆盘外沿作圆周运动，且 V 与牵连线速度 V_0 同方向。此时，物体 P 必须具备的向心力为：

$$F = m\frac{(V_0 + V)^2}{R} = m\frac{V_0^2}{R} + m\frac{V^2}{R} + 2m\Omega V. \qquad (2\text{-}4\text{-}1)$$

由式(2-4-1)可知，物体 P 的向心力是由 3 部分组成：一是牵连向心力 $F_0 = m\dfrac{V_0^2}{R}$，二是物体 P 以 V 作(相对)圆周运动所需的向心力 $F_1 = m\dfrac{V^2}{R}$，三是由于向心力与线速度之间非线性的平方关系所产生的附加向心力 $F_2 = 2m\Omega V$。但是，对位于圆盘内的观察

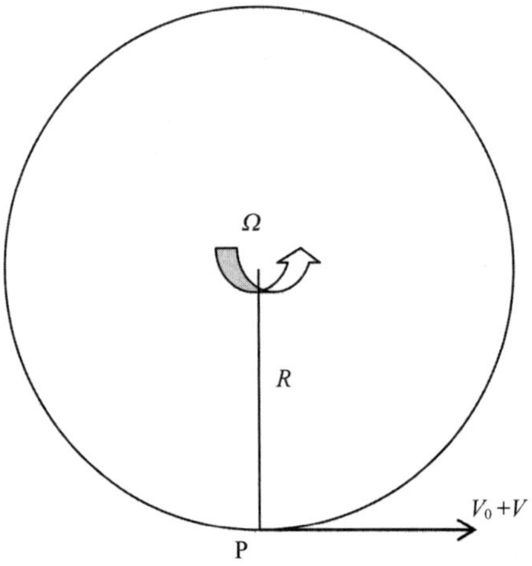

图 2.3　旋转圆盘上的圆周运动

者而言，他认为该向心力 F_2的产生，必定是由于物体 P 在作圆运动的过程中又受到一个指向其右方的离心力$-F_2$的作用所致。这个由圆盘内观察者所设想出来附加的离心力$-F_2$就称为科氏力。

若物体 P 圆运动的方向与圆盘旋转方向相反，则有

$$F = m\frac{(V_0 - V)^2}{R} = m\frac{V_0^2}{R} + m\frac{V^2}{R} - 2m\Omega V. \qquad (2-4-2)$$

由式(2-4-2)可知，若物体 P 的运动方向与圆盘旋转方向相反，表明物体 P 作圆运动的线速度在减少，故其所需要的向心力就必然随之减小。特别是，若 $V=V_0$，此时物体 P 实际上是处于(绝对)静止状态，其向心力就随之消失。但对位于圆盘内的观察者而言，他认为$-2m\Omega V$ 的产生是由于物体 P 又受到了一个指向右方的向心力的作用所致，这个由圆盘内观察者所设想出来的向心力就称为科氏力。由此可知，物体在作纬向运动中所出现的科氏力，完全是因为其向心力与线速度之间的非线性的平方关系所致。

二、地球自转对赤道区纬向运动的影响

地球自转对赤道区纬向运动的影响情况，与旋转圆盘作圆周运动的影响完全相同。当物体 P 在赤道区自西向东以速度 V 作纬向运动时，由式(2-4-1)可知，物体 P 所需要增加的向心力为 $F_1 = m\frac{V^2}{R}$ 和 $F_2 = 2m\Omega V$ 。由于 F_1和 F_2皆由地心引力支付，故此时物体 P 的重量将减小，这有利于物体 P 的上升运动。但对位于地球内的观察者而言，他认为 F_2的产生是由物体 P 又受到了一个离心力$-F_2$的作用所致。这个由位于地球内观察者所设想出来的离心力$-F_2$就称为科氏力。若物体 P 以速度 V 自东向西运动，由式(2-4-2)可知，此时物体 P 的附加向心力 F_2变为负值，所需要的向心力变小，物体 P 的重量将

增加，这有利于物体 P 的下降运动。特别是当 $V=V_0$时，此时物体 P 就处于(绝对)静止状态，故物体 P 的重量就不再受地球自转影响，将同两极地区的物体一样，其重力即为地心引力。但对位于地球内的观察者而言，他对物体 P 重量增加的解释是因为又受到了一个附加的向心力 F_2的作用所致，他所设想出来的附加的向心力 F_2就称为科氏力。

由上述可知，物体在赤道区作纬向运动时，科氏力不仅是完全存在的，且有最大值。当物体在赤道区自西向东作纬向运动时，科氏力的作用是使运动物体的重量变轻，有利于该物体的上升运动；当物体自东向西作纬向运动时，科氏力的作用是使运动物体的重量变重，有利于该物体的下降运动。因此，认为在赤道区的运动不存在科氏力作用的观点是不正确的。正确的说法应该是：在赤道地区的运动是不存在地转偏向力的作用，即地转偏向力在赤道区消失，而不是科氏力在赤道区消失。

三、地球自转对纬向运动的影响

若物体 P 在北半球某纬度 ϕ 处以线速度 V 匀速作自西向东的纬向运动，它必须具有的向心力为：

$$F = m\frac{V_0^2}{r} + m\frac{V^2}{r} + 2m\Omega V, \tag{2-4-3}$$

式中，r 为物体 P 距地转轴的向径。

现在研究附加向心力 $F_2 = 2m\Omega V$，即科氏力对物体 P 作纬向运动所产生的影响。若以 F_K表示科氏力，则有

$$F_K = - F_2 = - 2m\Omega V. \tag{2-4-4}$$

如图 2.4 所示，科氏力的垂向分力 $f_{K\perp}$ 和水平分力 $f_{K//}$分别为：

$$f_{K\perp} = - 2m\Omega V\cos\phi, \tag{2-4-5}$$

$$f_{K//} = - 2m\Omega V\sin\phi. \tag{2-4-6}$$

由于科氏力的垂向分力与重力 g 方向相反，就使物体 P 的重量变轻；科氏力的水平分力将使物体 P 的运动方向偏向右方，称为地转偏向力。也就是说，当物体自西向东作纬向运动时，科氏力的作用表现在两个方面：科氏力的垂向分力将使运动物体的重量变轻，有利于物体上升运动；科氏力的水平分力将使物体的运动方向向右偏移，成为地转偏向力。反之，若物体是自东向西作纬向运动，此时其垂向分力与重力方向相同，将使物体的重量增加，有利于物体下降运动。其水平分力则为使运动方向右偏的地转偏向力。物体在作纬向运动时，所谓的 f 平面是指与重力 g 方向垂直、与地球表面相切的水平切面，也是地转偏向力所处的水平面。

需特别指出：物体在作纬向运动时，科氏力与地转偏向力两者是不等价的，地转偏向力仅是科氏力的一个水平分力。只有在不考虑地转对运动物体的升降运动和对其重量的影响时，即不考虑科氏力的垂向分力的作用时，才可把两者等同视之。

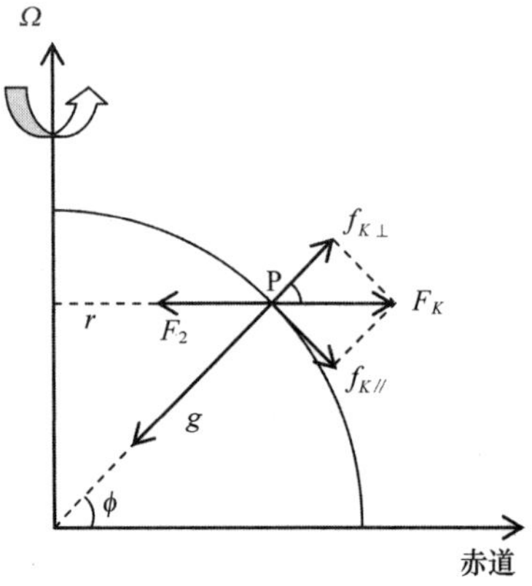

图 2.4　地球表面上的纬向运动

第五节　地球自转对惯性运动的影响

一、地球自转对无摩擦的惯性运动的影响

假设某质点以恒速 U_0作惯性运动，不考虑摩擦力及其他作用力，仅仅考虑地球自转偏向力(科氏力)的影响作用。为研究方便，令 $m=1$，取直角坐标系，x 轴指向东，其速度分量为 u；y 轴指向北，其速度分量为 v；$f=2\Omega\sin\phi$，为科氏参量。其方程式为：

$$\frac{\mathrm{d}u}{\mathrm{d}t}-fv=0, \qquad (2\text{-}5\text{-}1)$$

$$\frac{\mathrm{d}v}{\mathrm{d}t}+fu=0. \qquad (2\text{-}5\text{-}2)$$

初始条件为：$t=0,u=U_0,v=0$。

其求解结果为：

$$u=U_0\cos ft, \qquad (2\text{-}5\text{-}3)$$

$$v=-U_0\sin ft. \qquad (2\text{-}5\text{-}4)$$

质点的运动轨迹为：

$$x=\frac{U_0}{f}\sin ft, \qquad (2\text{-}5\text{-}5)$$

$$y=\frac{U_0}{f}\cos ft, \qquad (2\text{-}5\text{-}6)$$

式(2-5-5)、(2-5-6)表明，在没有摩擦力和其他外力作用的情况下，物体在地转偏向力的作用下,其惯性运动将成为一种以固定点为圆心的顺时针方向的圆周运动。其圆频率为 f,即为地转频率;其圆周期为 $T=\frac{2\pi}{f}$,即为地转周期;其同心圆的半径为 R,即为地转半径,且

$$R=\frac{U_0}{f}=\frac{U_0}{2\Omega\sin\phi}. \tag{2-5-7}$$

运动轨迹如图 2.5 所示,其轨迹为一个绕某一固定点呈顺时针方向旋转的同心圆。

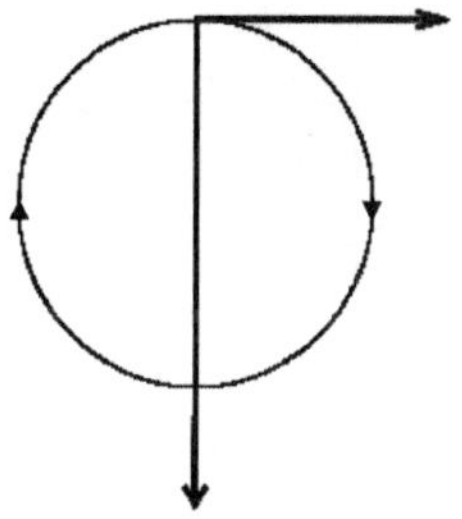

图 2.5　地转作用下无摩擦的惯性运动轨迹图

二、地球自转对有摩擦的惯性运动的影响

在现实海洋中,没有摩擦力作用的海水运动是根本不存在的,因此,更符合实际情况应是研究地球自转对有摩擦力作用时的惯性运动。为方便起见,取摩擦力与流速的一次方成比例。此时运动方程为:

$$\frac{\mathrm{d}u}{\mathrm{d}t}-fv+\mu u=0, \tag{2-5-8}$$

$$\frac{\mathrm{d}v}{\mathrm{d}t}+fu+\mu v=0, \tag{2-5-9}$$

式中,μ 为摩擦系数,是常量。

其解为:

$$u=U_0\mathrm{e}^{-\mu t}\cos ft, \tag{2-5-10}$$

$$v=-U_0\mathrm{e}^{-\mu t}\sin ft. \tag{2-5-11}$$

其轨迹为:

$$x=\mathrm{e}^{-\mu t}\frac{U_0}{f^2+\mu^2}(f\sin ft-\mu\cos ft), \tag{2-5-12}$$

$$y=\mathrm{e}^{-\mu t}\frac{U_0}{f^2+\mu^2}(\mu\sin ft+f\cos ft), \tag{2-5-13}$$

$$R = \frac{U_0}{\sqrt{f^2 + \mu^2}} e^{-\mu t}. \tag{2-5-14}$$

由式(2-5-12)、(2-5-13)、(2-5-14)可知,在地转偏向力和摩擦力的共同作用下,不仅流速 U_0 呈指数衰减,其同心圆半径 R 随时间 t 也呈指数衰减;物体惯性运动的轨迹如图 2.6 所示。

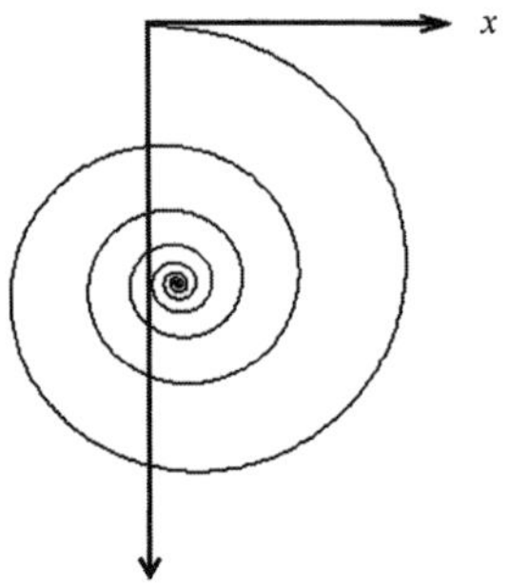

图 2.6 地转偏向力和摩擦力共同作用下的惯性运动轨迹图

由图 2.6 可知,在地转偏向力和摩擦力两者的共同作用下,惯性运动质点的运动轨迹为圆半径(R)呈指数衰减的(同心)圆运动。若以半径 R 衰减至 4%为其消失的标准,若 μ 值为 10^{-4},则其消失时间尺度为 0.37 d,即约 8.88 h;若取 μ 值为 10^{-3},则为 0.037 d,约为 0.89 h;若取 μ 值为 10^{-2},则为 0.003 7 d,约为 0.089 h。

三、惯性圆的运动周期

首先要明确一个物理概念:所谓惯性,它是物体(质)的一种基本属性。惯性的概念是由牛顿第一定律引入的,它是表征一种物体能够保持静者恒静或动者恒动的能力。惯性的大小则是由牛顿第二定律表现出来的,质量的大小就是物体惯性大小的定量量度。因此,质量也称为惯量。第二定律还明确给出表达式: $m = \frac{F}{a}$, 即惯(质)量的大小与作用力成正比,与加速度成反比。由此可见,惯性本身是没有周期的,惯性运动本身也必然是没有运动周期的,所以把惯性圆的运动周期称为惯性周期是完全错误的。由于该惯性运动的圆运动是在地球自转偏向力的作用之下形成的,因此该惯性圆的运动频率就是地转频率 f,其周期就是地转周期, $T = \frac{2\pi}{f} = \frac{\pi}{\Omega \sin\phi}$。由于地转周期是地理纬度的正弦函数,在赤道区 $T \to \infty$,这表明在赤道区的惯性流不再受到地转偏向力的作用,流体将在惯性作用下保持其直线运动。因此,正确的说法应是:地转作用下的惯性流运动。

四、现实海洋中的惯性流运动

由以上求解结果可知,若无外力作用,在地转偏向力(科氏力)的作用下,惯性流将停止前进而作顺时针方向旋转的同心圆运动。在摩擦力的作用下,惯性流流速(U_0)和同心圆半径(R)皆将随时间 t 呈指数衰减。海水的摩擦系数 μ 值在 $10^{-2} \sim 10^{-4}$ 的范围内。若取 μ 为 10^{-3},则只需经历约 0.89 h,U_0 和 R 皆衰减至其原值的 4%。由此可见,真正的惯性流所能够持续的时间不足 1 h,所以说,真正的惯性流只能是一种很短暂的运动现象,人们是很难观测到的。

在所有的海洋教科书中,皆例举同一个惯性流实例:就是由 Gustafson 和 Kullenberg 两人在波罗的海进行连续 162 h 海上观测所发现的惯性流,如图 2.7 所示。我们经过分析研究,认为它不是惯性流。理由如下。

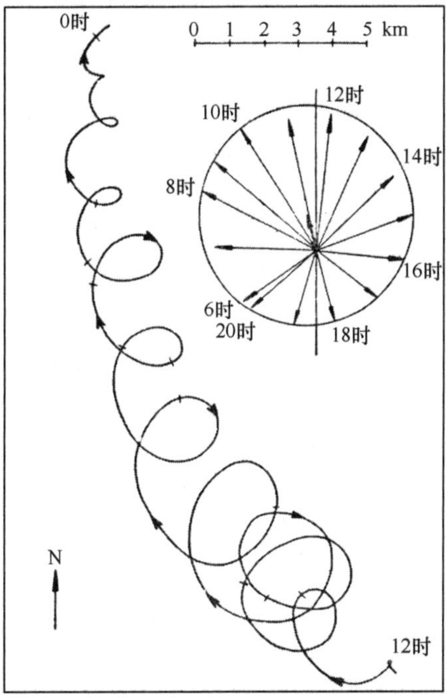

图 2.7 在波罗的海观测到的,具半摆日周期的惯性流(Gustafson et al.,1936)
左图表示从 1933 年 8 月 17 日到 8 月 24 日的前进矢量图;
右图表示在 8 月 21 日,6 时与 20 时之间的中央矢量图

首先,如果图 2.7 所绘制的水质点的运动轨迹路径是真实的,也不能认为它就是惯性流。首先,真正的惯性流必定是停止前进的惯性圆运动,其次,惯性流 U_0 和惯性半径 R 它们皆随时间 t 呈指数衰减,即使取 μ 值的最小值 10^{-4},不到 9 h U_0 和 R 就衰减至其原值的 4%,绝不会持续存在长达 162 h 的 8 个完整周期的惯性圆。最后,我们对图 2.7

所绘制的惯性流轨迹路径图的真实性持怀疑态度。据介绍,他们的流速仪是放在表层以下 14 m 深处,从 1933 年 8 月 17 日到 8 月 24 日共进行 162 h 的昼夜连续观测。如果是定点连续观测,就根本无法得到水质点的运动轨迹图;如果是进行追踪观测,当时又没有能够进行追踪观测的仪器设备。而且,近二三十年来,人们在大洋和近海皆进行过大量的追踪观测,至今也未见有人提供出如图 2.7 所示的轨迹图。因此,本书认为图 2.7 所展示出来的肯定不是惯性流的运动轨迹图。

第六节　结果与讨论

地球表面处于静止状态的物体具有两种位能。一是在地心引力作用下形成、以地心为原点的有效重力位能 mgh,其位势高度 h 是被限制在地表层上有限的高度范围之内。这是人们所熟悉的一种位能。二是在地球旋转作用下形成、由向心力支持、以地转轴为原点的牵连角动量 $mr^2\Omega$ 所形成的位能,称为地转位能,其位势高度 r 的最大值为地球半径 R,即在赤道处地转位能最大。这是本书所新指出的一种位能。在这种动力环境条件中,在不同运动的情况下,科氏力产生的机制和表现是不相同的。

一、径向运动

众所周知,物体在作径向运动时都必须遵守角动量守恒原理,这是科氏力产生的唯一原因。当物体由赤道向北极作径向运动时,地转位势高度降低,地转位能就随之减少并即时转换为地转动能,其角速度就增加,线速度亦增加,运动方向就向右偏。到达北极时,地转位势高度完全消失,地转位能就完全转换为地转动能,角速度就无限大,线速度亦无限大。由此可知,大量的海水和空气由赤道流向北(南)极时,它们的地转位能就完全转换为地转动能,并将之完全传递给地球,因而就使地球的自转速度加快;反之,若大量的海水和空气由北(南)极区流向赤道,它们的地转位能将全部由地球自转动能来提供,因而就使地转自转速度变慢。需强调指出,只有在径向运动的情况下,科氏力对物体运动的影响作用才仅仅表现在改变物体的运动方向上,科氏力即为地转偏向力。因此,只能在这种情况下,才可以把科氏力与地转偏向力两者等同视之。但在赤道区只能是地转偏向力消失,而科氏力却依然存在。

二、纬向运动

当物体自西向东绕地转轴作纬向运动时,由于向心力与线速度之间非线性的平方关系所产生的附加向心力,是科氏力产生的唯一原因。此时,科氏力的垂向分力与重力方向相反,故使其重量减小,有利于物体的上升运动。其水平分力使运动方向右偏,称为地转偏向力。反之,若自东向西运动,其垂向分力与重力方向相同,故使其重量增加,有利于物体的下降运动。水平分力依然是使运动方向右偏。需指出,物体在赤道区作纬向运动时,科氏力的水平分力消失,但科氏力的垂向分力则有最大值。因此,正确的说法应是:在赤道区是地转偏向力消失,科氏力依然存在。由此可知,物体在作纬向运动时,能够使其运动方向右偏的是科氏力的水平分力,只能把科氏力的水平分力称为地转偏向力;且,在赤道区也只能是地转偏向力消失,不能认为科氏力也消失。因此,决不能把科氏力与地转偏向力两者等同视之,即,不能认为科氏力就是地转偏向力,也不能认为地转偏向力就是科氏力。

三、惯性运动

本书的研究结果证明,在地转偏向力(科氏力)的作用下,任何物体仅仅依靠惯性是不能继续向前运动的,只能绕一固定点作顺时针方向旋转(北半球)的同心圆运动,其同心圆半径为 $R=\dfrac{U_0}{\sqrt{f^2+\mu^2}}e^{-\mu t}$,称为地转半径;其圆运动的周期是 $T=\dfrac{2\pi}{f}$,称为地转周期,f 称为地转频率。由此可知,在海洋教科书中把它们称为“惯性半径”、“惯性周期”、“惯性频率”都是错误的。需指出,在摩擦力的作用下,由于惯性流流速 U_0 和同心圆半径 R 皆随时间 t 呈指数衰减,因此,现实海洋中的惯性流只能存在很短暂的时间(不到 1 h),一般情况下是很难观测的。

四、关于 *f* 平面

所谓 f 平面,就是指地转偏向力所处的平面,或者说,是科氏力的水平分力所处的平面。对于径向运动而言,其 f 平面就是那些与地转轴垂直、与赤道面平行的平面;对纬向运动而言,其 f 平面就是与重力的方向相垂直的球切面。

五、科氏力(地转偏向力)作用考虑与否的依据

在传统的观点中,对于是否考虑科氏力的作用,通常的做法是把科氏力量值的大小与方程中的其他作用力的量值大小进行比较决定取舍。本书认为,这种处理方法是错误的。因为,运动方程中的作用力有 3 种类型:一是对运动作功的动力;二是对运动作负功的阻力;三是对运动不作功仅仅改变运动方向的偏向力。科氏力是属于后一种力。不言而喻,不同类型的作用力之间是没有可比性的。也就是说,科氏力作用考虑与否的依据只能看它对运动方向偏移作用的大小而定,与其他类型作用力的量值大小、或存在与否皆无直接关联。对于在中小尺度空间范围内的运动不必考虑科氏力作用这一观

点,我们是赞同的。我们给出的理由是:在百千米数量级及其以下的中小尺度空间范围内的运动而言,如果是径向运动,由于其牵连角动量并无明显变化,地转偏向力的作用效果不明显,所以就不需考虑科氏力(地转偏向力)的作用。如果是纬向运动,人们有足够的理由把这种中小尺度球面上运动中的圆弧线运动视之为直线运动,也不需考虑科氏力的影响作用。需强调指出,中小尺度空间范围的运动不必考虑科氏力的作用,还与物体的运动速度大小无关。现举两例再给予证明。一是美国国家海洋大气局强风暴实验室的丁·戈尔登,他在1973年用无人机共探测了128个海龙卷风。他发现这些海龙卷风多数是逆时针方向旋转,顺时针方向旋转是少数。但这两种旋转方向的运动性质差不多是一样的。另是由日本京都大学和筑波大学所组成的研究小组,在对太平洋深海进行调查时,第一次发现了一个半径为100 km的巨大涡旋。该小组于1977年底在笠原群岛以东约400 km,30°N,147°E附近海域进行调查时,发现附近有一股强大的水流。于是他们又制定了一个3年调查研究计划,并从1978年起开始正式调查。结果发现这股水流是一个半径约100 km的大涡旋。这个涡旋从5 000 m的深水区到海面附近,呈园柱状,按水平方向旋转。这股强大的海流的能量约为平均海流能量的10倍。其中心以3 cm/s的速度向西缓慢移动。每天移动约2 600 m。他们还发现,这个大涡旋的旋转方向很奇怪。它首先是按顺时方向向右旋转;涡旋暂时停止后,接着又按逆时方向向左旋转;暂停之后再继续按顺时针方向向右旋转;再次停止后,又恢复按逆时针方向向左旋转。每隔100 d重复一次。另外再需指出。在20世纪60年代,有人在统计大洋中风向与波向之间夹角的观测数据时,发现波向是系统性的偏于风向的右侧,其右偏角为13°,标准差为2.0°。本书对此结果是持支持肯定态度。但我们给出的解释是,这个右偏角是表层风海流的右偏角,不是波浪的右偏角。因为风应力作用于海表层时,其水质点的水平移动(风海流)方向应该和水质点上下振动(波浪)的传播方向保持一致,地转偏向力对波浪的运动方向是没有影响作用的。

对于大尺度范围的运动而言,如果必须要考虑运动方向改变的原因,而且科氏力又是能够改变运动方向的唯一作用因子,科氏力的作用就必须考虑之,因为“唯一是大”。如果能够改变运动方向的作用因子是多种,就应把它们集中在一起进行比较,按照“同类相比、大者为先”的原则进行排序,决定取舍。

六、赤道及其附近区域的运动都不必考虑地转偏向力的作用

本书认为,在南、北纬10°范围的区域内,由于地转偏向力的作用非常微弱,完全不必考虑地球自转对物体水平运动方向的影响作用。但是,由于科氏力的垂向分力在赤道区的量值最大,因此,地球自转对赤道及其附近海水和大气的垂向运动所产生的影响就必须予以考虑。

七、长波运动不必考虑科氏力

本书认为，海洋中所有的长波运动都不必考虑科氏力的作用，理由很简单，因为在所有的长波运动中，其水质点移动的水平距离皆在中小尺度范围以内。对于海洋中最大长波的潮波而言，即使在潮运动最为强烈的陆架海区，其最强潮流中水质点的最大水平移动距离也只有十几千米。对于大洋而言，其水质的水平移动最大距离也只能是在百米级的小尺度范围内。对于在《潮汐学》(陈宗镛，1980)中所给出的 Kelvin 波示意图(图 2.8)，在波峰处让科氏力与水平压强梯力两者达成平衡显然是错误的。因为在波峰处，潮流流速最大，科氏力量值最大，科氏力加速度最大，但在科氏力作用下所产生的最大右偏速度是在波峰与波谷中间的半潮面处，即科氏力与在它作用之下所产生的最大的水面倾斜应是出现在半潮面处，决不是在波峰处。因为在周期性运动中，加速度与速度之间的相位差为 $\pi/4$，它们决不是同步发生的。最后需强调指出：科氏力表达式 $-2\vec{\Omega}\times\vec{V}$ 中的 $\vec{V}$，是指水质点的水平运动速度，决不是水质点的波动速度。平动速度与波速两者之间毫无关联。由此可见，认为科氏力对长波运动能够产生作用的观点是没有理论依据的。

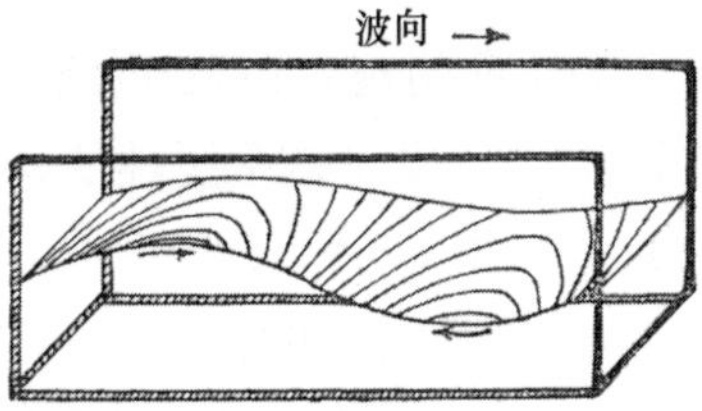

图 2.8　Kelvin 波

八、科氏力是一种恢复力

由于物体在运动的过程中必须要遵从角动量守恒定律，因此科氏力就成为一种能够使物体产生自由振动的恢复力，其自由振动频率是 f，自由振动周期是 $T=\dfrac{2\pi}{f}$，自由振动的振幅将在摩擦力作用下呈指数衰减。由此可知，任何一种大尺度的水平运动在其初始阶段，都将产生以 f 为频率的自由振动，只有在该自由振动消失之后，运动才能进入到稳态的运动阶段。

第三章　地转平衡运动的动力学特征

第一节　引　言

地转平衡运动方程的出现，最初是作为流体运动方程进行简化处理后的一种特殊运动情况写出来的。H. Peslin 在 1872 年首次把它应用于墨西哥湾流上，Helland－Hansen 在 1903 年依据 V. Bjerknes 的环流定理设计出利用水平压力场(密度场)的分布来进行计算地转流的方法，即一直延用至今的地转流计算方法。1929 年 A. Defant 就把地转流的定义和计算方法正式在海洋教科书中予以介绍和应用。此后，地转流的定义和计算方法被延用下来，成为分析研究大洋海流的主要依据。

关于地转流的形成机制，海洋学家在没有进行严格的理论分析、研究的情况下，就完全认同了上述运动方程简化处理的观点，都认为地转流是在忽略了包括摩擦力在内的其他作用因子的情况下，是水平压强梯度力与地转偏向力(科氏力)两者达成平衡的结果。对于两者达成地转平衡的过程，也没有在理论上给予证明，仅凭主观想象，都是采用示意图和附以简单的文字说明的方法予以描述。对于地转流平衡形成过程的文字描述，以冯士筰等 2007 年主编的《海洋科学导论》所进行的文字描述最为详细："在水平压强梯度力的作用下，海水将在受力的方向上产生运动。与此同时科氏力便相应起作用，不断地改变海水流动的方向，直至水平压强梯度力与科氏力大小相等方向相反取得平衡时，海水的流动便达到稳定状态。若不考虑海水的湍应力和其他能够影响海水流动的因素，则这种水平压强梯度力与科氏力取得平稳时的定常流动，称为地转流"。

对于上述传统的观点，本书不能认同。因为，首先地转平衡运动方程本身不具有这种功能。众所周知，地转偏向力(科氏力)是一种对物体运动不能做功而仅仅能够改变运动方向的偏向力，因此，与它达成地转平衡的水平压强梯度力必定也同样是一种不能对物体运动做功的反偏向力。由此可知，地转流流速的产生与大小，与地转平衡方程中的两种偏向力之间没有任何关联。其次，认为只有在忽略了摩擦力作用的情况下，地转平衡方程才能形成，这种观点也是错误的。实际上，恰恰相反，只有在考虑了摩擦力作用的情况下，地转平衡方程式才能成立。因为，物体的运动由不平衡态运动到实现平衡态运动，没有摩擦力的参与作用是无法实现的。另外，地转平衡运动形成的因果关系也是错误的。不难证明，只有在地转流流速达到恒定时，地转平衡才能建立，而不是相反。

本书认为,欲想对地转流的形成机制给出正确的答案,就必须对地转平衡运动的动力学特征给予正确的认识。

第二节　地转平衡运动的事例分析

在物理教科书中,曾举例说明科氏力(地转偏向力)的作用:一是(在北半球)运行中的列车在地转偏向力的作用下,列车对铁路右轨的压力要大于其对左轨的压力;二是流动中的河水对右岸的冲刷要大于其对左岸的冲刷。我们就以这两个事例来进行地转平衡运动的力学特征分析。

例 1:运行中列车的地转平衡

如图 3.1 所示,设列车以速度 V 匀速平稳地直线运行,此时它的受力情况如下:一是列车的重力 W 垂直向下,二是列车车轮对两铁轨压力所产生的向上的反作用力 P_1 和 P_2,另一个是地转偏向力(科氏力)fV。如果不考虑地转偏向力的作用,列车对两铁轨的压力将相同,其反作用力 P_1 和 P_2 也相同,它们就与重力 W 取得平衡。由于地转偏向力的作用,列车将产生一个指向右方的顺时针方向的作用力矩。列车在该力矩的作用下,其对左、右两铁轨的压力就不再相同,右轨的压力要大于左轨的压力;两铁轨对列车的反作用力也不再相同,$P_2>P_1$,形成了逆时针方向的反作用力矩。因为列车运行速度 V 为恒量,地转偏向力 fV 亦为恒量,地转偏向力所形成的顺时针方向的作用力矩与两铁轨的反作用力矩两者就取得平衡,此时列车才能实现匀速、平稳运动。这就是(北半球)在地转偏向力作用下列车对右轨的压力要大于左轨压力的原因。

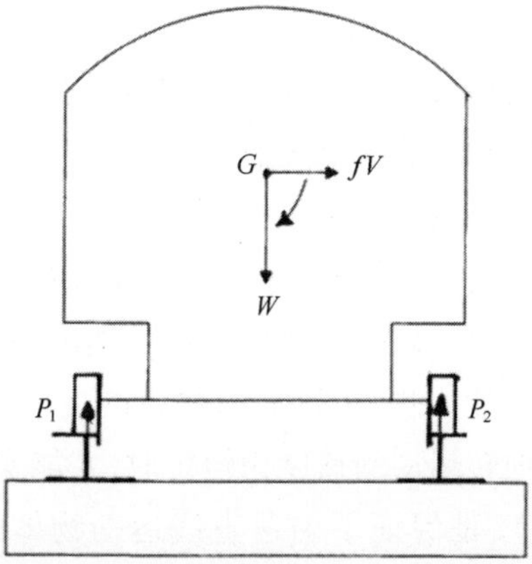

图 3.1　运行列车的地转平衡示意图

例 2:流动中河水的地转平衡

如图 3.2 所示,河水以速度 V 匀速、直线运动。如果不考虑地转偏向力的作用,河流两岸的水位高度将相同,河面处于水平状态,河水对两岸的压力相同,两岸对河水的反作用力也相同,河水对两岸的冲刷强度也将是相同的,流轴将位于河床的中心处。但是,在地转偏向力的作用下,河水向右岸堆积,流轴向右岸偏移,右岸水位高于左岸。河流对右岸的压力(冲刷力)就大于左岸,右岸对河流的反作用力亦大于左岸,河面发生倾斜,形成水平压强梯度力 $-\nabla P$ 。当该水平压强梯度力与地转偏向力达成(地转)平衡时,河流的横向运动停止,河水才能以速度 V 平稳地作匀速直线运动。

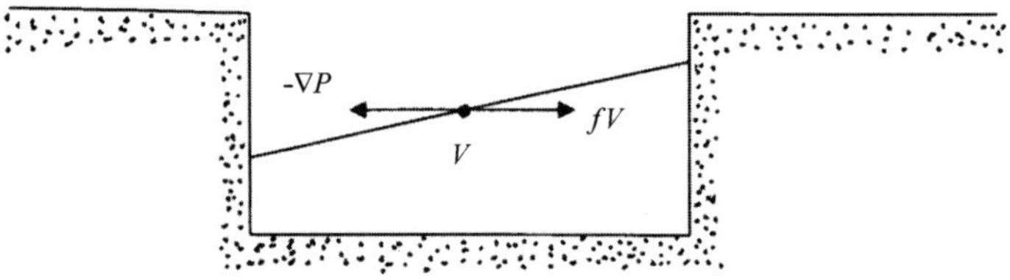

图 3.2　流动中河水质点的地转平衡示意图

由上述两例分析可以初步获得以下结果:

(1)地转偏向力(科氏力)量值的大小只与物体运动速度(V)量值的大小有关,与该速度(V)的属性无关。即,对火车而言,地转偏向力只与火车的运动速度(V)量值的大小有关,与该火车运动速度(V)是来自于蒸汽机、柴油机或电动机所驱动无关。也就是说,火车驱动力的来源属性与在地转偏向力作用下所产生的反偏向力之间的地转平衡没有任何关联。同样,对河流而言,也是如此。

(2)地转偏向力与运动速度之间有着明确的因果关系:运动速度是"因",地转偏向力是"果"。即,地转偏向力是在物体有了运动速度之后才产生出来的一种再生力。由于它永远与物体的运动方向垂直,所以它是一种仅能改变物体的运动方向对运动永不做功的一种(地转)偏向力。同样,在地转平衡关系式中与地转偏向力达成平衡的(反)偏向力也是一种再生力,它是在地转偏向力作用之下而产生的一种反偏向作用力,它对物体的运动也同样不做功。且,地转偏向力是因,反偏向力($-\nabla P$)是果。

(3)对某固定点(地区)而言,只有当物体的运动速度(V)为恒定值时,科氏力的量值才能恒定,地转平衡关系才能实现。否则,若物体的运动速度不稳定,地转平衡就无法实现。也就是说,只能在地转运动的速度为恒定时,才能实现地转平衡;决不是相反。地转平衡关系式的建立,仅仅是保证了匀速直线运动物体的运动方向不再发生偏移而已。

(4)如果铁路左右两轨的压力差值完全是由地转偏向力的作用所为,人们就可用该压力差值来计算出列车的运行速度。同理，如果河流两岸的水位差值完全是由地转偏向力作用所为，人们亦可用该水位差值来计算出河流的流速。但是，这种理论结果在现实自然界中没有任何实践意义。因为在现实的自然界中，影响左右两铁轨压力差值的作用因子很多，且它们都比地转偏向力的作用大得多。同样，影响河流左右两岸冲击力不同的作用因子亦很多，且它们也都比地转偏向力的作用大得多。

对于上述分析结果，下面将利用数学方法，在理论上给予严格论证。

第三节　常力作用下地转平衡运动的动力学特征

一、地转运动方程的建立与求解

假设海洋无限，不考虑地转偏向力的纬度变化，摩擦力取线性形式。取直角坐标系，x 轴指向东，y 轴向北；F_x为常力指向东。对于 F_x不作特别限定，它既可以是水平压强梯度力，也可以是风应力，或其他的常力。这样，单位质量海水质点的地转运动方程为：

$$\frac{\mathrm{d}u}{\mathrm{d}t} - fv + \mu u = F_x, \tag{3-3-1}$$

$$\frac{\mathrm{d}v}{\mathrm{d}t} + fu + \mu v = 0. \tag{3-3-2}$$

初始条件为：　　当 $t=0, u=U_0, v=0.$

式中，$f = 2\Omega\sin\phi$ 是科氏参量；μ 为摩擦系数，为常量；u, v 分别为 x 方向和 y 方向上的速度分量；U_0为作用力 F_x存在之前水质点所具有初始速度，也是常量。

依据初始条件，式(3-3-1)、(3-3-2)的解是：

$$u = \mathrm{e}^{-\mu t}\left[\left(U_0 - \frac{\mu F_x}{f^2+\mu^2}\right)\cos ft + \frac{fF_x}{f^2+\mu^2}\sin ft\right] + \frac{\mu F_x}{f^2+\mu^2}, \tag{3-3-3}$$

$$v = \mathrm{e}^{-\mu t}\left[-\left(U_0 - \frac{\mu F_x}{f^2+\mu^2}\right)\sin ft + \frac{fF_x}{f^2+\mu^2}\cos ft\right] - \frac{fF_x}{f^2+\mu^2}. \tag{3-3-4}$$

因式(3-3-3)、(3-3-4)中皆有振幅随时间 t 呈指数衰减的自由振动项，这是一个非稳定解。当 $t\to\infty$，自由振动项消失，就获得稳定解，

$$u = \frac{\mu F_x}{f^2+\mu^2}, \tag{3-3-5}$$

$$v = -\frac{fF_x}{f^2+\mu^2}, \tag{3-3-6}$$

$$\alpha = \mathrm{tg}^{-1}\frac{f}{\mu}. \tag{3-3-7}$$

式(3-3-7)中的 α 为地转运动(流)的偏向角,在北半球,角 α 偏于作用力 F_x 的右方,又称右偏角。

下面,对上述求解结果进行分析讨论。

二、求解结果的分析与讨论

以上述求解结果为依据,可进行分析讨论如下。

(一)摩擦力是实现地转平衡运动的关键

在所有的文献中,在论及地转平衡运动时,都把摩擦力视为实现地转平衡运动的障碍,都认为只有在忽略了摩擦力作用的情况下,才能实现地转平衡。如果考虑了摩擦力的作用,只能实现近似的地转平衡,称为准地转平衡。本书认为,恰恰相反,只有在考虑了摩擦力的作用时,地转平衡运动才能实现。因为,由式(3-3-3)、(3-3-4)可知,由地转偏向力作用所产生的自由振动的消失,只有依靠摩擦力的作用才能实现。另外,众所周知,也不难理解和证明,任何物体的运动欲由加速运动的非稳态进入到恒速运动的稳定态,都必须由摩擦力的作用来实现。这也是摩擦力对地转平衡运动作出的一个重大贡献。事实上,若 $\mu = 0$,则式(3-3-3)、(3-3-4)就变成 $u = U_0\cos ft + \frac{F_x}{f}\sin ft$, $v = -\frac{F_x}{f}\sin ft - \frac{F_x}{f}$,地转平衡运动就永远无法实现。由此可知,认为只有在忽略了摩擦力作用的情况下,才能实现地转平衡的传统观点显然是错误的。

(二)地转平衡运动必须具备的条件

由式(3-3-5)、(3-3-6)可知,在稳定的地转平衡运动中,初始流 U_0 已不存在。这表明,没有动力予以支持的恒速运动 U_0 是不能持久存在的。由此可知,所有的地转平衡运动必定是作用力(F_x)、摩擦力(μV)和地转偏向力(fV)三者取得平衡的结果,缺一不可。三者之间相互平衡的关系,如图 3.3 所示。

由图 3.3 可知,在顺流方向上,是作用力的分力 $F_x\cos\alpha$ 与摩擦力 μV 两者取得了平衡,称为动力平衡;在横流方向上,是作用力的分力 $F_x\sin\alpha$ 与地转偏向力 fV 两者取得了平衡,称之为地转平衡。不难证明,在顺流方向上的动力平衡和横流方向上的地转平衡,是所有物体的地转平衡运动都必须同时具备的两种平衡条件,缺一不可。而且,如果没有顺流方向上的动力平衡,横流方向上的地转平衡就无法实现。因为横流方向上的地转平衡仅仅是保证了地转运动的方向不再发生偏转而已,它对地转流流速的发生、发展及稳定作不出任何贡献,对地转运动永不做功。由此可知,地转流永远是由高压区流向低压区。最后需强调指出,地转平衡运动方程是二级方程,或称再生方程,因为它

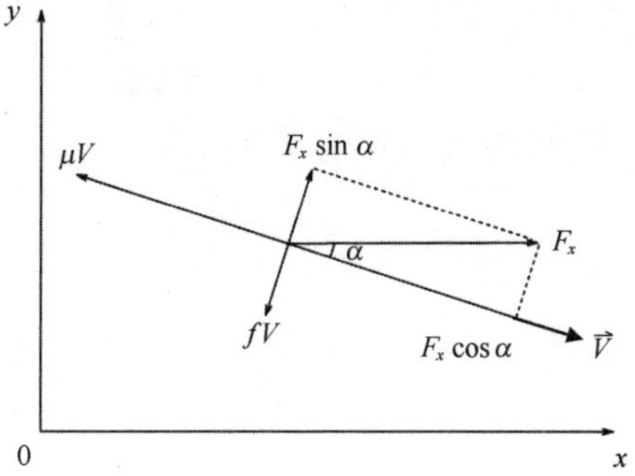

图 3.3 作用力、摩擦力、地转偏向力三者平衡图

是在运动速度出现之后再新才产生出来的地转平衡运动方程。

(三)地转平衡运动必须具备的时空条件

由式(3-3-3)、(3-3-4)可知,水质点自由振动的消失所需经历的时间 t,完全取决于摩擦系数 μ 值的大小。如果以自由振动的振幅衰减至4%作为其消失的判别标准,若取 μ 值为 10^{-2},其所需时间尺度为 0.003 7 d;取 μ 值为 10^{-3},所需时间尺度为 0.037 d;取 μ 值为 10^{-4},其所需时间尺度为 0.37 d;取 μ 值为 10^{-5},所需时间尺度为 3.7 d,取 μ 值为 10^{-6},所需时间尺度为 37 d。由此可知,在高空大气的水平运动中,地转平衡运动更难实现。

式(3-3-3)、(3-3-4)还表明,水质点在产生自由振动的过程中,还伴随着平动,其平动速度如式(3-3-5)、(3-3-6)所示。平动速度的大小是与作用力 F_x 成正比,与摩擦系数 μ 和地理纬度 ϕ 成反比。由此可知,地转平衡运动不仅需要经历一个相应的运动时间过程,还需要有一个相应的运动空间范围。

(四)地转平衡运动中的右偏角

在地转平衡运动中,如果与地转偏向力达成地转平衡的反偏向力是其作用力 F_x(驱动力)的一个分力,在这种情况下,地转运动的方向就与作用力 F_x 之间发生一个右偏角 α, $\alpha = \mathrm{tg}^{-1}\dfrac{f}{\mu}$,右偏角 α 的大小与科氏参量 f 成正比,与摩擦系数 μ 成反比。但是,在自然界中,除大气是无界的气体外,在有界的海洋中与地转偏向力达成地转平衡的反偏向力一般都不是由作用力(驱动力)本身所提供,而是在其运动方向的偏移过程中,受到周边物(流)体的阻挡作用所产生的反偏向作用力。如,匀速运行的火车,其反偏向力是由在地转偏向力作用下使铁路左右两轨产生的压力差所提供;匀速流动的河流,其反偏向力是由在地转偏向力作用下使河流两岸产生的水位高度差所提供。在这种情况下,其地转平衡运动的方向与其作用力之间就不会发生右偏角,地转运动的方向与作用力的方向就完全相同。这也表现在式(3-3-7)中,当 $\mu \to \infty$ 时,则 $\alpha \to 0$。大洋中的稳定海流(黑潮、湾流等)也是如此,与科氏力达成地转平衡的水平压强梯度力也与它们的作用力

(驱动力)无关,也不存在右偏角问题。

三、地转运动中水质点的运动轨迹

由式(3-3-3)、(3-3-4)求出水质点的运动轨迹为:

$$x=\left(U_0-\frac{\mu F_x}{f^2+\mu^2}\right)\left[\frac{e^{-\mu t}}{f^2+\mu^2}(\mu\sin ft-f\cos ft)\right]-\frac{fF_x}{f^2+\mu^2}\left[\frac{e^{-\mu t}}{f^2+\mu^2}(f\sin ft+\mu\cos ft)\right]+\frac{\mu F_x}{f^2+\mu^2}t, \tag{3-3-8}$$

$$y=\left(U_0+\frac{\mu F_x}{f^2+\mu^2}\right)\left[\frac{e^{-\mu t}}{f^2+\mu^2}(\mu\sin ft+f\cos ft)\right]+\frac{fF_x}{f^2+\mu^2}\left[\frac{e^{-\mu t}}{f^2+\mu^2}(f\sin ft-\mu\cos ft)\right]-\frac{fF_x}{f^2+\mu^2}t. \tag{3-3-9}$$

下面就以式(3-3-8)、(3-3-9)为依据,分别讨论水质点在不同情况下的运动轨迹。

(一)无摩擦力作用时的地转运动轨迹图

令$\mu=0$,式(3-3-5)、(3-3-6)和式(3-3-7)就变成:

$$u=0, \tag{3-3-10}$$

$$v=-\frac{F_x}{f}, \tag{3-3-11}$$

$$\alpha=\frac{\pi}{2}. \tag{3-3-12}$$

式(3-3-8)、(3-3-9)就变成:

$$x=\frac{U_0}{f}\sin ft-\frac{F_x}{f^2}\cos ft, \tag{3-3-13}$$

$$y=\frac{U_0}{f}\cos ft+\frac{F_x}{f^2}\sin ft-\frac{F_x}{f}t. \tag{3-3-14}$$

由式(3-3-13)、(3-3-14)可知,若无摩擦力的作用,在作用力和地转偏向力的共同作用之下,水质点的运动轨迹为以$\frac{F_x}{f}$为平移速度、沿负y轴匀速移动着的旋轮线,如图3.4所示。这充分证明,若无摩擦力的作用,水质点就永远无法实现地转平衡运动。

(二)有摩擦力作用时的地转平衡运动轨迹图

由式(3-3-8)、(3-3-9)可知,在地转运动的产生和形成过程中,水质点的运动轨迹是很复杂的。如图3.5所示:在初始阶段,水质点的运动轨迹由两部分组成:一是在地转偏向力的作用下所产生的频率相同、振幅不同的若干项自由阻尼振动。二是在常

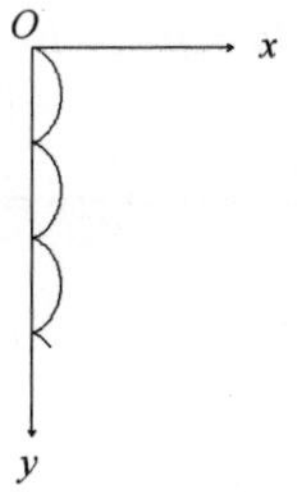

图 3.4　常力作用下无摩擦力作用时的地转运动轨迹

力作用下所产生的匀速的直线运动。只有当自由振动在摩擦力的作用之下完全消失之后,水质点的运动轨迹才能表现为匀速直线运动,才能实现真正的地转平衡运动。这也再次证明:没有摩擦力的作用,就没有地转平衡运动。

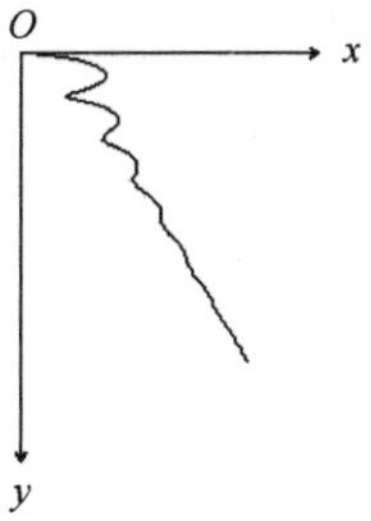

图 3.5　常力和摩擦力共同作用下地转平衡运动形成过程中水质点的运动轨迹

最后需指出,由于本书对常外力并没有进行限制,它既可以是定常的水平压强梯度力,也可以是定常的风应力,或是其他的定常力。因此,图 3.5 所展示的地转平衡运动形成(成长)过程中水质点的运动轨迹图,既可以是在定常水平压力场作用下梯度流的地转平衡运动形成过程中水质点的运动轨迹图,也可以是在定常风应力场作用下风海流的地转平衡运动形成过程中水质点的运动轨迹图。

第四节　周期力作用下的地转平衡运动

在对常力作用下的地转运动进行了分析研究之后,再对周期力作用下的地转运动进行分析研究。

一、运动方程的建立与求解

上述假设条件不变,只把恒定作用力 F_x 变为周期力 $F_x\cos\sigma t$,

$$\frac{\mathrm{d}u}{\mathrm{d}t}-fv+\mu u=F_x\cos\sigma t, \tag{3-4-1}$$

$$\frac{\mathrm{d}v}{\mathrm{d}t}+fu+\mu v=0. \tag{3-4-2}$$

初始条件仍然是：　　　　　　　当 $t=0, u=U_0, v=0.$

式中 σ 为周期力的作用频率。

依初始条件，可得到

$$u=\mathrm{e}^{-\mu t}\left[-\frac{\mu(\sigma^2+f^2+\mu^2)F_x}{W}\cos ft-\frac{\mu(\sigma^2-f^2-\mu^2)F_x}{W}\sin ft+U_0\cos ft\right]+\frac{\mu(\sigma^2+f^2+\mu^2)F_x}{W}\cos\sigma t+\frac{\mu(\sigma^2-f^2+\mu^2)F_x}{W}\sin\sigma t, \tag{3-4-3}$$

$$v=\mathrm{e}^{-\mu t}\left[\frac{f(\sigma^2+f^2+\mu^2)F_x}{W}\sin ft-\frac{f(\sigma^2-f^2-\mu^2)F_x}{W}\cos ft-U_0\sin ft\right]+\frac{f(\sigma^2-f^2-\mu^2)F_x}{W}\cos\sigma t-\frac{2\mu f\sigma F_x}{W}\sin\sigma t. \tag{3-4-4}$$

当 $t\to\infty$，就获得稳态解

$$u=\frac{\mu(\sigma^2+f^2+\mu^2)F_x}{W}\cos\sigma t+\frac{\mu(\sigma^2-f^2+\mu^2)F_x}{W}\sin\sigma t, \tag{3-4-5}$$

$$v=\frac{f(\sigma^2-f^2-\mu^2)F_x}{W}\cos\sigma t-\frac{2\mu f\sigma F_x}{W}\sin\sigma t. \tag{3-4-6}$$

上述式中 $W=(\sigma^2-f^2-\mu^2)^2+4\mu^2\sigma^2$ 。

二、运动的初始阶段

由式(3-4-3)、(3-4-4)可知，在运动的初始阶段，水质点在周期力的作用之下将产生两种形式的振动：一是以 σ 为频率的强迫振动，二是以 f 为频率的自由阻尼振动。需指出，初始流场 U_0 也将以地转频率 f 进行自由阻尼振动。这表明，尽管作用力是一种最简单的谐波周期力，在初始阶段，水质点的运动形态却是很复杂的、不稳定的。这个不稳定的复杂的运动持续时间的长短，如前所述，完全取决于摩擦系数 μ 值的大小。

三、稳定的受迫运动

经过若干周期之后，水质点的自由振动在摩擦力的作用下就完全消失，水质点的运动才能进入到稳定的受迫振动状态。由式(3-4-5)、(3-4-6)可知，在稳定的运动状态中，初始流场 U_0 已不复存在。这再次表明，即使在周期力的作用之下，海洋中没有动力予以支持的海流也是不能持久存在的。也就是说，海洋中任何一支稳定的海流，必定有

稳定的动力予以支持。另外,式(3-4-5)、(3-4-6)还表明,尽管作用力仅是作用于 x 方向上的单一的谐波力,它不但在 x 方向上使水质点产生两项不同振幅的谐振动;在地转偏向力的作用下,还将在 y 方向上产生两项不同振幅的谐振动。也就是说,水质点稳定的受迫振动的运动形态更为复杂。

四、对周期力作用的响应分析

由于地转偏向力是一种恢复力,水质点拥有的固有振动频率为 f,所以,水质点受到周期力的作用时,不同周期的作用力所产生的效果是不相同的。为了研究水质点对周期力的作用所产生的响应情况,就必须进行频率的响应分析。

由式(3-4-5)、(3-4-6)可知,流速 $V(u,v)$ 对周期力 F_x 作用下的响应情况如图 3.6 所示。

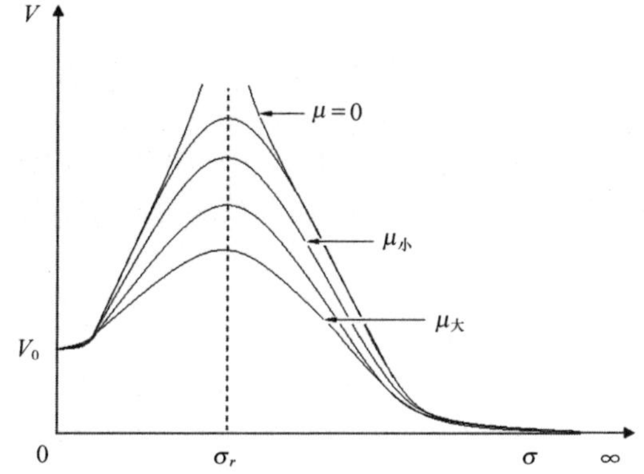

图 3.6　流速 V 的响应函数

(一)共振响应

若令 σ_r 表示共振响应频率,由式(3-4-5)、(3-4-6)可求得其共振响应频率 $\sigma_r=\sqrt{f^2-\mu^2}$,$\frac{2\pi}{\sigma_r}$ 就称为地转共振响应周期。也就是说,当作用力的周期与地转共振响应周期 $\left(\frac{2\pi}{\sigma_r}\right)$ 相同或接近时,水质点所作出的响应最为强烈,称为共振响应,此时式(3-4-5)、(3-4-6)就变成:

$$u=\frac{F_x}{2\mu}\cos\sigma_r t, \tag{3-4-7}$$

$$v=-\frac{F_x}{2f}\cos\sigma_r t-\frac{\sqrt{f^2-\mu^2}F_x}{2\mu f}\sin\sigma_r t. \tag{3-4-8}$$

由式(3-4-7)、(3-4-8)可知,在共振响应的情况下,水质点 u 的振幅与作用力 F_x

成正比，与摩擦系数μ成反比；v的振幅与作用力F_x成正比，与地转频率f和$f\mu$成反比。

（二）平衡响应

若$\sigma \to 0$，或$\sigma \ll \sigma_r$，即当作用力的周期无限大，或作用力的周期远远大于地转共振响应周期时，称为平衡响应，此时式（3-4-5）、（3-4-6）就变成：

$$u = \frac{\mu F_x}{f^2 + \mu^2}, \quad (3-4-9)$$

$$v = -\frac{fF_x}{f^2 + \mu^2}. \quad (3-4-10)$$

式（3-4-9）和（3-4-10）完全与式（3-3-5）、（3-3-6）相同，这表明，当作用力的周期远远大于地转共振响应周期时，这种长周期力的作用与恒定力的作用结果是相同的，也能使水质点产生定常恒速的地转平衡运动。需强调指出，Kelvin 波只能是一种假设出来的数学波，在现实海洋的潮波运动中是根本不可能存在的。因为对全日、半日潮波而言，它们的周期与地转共振响应周期$\left(\frac{2\pi}{\sigma_r}\right)$相接近，根本不能达成地转平衡。实际上，如果它真的能够达成地转平衡，如式（3-4-9）和（3-4-10）所示，它们就不再是潮波，而变成地转流了，这也充分表明，在潮波运动中，那种认为能够实现地转平衡的所谓 Kelvin 波是一种完全错误的主观想象。

第五节　结果与讨论

一、地转平衡运动的含义

所谓地转平衡，是指在运动的过程中所产生的地转偏向力与在它作用下所产生的反偏向力两者达成的平衡；或者，地转偏向力与其反作用偏向力两者达成的平衡。实现了地转平衡的运动，就称为地转平衡运动，简称地转运动。需指出，地转平衡运动必定是一种匀速直线运动。

二、地转平衡运动的前提条件

地转平衡运动的前提条件是：必须首先实现运动（顺流）方向上的动力平衡，即必须首先实现恒速运动。因为，只有运动速度实现了恒速之后，地转偏向力才能实现恒定，它的反作用偏向力也才能随之恒定。只有这样，地转平衡关系才能建立，地转平衡运动才能得到实现。需强调指出，地转平衡关系的建立，只是确保（恒速）运动方向不再发生偏移，使运动（流）能够实现直线运动，仅此而已。由此可知，任何稳定的大洋环流，如黑潮和湾流等，都必定是由一个稳定的动力平衡予以支持。如果水平压力场是其唯一的作用力，它就必定是由压力场的高压区流向低压区。

三、地转平衡与摩擦力的关系

加速运动物体能够实现恒速运动，完全是作用力（驱动力）与摩擦力两者达成平衡时的结果。因此，如果没有摩擦力的作用，物体就不能实现恒速运动，地转平衡也就无法实现。此外，即使运动速度为恒速，由于地转偏向力是一种恢复力，在地转平衡关系式建立的初始阶段，都将出现以 f 为频率的自由振动，欲使该自由振动消失，也必须由摩擦力的作用来实现。总之，若无摩擦力的作用，地转平衡运动根本就无法实现。

四、地转平衡运动的右偏角

如果与地转偏向力达成平衡的反偏向力与作用力（驱动力）无关，如铁轨约束下运行的列车，在河岸约束下流动的河水，以及海峡中流动中的海水以及黑潮、墨西哥湾流等，它们的地转平衡运动中的速度方向将与作用力的方向始终保持一致，不存在“右偏角”。但是，如果与地转偏向力达成平衡的反偏向力是作用力的分力，如无边界约束的大气运动，海洋中无边界约束的 Ekman 风海流等，它们的地转平衡运动中的速度方向将与作用力方向发生偏移，（在北半球）其右偏角为 $\alpha = \mathrm{tg}^{-1}\dfrac{f}{\mu}$。

由于空气中的摩擦系数 μ 值最小，故其地转风与水平压强梯度力之间的右偏角 α 值就最大。特别是，在高空中，由于空气稀薄，其 $\mu \to 0$，故 $\alpha \to \dfrac{\pi}{2}$。也就是说，只有在高空的大气中，其地转风才能与水平压强梯度力几乎相垂直，即与其等压线几乎相平行。但是，若 $\mu \to 0$，其达成地转平衡运动所需的时间 t 也最大，$t \to \infty$；这表明，在高空大气中的运动是很难实现真正的地转平衡运动的。

五、实现地转平衡运动的时空条件

地转偏向力是一种恢复力，在运动的初始阶段它将使运动产生以 f 为频率的自由振动。自由振动在摩擦力作用下消失，必然需要相应的时间和空间，其所需时间和空间的大小，完全取决于摩擦力的大小。另外需指出，自由振动对周期性作用力的响应是有选择性的。当作用力的频率与自由振动的共振响应频率 $\sigma_r = \sqrt{f^2 - \mu^2}$ 相同或相接近时，运动将作出最为强烈的响应，就无法实现地转平衡运动。只有当作用力的频率远远小于共振响应频率 σ_r 时，即只有当作用力的周期远远大于地转共振响应周期时，地转平衡运动才能实现。由此可知,在潮波运动中的所谓 Kelvin 波,只能是一种在主观想象出来的数学波,决不是客观存在的物理波。

六、地转流计算方法的有效性

由于地转平衡运动的实现有着严格的前提条件,因此,在海洋中欲想利用地转平衡关系式来计算地转流,就必须同时具备以下条件,否则,其计算结果是难以令人相信的。

(一)地转偏向力必须是唯一的作用因子

在现实海洋中,水平压力场的形成原因是多方面的,因此,在进行地转流计算时,必须确保该水平压力场完全是由地转偏向力的作用所为,即,必须做到地转偏向力与水平压力场之间具有这种确定的唯一的因果关系。

(二)水平压力场必须是长周期变化的

在现实海洋中,恒定不变的水平压力场是不存在的,但在进行地转流计算时所采用的水平压力场的变化周期,必须是远大于地转共振响应周期$\left(\frac{2\pi}{\sigma_r}\right)$的长周期。因为,只有这种长周期变化的水平压力场,才可能是真正的地转平衡运动中的水平压力场。

(三)水平压力场必须是由正压和斜压两部分组成

在现实海洋中,水平压力场通常是由正压和斜压两部分组成。因此,在进行地转流计算时,必须要对在地转偏向力作用下所产生的正压、斜压效应分别进行评估,然后才能决定取舍。

(四)地转流必定是一种大尺度的恒速的直线运动

由地转平衡运动的动力学条件可知,地球自转对中小尺度海水运动的影响作用可以忽略不计。因此,真正的地转流必定是一种大尺度的速度恒定的直线运动,在赤道及其附近以及中小尺度海洋中是不会存在地转流的;任何一种涡旋运动也都不是地转流运动。

(五)在赤道及其附近不存在地转流

由于在赤道区域地转偏向力消失,赤道附近区域地转偏向力的作用很小,可以忽略不计,因此,在赤道及其附近海区是不存在地转流的。

(六)没有恒速的海流就没有地转流

既然实现地转平衡运动的前提条件是必须首先实现恒速运动,由此就可断定:没有首先实现恒速运动的海流,就不会有真正的地转流。由于大洋中所有的强大海流,如黑潮、湾流等,它们都具有强烈的时空变化;因此,它们也就都不是真正的地转流。另外,长期以来的观测结果表明,在我国近海(渤海、黄海、东海、南海)海区根本就不存在稳定的海流,因此,这些海区也就更不可能存在真正的地转流了。

第四章　也论地球自转对大洋风海流的影响

第一节　引　言

F. Nansen 在分析研究北极海的海流观测资料时，发现冰漂移的方向总是偏于风向右侧 20°~40°之间。还发现随着深度的增加，流速变小，流向也更向右偏。他认为这是地球自转对海流的影响所为。为了解答这些问题，年轻的在读博士 V. W. Ekman 对此进行了专题研究，并于 1905 年发表了《On the Influence of the Earth's Rotation on Ocean-Currents》一文。在该文中，他首次用严密的数学方法对地球自转对大洋风海流的影响问题，在理论上给予了证明，并提出了 Ekman 摩擦深度、质量输运和 Ekman 螺旋。他的这些研究成果就成为风海流的经典理论，亦称为 Ekman 风海流（漂流）理论。

Ekman 漂流理论的最大不足之处：一是表层流的右偏角为 45°角的恒量，右偏角的大小与地转偏向力的作用无关。二是表层流速值$\left(V_0=\dfrac{T_y}{\sqrt{f\mu}}\right)$与$\sqrt{f}$成反比，即表层流速量值大小反而与地转偏向力密切相关。当表层流由北向南穿越赤道时，不但它的偏角就从右偏 45°角突变为左偏 45°角，且其量值也为无限大。对此，Ekman 本人也认为是不合理的，是不符合事实的。另外，既然表层风海流方向的右偏完全是由地转偏向力的作用所致，为什么当$f=0$，其横向流速$u_0\neq 0$？既然地转偏向力仅仅是一种对运动不做功的偏向力，为什么当$f=0$，其表层流流速值却变成无穷大？原因何在？若单从数学上看，文献中的方程式、边界条件及其所求得的解析解，都是合理的、严密的。为什么会得到如此不合理的结果呢？究竟是什么原因导致这种不合理的结果？几十年来，很多专家学者也对此进行了探讨研究，但由于他们都未能找出导致产生这种不合理结果的真正原因，所以他们也就不可能对 Ekman 风海流理论作出合理的改正。我们认为，导致 Ekman 出现这些不合理求解结果的原因有二：一是缺少一个最主要的运动方程式；二是使用的上边界条件是错误的。下面分别阐述之。

一、缺少一个最主要的运动方程式

本书认为，既然 Ekman 的目的是要研究地球自转对大洋风海流的影响问题，正确的做法就应该是,首先研究地球自转对大洋表层风海流的影响问题,这是最重要的部分,然后再研究地球自转对大洋表层以下风海流的影响问题。不难理解,这两个问题是不可能同时解决的,即,不可能使用一个数学模型同时解决这两个问题。首先让我们对 Ekman 所使用的地转平衡运动方程式(4-1-1)、(4-1-2)进行功能分析,

$$-fv=\mu\frac{\partial^2 u}{\partial z^2}, \tag{4-1-1}$$

$$fu=\mu\frac{\partial^2 v}{\partial z^2}. \tag{4-1-2}$$

从物理学上讲,式(4-1-1)、(4-1-2)是 3 种作用力的平衡运动方程式,决不是 Ekman 本人及教科书中所说的是地转偏向力与摩擦力两种力相平衡的运动方程式。其左端是地转偏向力,它是一种只能改变流体(质点)运动方向、对流体运动不做功的偏向力。右端是切向摩擦应力的合力,它是在地转偏向力的作用下,由于流体的运动方向的改变而产生的一种被动性的反偏向作用力,它同样也是一种对流体运动不做功的反偏向力。该方程是一种没有动力项的偏向力与反偏向力两者相平衡的方程式。该方程的功能仅仅限于在正确的边界条件下,用来解决地球自转对表层以下稳定风海流流向的影响问题,根本就不具有解决地球自转对表层流流向的影响问题的功能,更不具有解决在地转影响下的风海流的形成机制问题的功能。

从数学上讲,式(4-1-1)、(4-1-2)是二阶微分方程。它描述的是稳态的运动函数(u,v)在空间域内随深度的二次变化状况,即在地转偏向力作用下,稳定的速度场在空间上随水深变化的分布状况。该方程有任意多种解,表现在其通解中含有若干个任意常数。只有在边界条件为已知时,才能获得定解,而且,不同的边界条件就将获得不同的定解。当然,如果给出的边界条件不合理,或是错误的,其求解结果也必然是不合理,或是错误的。

不难理解,Ekman 所使用的地转平衡运动方程式的功能只能解决后一个问题,即,在正确的边界条件下,只能解决地球自转对表层以下稳定风海流流向的影响问题。该方程根本就不具有解决地球自转对大洋表层风海流影响的功能,更不具有解决地球自转影响下的大洋风海流的形成机制的功能。故可以说,Ekman 在他的论文中所使用的方程仅仅是一个次要的方程。由于 Ekman 没有建立一个能够描述地球自转对表层风海流影响的运动方程(这是一个最主要的方程)。因此,他就不仅无法了解地球自转对表层风海流的影响作用,也无法了解在地转影响情况下表层风海流的形成机制,更无法为式(4-1-1)、(4-1-2)方程的求解提供出一个正确的上边界条件,必然导致其求解结果也不合理。

二、使用的上边界条件是错误的

在数学中,常用的边界条件有 3 类:第一类边界条件是给出未知函数在边界上的

值，即在本书中给出上边界层的表层流速值（u_0、v_0）；第二类边界条件是给出未知函数在边界面的法线方向的导数值，即在本书中上边界层 $\left.\frac{\partial v}{\partial z}\right|_{z=0} = -\frac{T_y}{\mu}$，$\left.\frac{\partial u}{\partial z}\right|_{z=0} = 0$；第三类边界条件是给出未知函数和它的法线方向导数之间的一个线性关系式。从数学上看，Ekman（1905）对式（4-1-1）和（4-1-2）给出的第二类边界是合理的，其求解结果也是合理的。但从物理学上看，在该文中，这样的边界条件是错误的，其求解结果也必然是错误的。理由如下。

（一）风应力与表层流速梯度之间没有直接关联

必须强调指出：风应力与表层流速梯度之间没有直接的相互关联。即，表层流速梯度 $\left.\frac{\partial u}{\partial z}\right|_{z=0}$ 和 $\left.\frac{\partial v}{\partial z}\right|_{z=0}$ 存在与否，与风应力 T 的存在与否，两者之间完全没有直接的相互关联。因此我们认为，Ekman 所提出的边界条件 $\mu\left.\frac{\partial u}{\partial z}\right|_{z=0} = 0$ 是完全错误的，是没有理论依据的。因为在令 $T_x = 0$ 的情况下，只能是 $u_0=0$，而不是 $\mu\left.\frac{\partial u}{\partial z}\right|_{z=0} = 0$。既然 $u_0 \neq 0$，为什么令 $\mu\left.\frac{\partial u}{\partial z}\right|_{z=0} = 0$？依据何在？

（二）不承认地转偏向力对表层水质点的作用是完全错误的假设条件

首先，既然承认了表层流流速是存在的，为什么就可认为表层流就不受地转偏向力的作用呢？因为在 $-2\vec{\Omega}\times\vec{V}$ 的表达式中，地转偏向力的存在与否，除了与地球纬度有关外，它只与速度 $\vec{V}$ 是否存在有关，与其他力的存在与否、是否平衡无关。因此，在上边界条件中不考虑地转偏向力的作用是一种令人无法理解的错误的假设条件。

本书的研究结果表明，Ekman 表层流的 45°角就是在这种错误的假设条件下所取得的错误结果。

本书为了克服 Ekman 风海流中所出现的这种错误结果，为了能够准确地了解地球自转对大洋表层风海流的影响作用，在不改变 Ekman 的假设条件下，分两个步骤进行：首先研究地球自转对大洋表层风海流的影响问题，然后再用表层流作为已知的上边界条件，利用 Ekman 的地转平衡运动方程来研究地球自转对表层以下稳定风海流的影响问题。在研究地球自转对表层风海流的影响作用时，我们建立了由风应力、摩擦力、地转偏向力三者组成的非定常运动方程，利用初始条件求得其准确的解析解。该解析解不仅准确地展示出了表层水质点复杂的运动形态，还准确地描述出表层水质点复杂的运动轨迹。这些理论结果，也已经为观测结果所证实。

第二节　地球自转对表层风海流的影响

一、表层风海流

(一)表层海洋对风应力作用的响应

风应力作用于海洋表层时,水质点将产生3种运动形态:一是水质点产生振动,形成波浪;二是产生乱动,形成湍流混合运动;三是产生水平移动,形成风海流。但是,对于表层水质点接受了风应力的动量之后,在这3种运动形态中是按照什么比例进行其能量分配,国外虽然有些人对此进行过专门研究,但至今仍然没有获得明确的答案。迄今为止,人们在研究波浪、风海流、风混合运动时,依然都采用同一个风应力,没有进行划分。因此,在本书中,也依然认为风应力只限于用来产生风海流运动的。

本书认为,在研究水质点的水平运动时,首先应对其受力情况进行动力学分析:一是风应力,用T表示,是风海流的唯一动力来源。二是摩擦力,是水质点运动时所受到的阻力。由于本书旨在定性地研究摩擦力在风海流运动中所起的作用,故假设它与流速一次方成正比的简单形式。三是地转偏向力,是水质点获得运动速度之后所受到的地球自转作用所给予的作用力,但它是一种对水质点运动不做功、仅能改变运动方向的偏向力,是大尺度范围的运动才必须予以考虑的作用力。令人不解的是,为什么至今也未见有人用这3种力建立一个完整的表层运动方程,对地球自转对大洋表层风海流的影响问题进行专题研究。

最后需强调指出:在研究地球自转对大洋风海流的影响时,所有认为表层的水质点是风应力与摩擦力两者达成平衡的观点和做法都是错误的。

(二)表层风海流的厚度

在表层海流中所说的“表层”,是一个具有一定厚度的表层。我国在1958年所实施的“全国海洋调查规范”中就明确地规定“表层”的厚度为3 m,其中还规定风力在6级以上时就停止表层流的观测。在风海流的研究中,一般是研究风力在6级以上大风的作用下所形成的风海流。由于在大风的作用下,表层海水不仅将产生强烈的湍流混合,还将产生出高达数米、甚至高达十几米的波浪。在这种情况下,风海流的表层厚度要比无大风作用时的表层厚度要更多些。在大洋区,有人甚至把密度跃层以上二三十米厚的水层视之为风海流的表层。

二、表层风海流运动方程的建立与求解

本书依然采用 Ekman 风海流的假设条件：

(1)海深无限，海洋无限广阔，海面无起伏变化；

(2)风应力 T 仅限 y 方向，为已知恒量；

(3)海水密度分布均匀，正压流体；

(4)不考虑地转偏向力的纬度变化；

(5)摩擦力与速度一次方成比例，且摩擦系数取为常量。

本书也采用笛卡儿坐标系，x 轴指向东，y 轴指向北，z 轴向下。

另外，为求解方便，对摩擦力取线性形式；风应力 T_y 取为单位质点上的体应力。

这样，单位质量海水质点的运动方程为：

$$\frac{\mathrm{d}u}{\mathrm{d}t} - fv + \mu_0 u = 0, \tag{4-2-1}$$

$$\frac{\mathrm{d}v}{\mathrm{d}t} + fu + \mu_0 v = T_y; \tag{4-2-2}$$

初始条件为：

$$t = 0, u = 0, v = 0;$$

式中，$f = 2\Omega\sin\phi$，是科氏参量；μ_0 为表层海水摩擦系数，为常量；u，v 分别为 x 方向和 y 方向的速度分量。

依据初始条件，式(4-2-1)和(4-2-2)的解是：

$$u_0 = \mathrm{e}^{-\mu_0 t}\left(-\frac{fT_y}{f^2+\mu_0^2}\cos ft - \frac{\mu_0 T_y}{f^2+\mu_0^2}\sin ft\right) + \frac{fT_y}{f^2+\mu_0^2}, \tag{4-2-3}$$

$$v_0 = \mathrm{e}^{-\mu_0 t}\left(\frac{fT_y}{f^2+\mu_0^2}\sin ft - \frac{\mu_0 T_y}{f^2+\mu_0^2}\cos ft\right) + \frac{\mu_0 T_y}{f^2+\mu_0^2}, \tag{4-2-4}$$

式(4-2-3)和(4-2-4)中皆有振幅随时间 t 呈指数衰减的自由振动项，这是一个非稳定解。当 $t \to \infty$，自由振动项消失，就获得稳定解：

$$u_0 = \frac{fT_y}{f^2+\mu_0^2}, \tag{4-2-5}$$

$$v_0 = \frac{\mu_0 T_y}{f^2+\mu_0^2}, \tag{4-2-6}$$

$$\beta = \mathrm{tg}^{-1}\frac{f}{\mu_0}, \tag{4-2-7}$$

式(4-2-7)为风应力与表层风海流之间的右偏角。下面将依据上述求解结果进行分析讨论。

三、求解结果的分析与讨论

（一）初始阶段的表层风海流

由式（4-2-3）、（4-2-4）可知，尽管风应力是常量，由于地转偏向力是恢复力，故在初始阶段，表层风海流的运动将由两部分组成：一是地转频率为 f 的自由阻尼振动，二是在地转偏向力、风应力、摩擦力三者共同作用下所产生的恒速运动。这是一个不稳定的混乱的运动阶段。其表现是：流向周期性的左右摆动，流速忽大忽小。令人高兴的是，这个结果已为观测所证实。如：“1990 年 2—3 月，韦勒和普罗德曼（Weller, Plueddmann, 1996）在加州康塞普新角（Conception）以西 500 km 处的 FLIP 浮动仪器平台上从水深 2 m 至 132 m 放置了 14 个海流计，进行流速矢量测量。

1997 年 8—9 月，在东北太平洋 50° N、145° W 处，戴维斯（Davis）、德索耶克（DeSzoeke）和尼勒（Niiler, 1981）使用 19 台流速计，连续 19 d 测量了水深 2～175 m 的流速矢量。

1987 年 3 月至 1994 年 12 月，在太平洋 15 m 水深处，拉夫尔和尼勒（Niiler, 2000）跟踪了 1 503 个浮子。同时，从欧洲中程气象预报中心 ECMWF 获得 6 h 风速数据。

上述 3 个实验结果表明：

（1）惯性流是海流的主要部分。

（2）在一个惯性周期左右的时间段内，混合层中的流速基本上与深度无关。因此，在一个惯性周期内，混合层在运动时就像一块平板。剪切运动集中发生在温跃层的顶部。”（《物理海洋学基础》第 91 页，吕华庆，2012）。

（二）表层风海流稳定的时间

由式（4-2-3）、（4-2-4）可知，自由振动的振幅随时间 t 呈指数衰减，其衰减时间的长短完全取决于摩擦系数 μ 值的大小。若以自由振动振幅衰减至 4%作为自由振动消失的判别标准，若 μ_0 值为 10^{-4}，则自由振动消失的时间尺度为 0.37 d，即约为 8.88 h；若取 μ_0 值为 10^{-3}，则为 0.037 d，约为 0.89 h；若取 μ_0 值为 10^{-2}，则为 0.003 7 d，约为 0.089 h。由此可见，海水湍流愈强烈，摩擦系数 μ_0 值愈大，海流稳定所需的时间就愈短。实际上，表层风海流的稳定时间要更长些。因为，只有整个混合层的风海流稳定了，表层风海流才能够稳定，而混合层从形成到稳定是需要经历一个相当长的时间过程的。

（三）表层风海流稳定的动力学条件

如图 4.1 所示，表层风海流稳定的动力学条件一定是：风应力、摩擦力、地转偏向力三者取得平衡。即，在顺流方向上，是风应力的分力 $T_y\cos\beta$ 与摩擦力 $\mu_0 V$ 两者取得平衡；在横流方向上，是地转偏向力 fV 与风应力的分力 $T_y\sin\beta$ 两者取得平衡。前者是动力平衡，后者为地转平衡。而且，只有先取得动力平衡，然后才可能实现地转平衡，这也应该是所有地转平衡运动所必须具有的动力学条件。

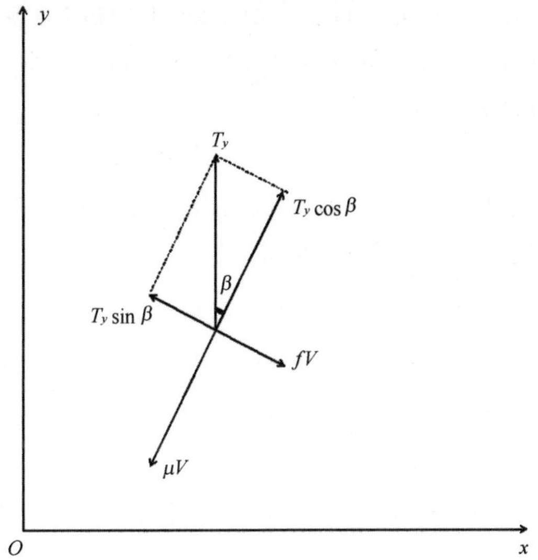

图 4.1　风应力、摩擦力、地转偏向力三者平衡图

(四)稳定的表层流

当自由振动消失时,表层风海流才能稳定,其表达式如式(4-2-5)和(4-2-6)所示,其横向速度 u_0 完全是由地转偏向力的作用所致;若令 $f=0$,即,在赤道区,或若不考虑地转偏向力的作用时,则式(4-2-5)和(4-2-6)就变成:

$$u_0 = 0, \tag{4-2-8}$$

$$v_0 = \frac{T_y}{\mu_0}. \tag{4-2-9}$$

由此可见,这个的结果显然是合理的。

在 Ekman 漂流中,其表层流速为 $V_0 = \frac{T_y}{\sqrt{f\mu}}$,且其 u_0 和 v_0 两者相等,皆为 $u_0 = v_0 = \frac{\sqrt{2}}{2}V_0$。若令 $f=0$,即,在赤道区,或若不考虑地转偏向力的作用,则 $u_0 \neq 0$,且 $V_0 \to \infty$,u_0 和 v_0 也皆为无穷大。对此结果,Ekman 本人也无法自圆其说,后来也未见有人能给出合理解释。

(五)表层风海流的右偏角

由式(4-2-3)和(4-2-5)可知,表层风海流横向流速 u_0 的存在与否,完全取决于科氏参量 f 的存在与否,这就充分证明表层风海流流向的右偏(北半球)完全是由于地球自转偏向力的作用所为。由式(4-2-7)可知,稳定的表层风海流与风应力之间的右偏角 β 与科氏参量 f 成正比。这再次证明,表层风海流的右偏角确实是地球自转作用所致。在赤道区,$f=0$,地转偏向力消失,故右偏角亦不存在。另外,右偏角的量值还与摩擦力的作用成反比,海水质点在运动过程中所受到的摩擦阻力愈大,其右偏角就愈小。对于海水的摩擦系数 μ 值,一般认为 μ 值为 $10^{-4}\sim10^{-2}\ m^2/s$。对于$f$,其变化范围是 $0\sim10^{-4}$。因此,表层风海流的右偏角β,只有在高纬度区才可能有$f_{max}\sim10^{-4}$;只有在取摩擦系数$\mu_{min}\sim10^{-4}$的情况下,才有可能出现$f=\mu_0$,才能出现$\beta=45°$。在海洋中,一般是取μ值为 $10^{-3}\ m^2/s$,故右偏角要小于45°。需强调指出,本书中的右偏角是仅限于在定常风应力作用下所产生的表层风海流流向的偏角。

(六)表层风海流成长过程中水质点的运动轨迹

由式(4-2-3)、(4-2-4)可知,尽管假设风应力 T_y分布均匀且为恒量,但在初始阶段,水质点却依然产生了以f为频率的自由振动。这也再次表明,地转偏向力是一种恢复力,f为地转频率,$2\pi/f$为地转周期。

由式(4-2-3)、(4-2-4)求出水质点的运动轨迹为:

$$x=+\frac{fT_y}{f^2+\mu_0^2}\left[\frac{e^{-\mu_0 t}}{f^2+\mu_0^2}(f\sin ft-\mu_0\cos ft)\right]+\frac{\mu_0 T_y}{f^2+\mu_0^2}\left[\frac{e^{-\mu_0 t}}{f^2+\mu_0^2}(\mu_0\sin ft+f\cos ft)\right]+\frac{fT_y}{f^2+\mu_0^2}t, \tag{4-2-10}$$

$$y=-\frac{fT_y}{f^2+\mu_0^2}\left[\frac{e^{-\mu_0 t}}{f^2+\mu_0^2}(f\sin ft+\mu_0\cos ft)\right]-\frac{\mu_0 T_y}{f^2+\mu_0^2}\left[\frac{e^{-\mu_0 t}}{f^2+\mu_0^2}(\mu_0\sin ft-f\cos ft)\right]+\frac{\mu_0 T_y}{f^2+\mu_0^2}t. \tag{4-2-11}$$

由式(4-2-10)、(4-2-11)就可绘出表层风海流在成长过程中水质点的运动轨迹图(图4.2)。

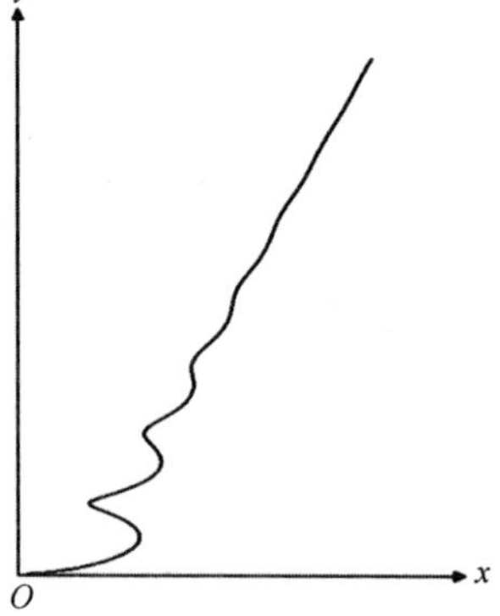

图4.2 表层风海流成长过程中水质点的运动轨迹图

把图4.2与第三章中的图3.5进行对比可知,两者是相同的。这表明,所有在常外力作用下地转平衡运动形成过程中水质点的运动轨迹是相同的。把本图与 Ekman

(1905)的图 4. 4 进行对比,很显然,后者是错误的。

本书认为,表层以下各层风海流成长过程中水质点运动轨迹图也应与表层(图 4. 2)相似,因为表层以下各层的风海流也将与同表层风海流一样,皆需经历一个振幅随时间 t 呈指数衰减、以地转频率 f 为周期的自由阻尼振动阶段,只有其自由振动消失之后,各层风海流才能稳定。

(七)关于 Ekman 右偏角错误的原因

对 Ekman 右偏角为 45°恒量这一错误结果的产生原因,本书认为,完全是由于其错误的边界条件所致。本书的研究结果表明,当 $f = \mu$,即科氏力与摩擦力两者量值相等时,表层风海流的右偏角就是 $\beta = 45^{\circ}$ 。此时,风应力 T_y ,地转偏向力 fV ,摩擦力 μV 三者的平衡就如图 4. 3 所示。

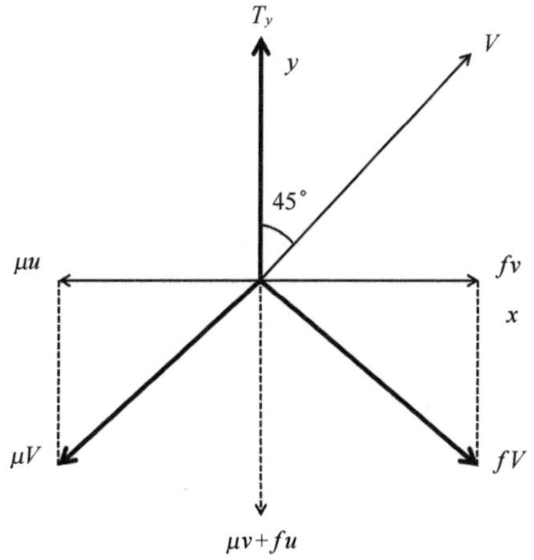

图 4. 3　当 $f = \mu$ 时风应力、摩擦力、地转偏向力三者平衡图

由图 4. 3 可知,当地转偏向力与摩擦力两者量值相等时,则有:在 y 方向,即在风应力的方向上,是风应力 T_y 与地转偏向力的分力 fu 和摩擦力的分力 μv 两者的合力相平衡;在 x 方向,即在风应力的垂向上,则是地转偏向力的分力 fv 与摩擦力的分力 μu 两者相平衡。在 Ekman 风海流中,在表层是不考虑科氏力的,是假定风应力与摩擦力两者相平衡的。因此,若令 $f = 0$ 时,则导致的结果必然就是摩擦力的分力 $\mu u = 0$,即 $\mu \left.\frac{\partial u}{\partial z}\right|_{z=0} = 0$;以及 $T_y = \mu v$,即 $T_y = \mu \left.\frac{\partial v}{\partial z}\right|_{z=0}$ 。由此可知,Ekman 风海流的右偏角为 45°角的恒量这一错误结果,完全是由他所采用错误的边界条件所决定的。

四、Ekman 关于风海流的成长结论是错误的

Ekman 在研究风海流的成长时,采用的运动方程式是:

$$\frac{\partial u}{\partial t}=fv+\mu\frac{\partial u}{\partial z},\tag{4-2-12}$$

$$\frac{\partial v}{\partial t}=-fu+\mu\frac{\partial v}{\partial z}.\tag{4-2-13}$$

使用的初始和边界条件是：

$$t=0, u=v=0;$$

$$z=0,\ -\mu\frac{\partial u}{\partial z}=0,\ -\mu\frac{\partial v}{\partial z}=T_y\quad(t>0);$$

$$z\to\infty, u=v=0.$$

他设计出的描述风海流成长“解”的积分表达式是：

$$u=\frac{T_y}{\sqrt{\pi\mu}}\int_0^t\sin(2\Omega\sin\phi\cdot\xi)\frac{e^{-\frac{z^2}{4\mu\xi}}}{\sqrt{\xi}}d\xi,\tag{4-2-14}$$

$$v=\frac{T_y}{\sqrt{\pi\mu}}\int_0^t\cos(2\Omega\sin\phi\cdot\xi)\frac{e^{-\frac{z^2}{\sqrt{4\mu\xi}}}}{\sqrt{\xi}}d\xi,\tag{4-2-15}$$

绘制的风海流成长过程图如图 4.4 所示。

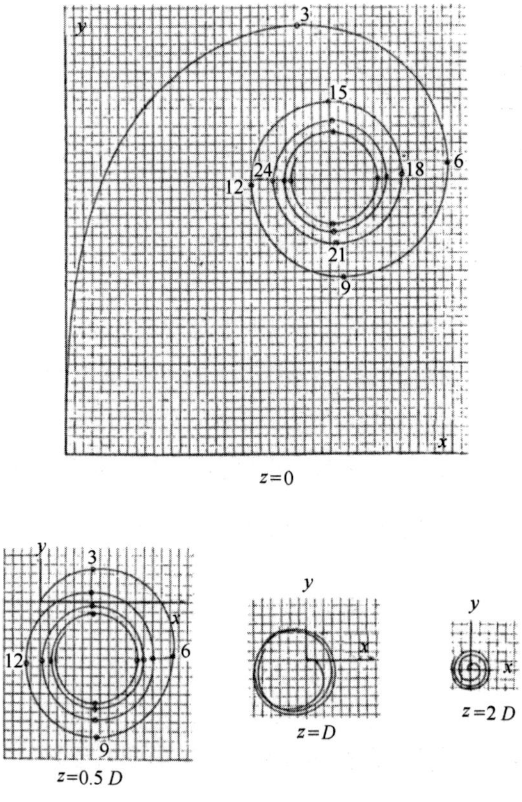

图 4.4　Ekman 风海流的成长过程曲线图

本书认为，由于方程式(4-2-12)、(4-2-13)所具有的功能范围应该是，在已知的初始和边界条件下，描述出表层以下各层海水由静止态到稳定态的发展过程。因此可以肯定的是，Ekman 所设计出来的形式解(4-2-14)、(4-2-15)竟然把表层也包括在内，必然是错误的。众所周知，也无需证明，任何超越了方程功能范围的所谓"解"都是必错无疑，况且，Ekman 所给出的上边界条件又是错误的。

(一)上边界条件是错误的

我们认为，上边界条件有两个错误。

首先，既然表层流流速是存在的，为什么认为表层流就可以不受到地转偏向力的作用？由地转偏向力的表达式 $-2\vec{\Omega}\times\vec{V}$ 可知，地转偏向力的存在与否，只与地理纬度及运动速度有关，与其他作用力的存在与否无关。因此，在上边界条件中不考虑地转偏向力的作用肯定是错误的。

另外，在上边界条件中令风应力与摩擦力相平衡也是错误的。因为，风应力(T_y)是恒量，而摩擦力是表层海水在风应力作用之下产生了运动速度之后才出现的，它是一种被动力。摩擦力与风应力达成平衡是需要一个相当长的时间过程。由于风应力是恒量，与风应力达成平衡的摩擦力也必须是恒量，而摩擦力欲想成为恒量，就必须表层风海流的流速达到稳定状态之后才能实现。由此可知，Ekman 的上边界条件 $-\mu\dfrac{\partial v}{\partial z}=T_y$，$-\mu\dfrac{\partial u}{\partial z}=0$，一定是在表层风海流达到稳定态之后才能实现，在表层风海流的发展阶段是不成立的，因而是错误的。另外，他令 $-\mu\dfrac{\partial u}{\partial z}=0$ 也是错误的，因为 $-\mu\dfrac{\partial u}{\partial z}=0$ 的存在与否，与风应力 T_x 的存在与否无关，只与速度梯度值 $\dfrac{\partial u}{\partial z}$ 是否存在有关，既然 $\dfrac{\partial v}{\partial z}\neq 0$，为什么令 $\dfrac{\partial u}{\partial z}=0$？

(二)Ekman 的这组运动方程式无解

我们认为，式(4-2-12)、(4-2-13)无解的道理很简单，该方程无法既满足初始条件，又满足边界条件，况且，其上边界条件又是错误的。不难理解，Ekman 所设计出来的形式解也必错无疑，依据该形式解而绘制出的风海流成长图更是错误的。这也同时表明，Ekman 根本就没有认识到地转偏向力还是一种恢复力，能够产生的 f 为频率的自由振动。

第三节　地球自转对表层以下稳定风海流的影响

在对地球自转对大洋表层风海流的影响作用进行了研究之后，我们就可以表层稳定的风海流作为已知的上边界条件，再研究地球自转对表层以下稳定风海流的影响。我们假设表层风海流运动在地转偏向力作用之下到达了稳定状态时，其表层以下风海流的运动在地转偏向力的作用之下也同时到达了稳定状态。这样，在前面的假设条件不变的情况下，就可直接采用 Ekman 的地转平衡运动方程。

一、方程的建立与求解

在假设条件完全不变的情况下，就可以用 Ekman 的地转平衡运动方程：

$$-fv=\mu\frac{\partial^2 u}{\partial z^2},\tag{4-3-1}$$

$$fu=\mu\frac{\partial^2 v}{\partial z^2}.\tag{4-3-2}$$

由于表层流已知，故采用的边界条件为：

$$z=0,u=u_0,v=v_0;z\to\infty,u=0,v=0.$$

需指出，式(4-3-1)、(4-3-2)的左端为地转偏向力，其右端是摩擦应力的合力。决不能把$\mu\frac{\partial^2 u}{\partial z^2}$、$\mu\frac{\partial^2 v}{\partial z^2}$称为单一的摩擦力，因为它是上层流体作用于水质点的摩擦应力和下层流体给予它的反作用摩擦应力两者的合力，而且该合力是在地转偏向力的作用之下才产生的被动性的反偏向力，如果地转偏向力消失(在赤道区)，该合力也随之消失。

依本书的边界条件，式(4-3-1)、(4-3-2)的解为：

$$u=u_0e^{-\alpha z}\cos\alpha z+v_0e^{-\alpha z}\sin\alpha z,\tag{4-3-3}$$

$$v=v_0e^{-\alpha z}\cos\alpha z-u_0e^{-\alpha z}\sin\alpha z.\tag{4-3-4}$$

式(4-3-1)、(4-3-2)还可写成：

$$u=V_0e^{-\alpha z}\cos(\theta-\alpha z),\tag{4-3-5}$$

$$v=V_0e^{-\alpha z}\sin(\theta-\alpha z),\tag{4-3-6}$$

式中，$\alpha=\sqrt{\frac{\Omega\sin\phi}{\mu}}$，$u_0=\frac{fT_y}{f^2+\mu_0^2}$，$v_0=\frac{\mu_0 T_y}{f^2+\mu_0^2}$，$V_0=\frac{T_y}{\sqrt{f^2+\mu_0^2}}$，$\theta=\mathrm{tg}^{-1}\frac{\mu}{f}$，且$\theta=\frac{\pi}{2}-\beta$。

关于风海流的质量输送为：

$$S_x=\int_0^\infty u\mathrm{d}z=\frac{1}{2\alpha}(u_0+v_0)=\frac{1}{2\alpha}\frac{(f+\mu_0)T_y}{f^2+\mu_0^2},\tag{4-3-7}$$

$$S_y=\int_0^\infty v\mathrm{d}z=\frac{1}{2\alpha}(v_0-u_0)=\frac{1}{2\alpha}\frac{(\mu_0-f)T_y}{f^2+\mu_0^2}.\tag{4-3-8}$$

二、求解结果的分析与讨论

把式(4-3-5)、(4-3-6)与 Ekman 的解式相对比,两者关于深层流速 u、v 的表达形式相似,流速 u、v 随水深都是呈指数衰减,它们的衰减系数和摩擦深度完全相同。但是,两者之间还是有很大的不同之处。

(一)关于初位相角 β 和 θ

本书中,表层流的初位相角 β 是指表层流 V_0 与 T_y 之间的夹角,$\beta = \mathrm{tg}^{-1}\dfrac{u_0}{v_0}$,是以风应力 T_y 的方向为起算点。在深层流(4-3-5)、(4-3-6)中的初位相角 θ,是以表层流流向为起算点,$\theta = \mathrm{tg}^{-1}\dfrac{v_0}{u_0}$,角 θ 与 β 两者之间的关系是互补角,即 $\theta = \dfrac{\pi}{2} - \beta$,如图 5 所示。当 $\beta = 45°$ 时,则 $\theta = \beta$。

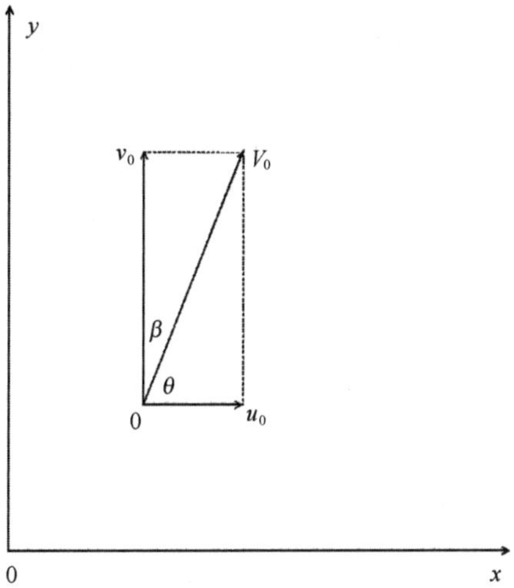

图 4.5　右偏角 β 和 θ 之间关系图

(二)关于风海流的质量输送

本书中的质量输送表达式为式(4-3-7)、(4-3-8):

$$S_x = \int_0^{\infty} u\mathrm{d}z = \frac{1}{2\alpha}(u_0 + v_0) = \frac{1}{2\alpha}\frac{(f + \mu_0)T_y}{f^2 + \mu_0^2}, \tag{4-3-7}$$

$$S_y = \int_0^{\infty} v\mathrm{d}z = \frac{1}{2\alpha}(v_0 - u_0) = \frac{1}{2\alpha}\frac{(\mu_0 - f)T_y}{f^2 + \mu_0^2}. \tag{4-3-8}$$

Ekman 的质量表达式为 $S_x = \dfrac{T_y}{f}$,$S_y = 0$,两者比较,显然是本书的结果符合实际情况。

由式(4-3-7)、(4-3-8)可知,在风海流的质量输运中,在风应力作用的(y)方向上的输运量总是要少于其横(x)向方面。在海洋中,(湍流)摩擦系数值一般是取 $\mu \sim 10^{-3}$ 或取 $\mu \sim 10^{-2}$。因此,只有在取 $\mu_{min} \sim 10^{-4}$ 和 $f_{max} \sim 10^{-4}$ 的情况下,才可能有 $u_0 = v_0$,即 $\beta = 45°$;才有 $S_y = 0$。由此可见,Ekman 风海流中的 $S_y = 0$,是在极为特殊的条件下才可能发生。在现实海洋中,风海流的质量输送是集中在风向的正右侧,而不是在风向右侧的垂直方向上,这也为观测结果所证实。

第四节　结果与讨论

在研究地球自转对大洋风海流的影响时,应该首先研究地球自转对表层风海流的影响,这是最主要的研究内容,然后再研究其对深层风海流的影响,而且,两者只能分别进行,决不能用一个数学模型同时解决之。

在研究地球自转对大洋表层风海流的影响时,本书首次利用风应力、摩擦力、地转偏向力三者建立了表层水质点运动方程,用初始条件求得解析解,得到结果如下:

(1)在初始阶段,水质点的运动轨迹为平动加自由阻尼振动,其自由振动频率为地转频率 f,自由振动周期为地转周期 $2\pi/f$。首次用解析解描述出表层风海流成长的过程和水质点的运动轨迹。这是水质点运动最为复杂的阶段。对此,也为观测结果所证实。

(2)自由振动在摩擦力作用之下消失之后,风应力、摩擦力、地转偏向力三者才能达成平衡。在顺流方向上,风应力的分力与摩擦力达成平衡,为动力平衡;在横流方向上,风应力的分力与地转偏向力达成平衡,为地转平衡。

(3)风应力与表层流之间的右偏角 $\beta = \mathrm{tg}^{-1}\dfrac{f}{\mu_0}$,它是科氏参量 f 和摩擦系数 μ 两者的函数,不是恒量。β 与 f 成正比,即与地转偏向力成正比。在赤道区地转偏向力消失,右偏角亦不存在。由于 f 的最大值(在高纬度区)为 $f_{max} \sim 10^{-4}$,若取摩擦系数的最小值为 $\mu_{min} \sim 10^{-4}$,故 β 的最大可能值为 45°只能是出现高纬度地区。β 值的范围为 $0 \leqslant \beta \leqslant 45°$。但在海洋中,摩擦系数一般都是取 $\mu \sim 10^{-3}$ 或 $\mu \sim 10^{-2}$,很少取 $\mu \sim 10^{-4}$。因此,在现实海洋中,风海流的右偏角会较小,在低纬度区,右偏角将可忽略不计。Ekman 的表层流右偏角为 45°的恒量,显然是错误的。

在研究地球自转对大洋表层以下稳定的深层流的影响时,本书也采用 Ekman 的地转平衡运动方程,但采用已知的表层流速为上边界条件,求得解析解的表达形式与 Ekman 相似,但两者之间也有若干不同之处。

(4)表层流速 V_0 值不相同。本书中的表层流 $u_0 = \dfrac{fT_y}{f^2+\mu_0^2}$,$v_0 = \dfrac{\mu_0 T_y}{f^2+\mu_0^2}$,$V_0 =$

$\frac{T_y}{\sqrt{f^2+\mu_0^2}}$。当$f=0$,即在赤道区,则$u_0=0$, $v_0=V_0=\frac{T_y}{\mu_0}$。这个结果显然是正确的。在 Ekman 的风海流中,因$V_0=\frac{T_y}{\sqrt{f\mu}}$;若$f=0$,即在赤道区,则$V_0\to\infty$, $u_0\neq0$,而且u_0和v_0皆$\to\infty$。其结果显然也是错误的。

(5)本书表层以下风海流的初位相$\theta=\mathrm{tg}^{-1}\frac{v_0}{u_0}=\mathrm{tg}^{-1}\frac{\mu_0}{f}$,它与表层流偏角$\beta$之间关系为互补角,$\theta=\frac{\pi}{2}-\beta$。只有当$f=\mu_0$时,才有$u_0=v_0$,才有$\theta=\beta=45°$

(6)本书中风海流的质量输运为$S_x=\frac{1}{2\alpha}(u_0+v_0)=\frac{1}{2\alpha}\frac{(\mu_0+f)T_y}{f^2+\mu_0^2}$, $S_y=\frac{1}{2\alpha}(v_0-u_0)=\frac{1}{2\alpha}\frac{(\mu_0-f)T_y}{f^2+\mu_0^2}$。这表明在风海流的质量输运中,在风应力作用的方向上的输运总量总是要小于其横向方面的输运总量;只有在$f=\mu_0$时,即当$\beta=45°$角时,才会有$S_y=0$。而在 Ekman 的质量输送表达式则为:$S_x=\frac{T_y}{f}$, $S_y=0$。两者比较可知,本书的结果才是符合实际的。

(7)由于 Ekman 所采用的运动方程式(4-2-12)、(4-2-13)无解,以及他对地转偏向力是一种恢复力的性质不了解,导致他设计出来的表层风海流成长路径图和表层以下各层风海流的成长路径图都是错误的。

第五章　地转影响下纬向水平环流对扰动力作用的响应

第一节　引　言

C-G Rossby 在整理分析大量的观测资料后发现：当高空西风带气流受到南北向扰动力作用时，就产生了低频的长波运动，其中有快波，有慢波，甚至还会出现静止不动的静止波或反方向传播的反向波。他还发现：慢波的波速与扰动力波长是反比关系，当扰动力波长达到某个量值时，该慢波就会演变为向西传播的反向波。他认为：在这种长波运动中，同样振幅的短波东移的速度必定远远大于其长波的东移速度。Rossby 认为，产生这种波动的恢复力不是地转偏向力，而是地转偏向力随纬度的变化率，即 $\beta = \partial f/\partial y$ 。在该文献中，他借助于涡度守恒方程设计出一种波动方程，依据他所发现的波速与波长是反比关系这一观测结果，又设计出一种形式解。对这种被后人命名为 Rossby 波的形成机制进行了理论阐述，还给出了反向波的临界波长表达式。该理论被广泛地应用于大气和海洋环流的长波的运动中，成为大气和海洋中经典的 Rossby 波理论。

在水平环流中存在着 Rossby 的长波运动，是客观存在的事实，不容置疑。但是，对于 Rossby 波产生的理论上的阐述，本书不能认同。

一、认为 β 是恢复力的观点是错误的

所谓恢复力，是指包括连续介质在内的弹性体在外力作用下产生形变时，其内部就产生出一种能够恢复其原来形状的力，该力就称为恢复力，亦称为弹性力。$\beta = \dfrac{2f}{2y}$ 是地转涡度 f 的纬度变化率，或称为地转偏向力的纬度变化率。它本身就不是什么力，当然更不能成为产生 Rossby 波的恢复力。如果 β 是恢复力，它的自由振动频率、自由振动周期是多少？况且，如果 β 真的能够成为产生 Rossby 波的恢复力，那也就剥夺了在旋转圆盘上进行 Rossby 波实验的理论依据，因为旋转圆盘内流体质点的 $\beta = 0$，$f = 2\Omega$。另外，如果水平环流中的质点在未受扰动力作用之前不存在自转运动（$\zeta = 0$），那么，它们在受到扰动力作用后进行南北向的振动时，也决不会产生旋转运动，除非它们在振动过程中又受到了外力矩的作用。总之，本书认为，把 β 视为能够使水质点产生自由振动的恢复

力，是没有理论依据的，是一种完全错误的观点。

二、波速与波长是正比关系永远成立

所谓波长，是指波动在 1 个周期中传播的距离。所谓波速，是指波长与周期两者的比值。因此，波速与波长两者之间是正比关系，与周期之间是反比关系。这是所有长波运动的共性，Rossby 波也不能例外。对于 Rossby 波中波速与波长之间是"反比"关系这种反常现象的出现，说明了 Rossby 波的产生必定有其独特的形成机制，需要我们在理论上进行深入地探讨研究。这也是本书研究的目的之一。

三、采用的方程是错误的

Rossby(1939)在研究大气纬向水平环流中强度的变化与半永久性气旋活动中心更替之间的关系(Relation between variations in the intensity of the zonc circulation of the atmosphere and the displacement of the semi-permanent centers of action Ⅱ. J. Mar. Res. Ⅰ, 38-55)的一文中，采用的是涡度守恒方程。这种处理方法完全是错误的。众所周知，涡度守恒方程是描述流体质点旋转运动的，它与描述质点振动运动的波动方程之间有着完全不同的动力学条件和运动形态，它们之间也不能相互转换。不言而喻，利用涡度守恒方程所设计出来的波动方程和及其波动解必然也都是错误的。本书认为，依据 Rossby 论文题目的要求，唯一正确的做法就是：建立描述水平环流中流体质点振动运动的波动方程，因为水平环流才是波动的主体。对位于水平环流两侧的气旋与反气旋的扰动作用只能抽象为一种强迫扰动力项出现在波动方程中。

为了深入地探讨地转影响下海洋和大气中水平环流对扰动力作用的响应情况，为了研究 Rossby 波的形成机制，特别是对其中的反向波的形成机制，本书依据水平环流中质点的动力学条件，建立了一个完整的波动方程，依据初始条件求其解析解。求解结果不仅展示出了水平环流的复杂运动形态，还揭示出了 Rossby 波的形成机制。

第二节　波动方程的建立与求解

本书旨在研究在地转偏向力的作用情况下，海洋和大气中的纬向环流在水平方向上受扰动力作用后的运动情况，对此，唯一正确的做法必然是建立一种在周期性扰动力作用下的波动方程。为研究方便，进行若干假设和简化。首先，假设在未受到扰动力作用之前，海洋和大气中已存在着一支有限宽度、厚度、速度为常量(U_0)的东西向水平环流(图 5.1)，并假设该环流在发生波动时，不受周边流体的限制作用，在环流的周界上不与周边流体发生质量交换(图 5.2)。再假设环流内部流体的密度分布均匀，不可压缩、无旋、无散。认为环流波动的振幅不是太大,可以不必考虑地转偏向力纬度变化的影响。为求解方便,取直角坐标系,x 轴指向东,y 轴指向北;摩擦力取线性形式;扰动力为简单的谐波形式。

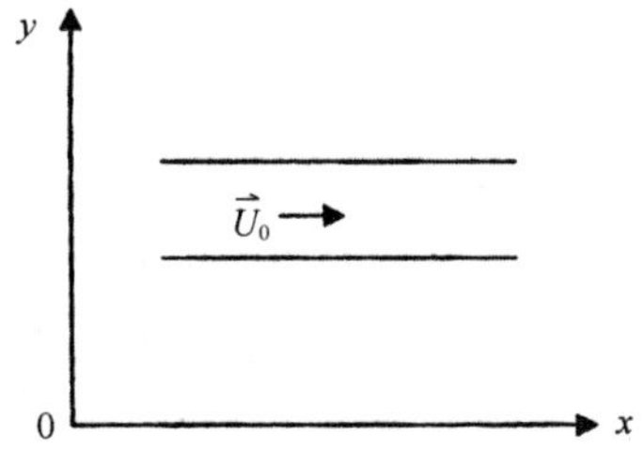

图 5.1　扰动力作用前的水平环流 $\vec{U}_0$

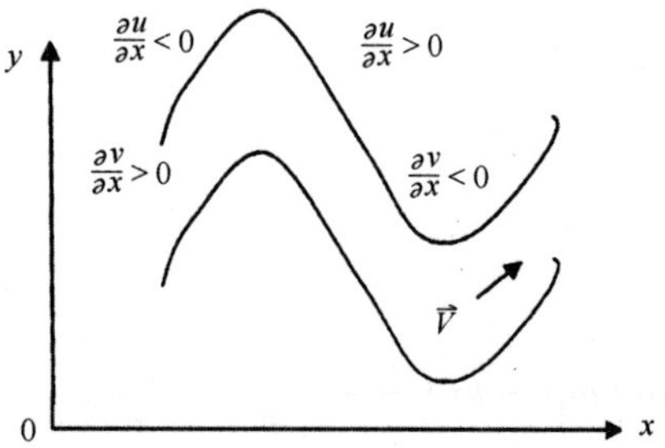

图 5.2　扰动力作用后的水平环流 $\vec{V}$

由于本书所研究的水平环流是属于稳定的强流,U_0值较大,因此 $U_0\frac{\partial u}{\partial x}$、$U_0\frac{\partial v}{\partial x}$ 已不再是小量,不能忽略不计。这样,水平环流中单位质量流体质点的波动方程就可写成:

$$\frac{\partial u}{\partial t} + U_0\frac{\partial u}{\partial x} - fv + \mu u = F_x\sin(\sigma t - kx), \tag{5-2-1}$$

$$\frac{\partial v}{\partial t} + U_0\frac{\partial v}{\partial x} + fu + \mu v = F_y\cos(\sigma t - kx), \tag{5-2-2}$$

或写成:

$$\frac{\partial u}{\partial t} = -U_0\frac{\partial u}{\partial x} + fv - \mu u + F_x\sin(\sigma t - kx), \tag{5-2-3}$$

$$\frac{\partial v}{\partial t} = -U_0\frac{\partial v}{\partial x} - fu - \mu v + F_y\cos(\sigma t - kx). \tag{5-2-4}$$

初始条件是:

$$当\ t=0, u=U_0, v=0.$$

式中,u、v 分别为扰动力作用之后环流振动速度的东分量、北分量;$f=2\Omega\sin\phi$,为科氏参量;μ为摩擦系数,取为常量;F_x,F_y分别为扰动力幅的东分量,北分量,皆为常量;σ 为扰动力的(圆)频率,k 为其波数。对于扰动力的含义不加特别的限定。

由于式(5-2-1)、(5-2-2)为拟线性方程,依据初始条件可以求得其准确的解析解。

$$u = e^{-\mu t}\left\{\frac{1}{2}\left[\frac{Q}{W}-\frac{M}{W}\right]\cos(\omega_1 t - kx) + \frac{1}{2}\left[\frac{n}{W}+\frac{p}{W}\right]\cos(\omega_1 t - kx) - \right.$$
$$\frac{1}{2}\left[\frac{N}{W}+\frac{P}{W}\right]\sin(\omega_1 t - kx) + \frac{1}{2}\left[\frac{q}{W}-\frac{m}{W}\right]\sin(\omega_1 t - kx) -$$
$$\frac{1}{2}\left[\frac{Q}{W}+\frac{M}{W}\right]\cos(\omega_2 t - kx) + \frac{1}{2}\left[\frac{n}{W}-\frac{p}{W}\right]\cos(\omega_2 t - kx) -$$
$$\left.\frac{1}{2}\left[\frac{N}{W}-\frac{P}{W}\right]\sin(\omega_2 t - kx) - \frac{1}{2}\left[\frac{q}{w}+\frac{m}{w}\right]\sin(\omega_2 t - kx) + U_0\cos ft\right\} +$$
$$\frac{M}{W}\cos(\sigma t - kx) + \frac{N}{W}\sin(\sigma t - kx) -$$
$$\frac{n}{W}\cos(\sigma t - kx) + \frac{m}{W}\sin(\sigma t - kx), \tag{5-2-5}$$

$$v = e^{-\mu t}\left\{-\frac{1}{2}\left[\frac{N}{W}+\frac{P}{W}\right]\cos(\omega_1 t - kx) + \frac{1}{2}\left[\frac{q}{W}-\frac{m}{W}\right]\cos(\omega_1 t - kx) - \right.$$
$$\frac{1}{2}\left[\frac{Q}{W}-\frac{M}{W}\right]\sin(\omega_1 t - kx) - \frac{1}{2}\left[\frac{n}{W}+\frac{p}{W}\right]\sin(\omega_1 t - kx) +$$
$$\frac{1}{2}\left[\frac{N}{W}-\frac{P}{W}\right]\cos(\omega_2 t - kx) + \frac{1}{2}\left[\frac{q}{W}+\frac{m}{W}\right]\cos(\omega_2 t - kx) -$$
$$\left.\frac{1}{2}\left[\frac{Q}{W}+\frac{M}{W}\right]\sin(\omega_2 t - kx) + \frac{1}{2}\left[\frac{n}{W}-\frac{p}{W}\right]\sin(\omega_2 t - kx) - U_0\sin ft\right\} +$$
$$\frac{P}{W}\cos(\sigma t - kx) + \frac{Q}{W}\sin(\sigma t - kx) -$$
$$\frac{q}{W}\cos(\sigma t - kx) + \frac{p}{W}\sin(\sigma t - kx), \tag{5-2-6}$$

式中,

$\omega_1 = kU_0 + f$,为和频自由波频率;

$\omega_2 = kU_0 - f$,为差频自由波频率;

$$M = -f[(\sigma - kU_0)^2 - f^2 - \mu^2]F_y,$$
$$m = \mu[(\sigma - kU_0)^2 + f^2 + \mu^2]F_x;$$
$$N = 2\mu f(\sigma - kU_0)F_y,$$
$$n = (\sigma - kU_0)[(\sigma - kU_0)^2 - f^2 + \mu^2]F_x;$$
$$P = \mu[(\sigma - kU_0)^2 + f^2 + \mu^2]F_y,$$
$$p = f[(\sigma - kU_0)^2 - f^2 - \mu^2]F_x;$$
$$Q = (\sigma - kU_0)[(\sigma - kU_0)^2 - f^2 + \mu^2]F_y,$$

$$q = 2\mu f(\sigma - kU_0)F_x;$$
$$W = [(\sigma - kU_0)^2 - f^2 - \mu^2]^2 + 4\mu^2(\sigma - kU_0)^2.$$

若令 $F_x=0$,即扰动力仅限于横流方向,则式(5-2-5)、(5-2-6)就变成:

$$u = e^{-\mu t}\left\{\frac{1}{2}\left[\frac{Q}{W} - \frac{M}{W}\right]\cos(\omega_1 t - kx) - \frac{1}{2}\left[\frac{N}{W} + \frac{P}{W}\right]\sin(\omega_1 t - kx) - \frac{1}{2}\left[\frac{Q}{W} + \frac{M}{W}\right]\cos(\omega_2 t - kx) - \frac{1}{2}\left[\frac{N}{W} - \frac{P}{W}\right]\sin(\omega_2 t - kx) + U_0\cos ft\right\} + \frac{M}{W}\cos(\sigma t - kx) + \frac{N}{W}\sin(\sigma t - kx), \tag{5-2-7}$$

$$v = e^{-\mu t}\left\{-\frac{1}{2}\left[\frac{N}{W} + \frac{P}{W}\right]\cos(\omega_1 t - kx) - \frac{1}{2}\left[\frac{Q}{W} - \frac{M}{W}\right]\sin(\omega_1 t - kx) + \frac{1}{2}\left[\frac{N}{W} - \frac{P}{W}\right]\cos(\omega_2 t - kx) - \frac{1}{2}\left[\frac{Q}{W} + \frac{M}{W}\right]\sin(\omega_2 t - kx) - U_0\sin ft\right\} + \frac{P}{W}\cos(\sigma t - kx) + \frac{Q}{W}\sin(\sigma t - kx). \tag{5-2-8}$$

若令 $F_y=0$,即扰动力仅限于顺流方向,则式(5-2-5)、(5-2-6)就变成:

$$u = e^{-\mu t}\left\{\frac{1}{2}\left[\frac{n}{W} + \frac{p}{W}\right]\cos(\omega_1 t - kx) + \frac{1}{2}\left[\frac{q}{W} - \frac{m}{W}\right]\sin(\omega_1 t - kx) + \frac{1}{2}\left[\frac{n}{W} - \frac{p}{W}\right]\cos(\omega_2 t - kx) - \frac{1}{2}\left[\frac{q}{W} + \frac{m}{W}\right]\sin(\omega_2 t - kx) + U_0\cos ft\right\} - \frac{n}{W}\cos(\sigma t - kx) + \frac{m}{W}\sin(\sigma t), \tag{5-2-9}$$

$$v = e^{-\mu t}\left\{\frac{1}{2}\left[\frac{q}{W} - \frac{m}{W}\right]\cos(\omega_1 t - kx) - \frac{1}{2}\left[\frac{n}{W} + \frac{p}{W}\right]\sin(\omega_1 t - kx) + \frac{1}{2}\left[\frac{q}{W} + \frac{m}{W}\right]\cos(\omega_2 t - kx) + \frac{1}{2}\left[\frac{n}{W} - \frac{p}{W}\right]\sin(\omega_2 t - kx) - U_0\sin ft\right\} - \frac{q}{W}\cos(\sigma t - kx) + \frac{p}{W}\sin(\sigma t - kx). \tag{5-2-10}$$

由于式(5-2-5)、(5-2-6)、(5-2-7)、(5-2-8)、(5-2-9)、(5-2-10)中皆含有振幅随时间 t 呈指数衰减的自由波项,故此时水平环流的运动是处于一种混乱的,不稳定的波动状态。当 $t\to\infty$,自由波完全消失后,就可获得稳定的波动状态。式(5-2-5)、(5-2-6)就变成:

$$u = \frac{M}{W}\cos(\sigma t - kx) + \frac{N}{W}\sin(\sigma t - kx) - \frac{n}{W}\cos(\sigma t - kx) + \frac{m}{W}\sin(\sigma t - kx), \tag{5-2-11}$$

$$v = \frac{P}{W}\cos(\sigma t - kx) + \frac{Q}{W}\sin(\sigma t - kx) -$$

$$\frac{q}{W}\cos(\sigma t - kx) + \frac{p}{W}\sin(\sigma t - kx). \tag{5-2-12}$$

式(5-2-7)、(5-2-8)就变成:

$$u = \frac{M}{W}\cos(\sigma t - kx) + \frac{N}{W}\sin(\sigma t - kx), \tag{5-2-13}$$

$$v = \frac{P}{W}\cos(\sigma t - kx) + \frac{Q}{W}\sin(\sigma t - kx). \tag{5-2-14}$$

式(5-2-9)、(5-2-10)就变成:

$$u = -\frac{n}{W}\cos(\sigma t - kx) + \frac{m}{W}\sin(\sigma t - kx), \tag{5-2-15}$$

$$v = -\frac{q}{W}\cos(\sigma t - kx) + \frac{p}{W}\sin(\sigma t - kx). \tag{5-2-16}$$

下面就依据上述求解结果进行分析与讨论。

第三节　求解结果的分析与讨论

一、波动方程的力学意义

众所周知,波动方程中必须要有恢复力项,如果没有恢复力,流体质点就不能产生自由振动,也就没有波动。在本书式(5-2-3)、(5-2-4)中右端的恢复力有两项:一是地转偏向恢复力,其自由振动频率为f,称为地转频率;另是水平环流U_0与速度的变化率$\left(\frac{\partial u}{\partial x},\frac{\partial v}{\partial x}\right)$共同作用所产生的惯性恢复力,其自由振动频率为$kU_0$,称为惯性频率。两项恢复力的共同作用将产生两种自由波:一是它们的频率之和,$\omega_1 = kU_0+f$,称为和频自由波;另是它们的频率之差,$\omega_2 = kU_0-f$,称为差频自由波。扰动力是驱动作用力项,它一方面为流体的波动提供能量,另外它还迫使流体产生强迫波和自由波,并迫使自由波和强迫波的波长皆与扰动力波保持一致。摩擦力项也不能缺少,唯有摩擦力的作用才能使流体的波动进入稳定状态。由此可知,方程式(5-2-1)、(5-2-2)是完整的波动方程,它描述的是水平环流中的水质点在水平方向上的受迫阻尼振动的形态。

最后需指出,本波动方程同样适用于径向水平环流,只是在径向水平环流中,它的地转偏向力是随地理纬度变化,会给方程求解带来一定困难。

二、水平环流响应的复杂性

由式(5-2-7)、(5-2-8)、(5-2-9)、(5-2-10)可知,即使扰动力仅是南北向或仅是东西向作用的单一谐波力，但拥有两种恢复力的水平环流对该扰动力作出的响应却依然很复杂，都能产生出两类复合波。一是波长、频率皆与扰动力（波）完全相同的单频强迫复合波；另是仅波长与扰动力保持一致、频率由恢复力所决定、振幅随时间（t）呈指数衰减的双频复合自由波。另外，初始流场 U_0 本身也在以地转频率 f 作自由阻尼振动。

三、快波与慢波

对于一个受迫振动系统，如果在谐波力作用之下所产生的是单频自由波和强迫波，它们的波长是相同的，都与扰动力的波长保持一致。那么，其波速的快慢就与波长无关，只能与其频率的大小有关。如，对单频自由波而言：若自由频率与强迫频率相同，则两者的波速就相同；若自由频率大于强迫频率，则自由波就快于强迫波；反之，则自由波就慢于强迫波。但这种“快波”与“慢波”绝不是 Rossby 所发现的那种快波与慢波，因为这种“快波”与“慢波”的传播方向都永远与强迫波相同。决不会出现反方向传播的“反向波”，或静止不动的“静止波”。这表明，Rossby 所发现的“快波”与“慢波”决不会是单频自由波，只能是双频自由波，而且，其快波只能是和频自由波；慢波只能是差频自由波。和频自由波将把它的能量快速向前传播，差频自由波将把它的能量缓慢的向前传播。特别是，当 $\omega_2=0$，即当差频自由波为静止波时，它就把其能量留在原地；当 $\omega_2<0$，即它为反向波时，就把其能量反方向传播。

四、地转偏向力的作用

地转偏向力对水平环流运动的作用有两个方面。一是如上所述，地转偏向力是一种恢复力，它使流体质点产生以 f 为频率的自由振动，还与惯性恢复力共同作用使流体产生和频自由波和差频自由波，即，产生快波和慢波。另外，由于地转偏向力始终作用于流体质点移动速度的右方，从而使波动的能量发生横向传递。由式（5-2-5）、（5-2-6）可知：若 $F_x=0, f\neq 0$，则 $u\neq 0$；若 $F_x=0, f=0$，则 $u=0$。同样，若 $F_y=0, f\neq 0$，则 $v\neq 0$；若 $F_y=0, f=0$，则 $v=0$。

由此可知，在赤道区水平环流在受到外力扰动作用之后，其波动的能量不会发生“横向”转移，形成赤道陷波。

五、稳态的受迫振动

由式（5-2-5）、（5-2-6）、（5-2-7）、（5-2-8）、（5-2-9）、（5-2-10）可知，由于摩擦力的作用，当 $t\to\infty$ 时，其中的自由波和初始环流 U_0 就完全消失，变成式（5-2-11）、（5-2-12）；（5-2-13）、（5-2-14）、（5-2-15）、（5-2-16），此时环流的水平波动才能由非稳态进入到稳态。由此可知，水平环流受到扰动力作用之后，能否进入到稳定状态，完全取决于摩擦力的作用。若以自由波振幅衰减至4%作为其稳定态的判别标准，它所需经历时间 $t=\frac{\pi}{\mu}=\frac{3.22}{\mu}$，完全取决于 μ 值的大小。若取 $\mu\sim10^{-4}$，其所需的时间为0.37 d；若取 $\mu\sim10^{-5}$，其所需的时间为3.7 d；若取 $\mu\sim10^{-6}$，其所需时间为37 d。

需强调指出：在稳态振动中自由振动消失，和频、差频自由波亦不复存在，故Rossby所发现的快波和慢波只能存在于受扰动力作用后的初始阶段，且是一种振幅随时间 t 呈指数衰减的不稳定的自由波。

六、水平环流的动力学条件

由式(5-2-11)、(5-2-12)、(5-2-13)、(5-2-14)、(5-2-15)、(5-2-16)可知，水平环流进入到稳定状态之后，初始流场 U_0 已不复存在。这与实际情况不符。实际上，无论是大气，或是海洋，它们的水平环流 U_0 之所以能够长期稳定存在，必然有相应的动力学条件予以保证。即在 U_0 的顺流方向上，必然有作用力与摩擦力两者取得平衡，称为动力平衡；在 U_0 的横流方向上，必然有一种反偏向力与地转偏向力(科氏力)两者取得平衡，称为地转平衡。需强调指出：这两种“平衡”，是所有大型的水平环流能够保持长期稳定存在所必备的动力学条件。

第四节　共振响应分析

扰动力能否使水平环流产生出强烈的振动，扰动力的大小虽然重要，但更为重要的是扰动力的作用周期能否与质点的固有振动周期相同或相近，因为只有在扰动力的作用周期与质点的固有振动周期相同或相近时，才能产生出最强烈的振动，称之为共振响应。因此，在分析研究海洋和大气中水平环流的受迫振动时，进行共振响应分析就有重要意义。

一、共振响应频率

若以 σ_r 表示共振频率，由式(5-2-11)、(5-2-12)就可求得其共振响应频率为 $\sigma_r=kU_0\pm\sqrt{f^2-\mu^2}$，也就是说，只有当扰动频率与质点的固有振动频率 ω_1 或 ω_2 相接近时(若 $\mu=0$，两者相同)，该扰动力才能使水平环流产生出最强烈的波动，且有

$$u=\pm\frac{fF_y}{2\mu\sqrt{f^2-\mu^2}}\sin(\sigma_r t-kx)\mp\frac{F_x}{2\sqrt{f^2-\mu^2}}\cos(\sigma_r t-kx)+\frac{F_x}{2\mu}\sin(\sigma_r t-kx),\tag{5-4-1}$$

$$v=+\frac{F_y}{2\mu}\cos(\sigma_r t-kx)\ \pm\frac{F_y}{2\sqrt{f^2-\mu^2}}\sin(\sigma_r t-kx)\ \mp$$

$$\frac{fF_x}{2\mu\sqrt{f^2-\mu^2}}\cos(\sigma_r t-kx). \tag{5-4-2}$$

二、长周期扰动力的共振响应

若令 $\sigma\to 0$,如果此时惯性频率与地转频率两者相接近,即 $kU_0=\sqrt{f^2-\mu^2}$,则得到:

$$u=-\frac{fF_y}{2\mu\sqrt{f^2-\mu^2}}\sin(kx)+\frac{F_x}{2\sqrt{f^2-\mu^2}}\cos(kx)-\frac{F_x}{2\mu}\sin(kx), \tag{5-4-3}$$

$$v=\frac{F_y}{2\mu}\cos(kx)-\frac{F_y}{2\sqrt{f^2-\mu^2}}\sin(kx)+\frac{fF_x}{2\mu\sqrt{f^2-\mu^2}}\cos(kx). \tag{5-4-4}$$

式(5-4-3)、(5-4-4)与式(5-4-1)、(5-4-2)相同,这表明,如果长周期扰动力的空间分布呈现出一种正(余)弦形状,其所形成的惯性频率 kU_0 又恰好与地转频率相同或相接近, $kU_0=\sqrt{f^2-\mu^2}$,或者其波长 $\lambda_r=\frac{2\pi U_0}{\sqrt{f^2-\mu^2}}$,这种长周期性扰动力的作用亦能使水平环流产生出最强烈的波动。由此可知,如果波状弯曲河流的波长为 $\lambda_r=\frac{2\pi U_0}{\sqrt{f^2-\mu^2}}$,此种河流所接收的扰动力的能量最多,因而其流速最大;如果利用人造运河输水,此种波状弯曲运河的水流的流速最大;另外,这样的地形分布,也能使水平环流产生的波动最强烈,称为共振地形 Rossby 波。

三、水动力模型实验

上述研究结果可以用转动圆盘的水动力模型进行检验。若以 ω 表示圆盘匀速旋转的角速度(此时 $f=2\omega$,$\beta=0$), U_0 表示圆盘内固定水槽内的水流速度。然后再把水槽弯曲成正弦波状。此时,共振响应波长为

$$\lambda_r=\frac{2\pi U_0}{\sqrt{4\omega^2-\mu^2}}.$$

在水的摩擦系数为已知时,就可以依据不同的 U_0 和 ω 值获得不同的共振响应(流速最大)的波长。

顺便指出,如果 β 效应真的是一种恢复力,是 Rossby 波产生的重要动力学机制,也就必然失去了利用旋转圆盘水动力模型进行 Rossby 波实验的可行性,因为,此时 $\beta=0$。

第五节　Rossby 波的形成机制

一、Rossby 波的含义

在研究 Rossby 波的形成机制时，首先应明确 Rossby 波的含义，即，Rossby 波到底是一种什么样的波？在有关的教科书中，都认为 Rossby 波是大尺度的低频的行星波，其恢复力是地转偏向力的纬度变化率 β，但对 Rossby 波的具体含义却众说纷纭，至今也没有一个较统一的认识。但是，如果仔细研究原文（Rossby，1939）就会发现，Rossby 在该文中所研究是那种波速与波长成反比关系的长波运动，在这种波动中，其快波为短波，慢波为长波，且，当波长达到一定值时，就变成反向波。他在该文献中还为这种波的波速与波长之间的反比关系而设计出一种表达式。因此本书认为，所谓 Rossby 波，除是指快波与慢波外，还特别应该包括是指水平环流在扰动力作用下所产生的波速与波长呈“反比”关系的那种波。下面就对这些波的形成机制进行探讨研究。

二、波速与波长之间呈反比关系是误解

依据波速的定义，它是波长与周期两者的比值，即 $C = \dfrac{\lambda}{T}$。波长 λ 是质点的振动状态在一个周期中传播的距离，它不是矢量，没有负值；周期 T 是质点振动一次所需的时间，它也不是矢量，也没有负值。因此，两者的比值也没有负值，即永远是 $C = \dfrac{\lambda}{T} > 0$，且永远不会有 $C = \dfrac{\lambda}{T} < 0$。波速 C 是矢量，它有正负值，它的负值是怎样产生的？在谐波的数学表达式中，周期 T 是用圆频率表示的，即 $T = \dfrac{2\pi}{\omega}$。这样，波速 C 的表达式还可以写成 $C = \dfrac{\lambda}{2\pi}\omega$。由于圆频率 ω 是矢量，它可为负值。这样以来，在探讨 Rossby 波中的快波、慢波和反向波的形成机制时，就归结为探讨圆频率 ω 量值的大小和方向的正负问题，也就是说，应该探讨在什么样的情况下 ω 值会变大，或变小，在什么情况下 ω 值会变成负值的问题。

三、单频波的 ω 值

在扰动力为单频谐波时，在线性振动系统中，在它直接地驱动作用下所产生的强迫

波也必然是单频强迫波,其波长与扰动力波长保持相同。因此,强迫波的波速将与扰动力波速完全相同。如果质点只有一种恢复力,它所产生的自由振动频率也只能是单频自由波,其波长也将与扰动力波相同。自由波的传播方向就完全与强迫波一致,其波速则取决于其频率值的大小。由此可见,单频的强迫波和单频自由波的波速都与波长永远是正比关系。也就是说,单频波不是 Rossby 波。

四、双频波的 ω 值

由于水平环流中的质点拥有两种恢复力,在它们的作用之下就将产生两种自由振动频率,组合成两种自由波:和频自由波, $\omega_1 = kU_0 + f$;差频自由波, $\omega_2 = kU_0 - f$。前者为快波,后者为慢波。特别是,当 $\omega_2 = kU_0 - f = 0$ 时,即惯性频率等于地转频率时,慢波就变成静止波;当 $\omega_2 = kU_0 - f < 0$ 时,即惯性频率小于地转频率时,慢波就变为反方向传播的反向波。另外,由于惯性频率与扰动力波长 λ 成反比,所以差频自由波的(圆)频率值就与波长 λ 成反比关系,因此,差频自由波的波速也就与波长是反比关系,且,当波长达到某临界值时,则有 $\omega_2 = 0$,慢波就变成静止波;当 $\omega_2 < 0$ 时,慢波就变成反向波。由此可见,Rossby 所发现的快波、慢波、静止波、反向波,在理论上都可以给予证明,只不过它们只能存在于双频自由波中。而且,Rossby 所发现的慢波、静止波和反向波,则只能限制在其中的差频的自由波中才能发生。

五、反向波的判别依据和标准

由于强迫波及和频自由波的传播方向永远与扰动力波同向,且与波长无关;因此差频自由波 ω_2量值的正负,就成为反向波能否产生的判别依据。由于惯性频率与扰动力波长成反比,故扰动力波长的长度就又成为能否产生反向波的判别标准。若以 λ_s 表示发生反向波的临界波长,则有

$$\lambda_s > \frac{\pi U_0}{\Omega \sin\phi}. \tag{5-5-1}$$

根据此判别式,就可分别计算出海洋和大气中水平环流发生反向波时的扰动力波长的判别标准。

表 5.1　不同 U_0和 ϕ 值时的 λ_s值

ϕ	$U_0 = 10$ cm/s	$U_0 = 20$ cm/s	$U_0 = 30$ cm/s	$U_0 = 40$ cm/s	$U_0 = 50$ cm/s	$U_0 = 100$ cm/s
15°	16.65 km	33.30 km	49.95 km	66.60 km	83.25 km	166.50 km
30°	8.62 km	17.24 km	25.86 km	34.48 km	43.10 km	86.19 km
45°	6.10 km	12.19 km	18.28 km	24.38 km	30.47 km	60.95 km
60°	4.98 km	9.95 km	14.93 km	19.91 km	24.88 km	49.76 km

由表 5.1 可知，当波长为大、中、小 3 种尺度的扰动力作用于海洋中稳定的水平环流时，如黑潮和湾流等大洋环流，都可以产生出反向自由波。

由表 5.2 可知，对于稳定的大气环流而言，只有受到波长为大、中两种尺度的扰动力的作用时，才能产生出反向自由波。把本表 5.2 与原文中的表 2 进行对比，有兴趣的读者可与实测资料进行对比，让实测资料检验哪个理论结果更符合实际。

表 5.2　不同 U_0 和 ϕ 值时的 λ_s 值

ϕ	$U_0=4$ m/s	$U_0=8$ m/s	$U_0=12$ m/s	$U_0=16$ m/s	$U_0=20$ m/s
15°	666.0 km	1 332.0 km	1 998.0 km	2 664.1 km	3 330.1 km
30°	344.8 km	689.5 km	1 043.3 km	1 379.0 km	1 723.8 km
45°	243.8 km	487.6 km	731.3 km	975.1 km	1218.9 km
60°	199.1 km	389.1 km	597.0 km	796.2 km	995.2 km

Table 2(原文)

Stationary wave length in km as function of zonal velocity (U) and latitude (ϕ)

ϕ	$U_0=4$ m/s	$U_0=8$ m/s	$U_0=12$ m/s	$U_0=16$ m/s	$U_0=20$ m/s
30°	2 822 km	3 990 km	4 888 km	5 644 km	6 310 km
45°	3 120 km	4 412 km	5 405 km	6 241 km	6 978 km
60°	3 713 km	5 252 km	6 432 km	7 428 km	8 304 km

第六节　结果与讨论

本书在研究稳定的水平环流受到周期性扰动力作用后的波动情况时，首次建立起一种新型的波动方程，利用初始条件求得解析解。对该求解结果进行了客观的分析讨论，可以得出以下结论。

一、初期波动的复杂性

本书的求解结果表明：在地转偏向力作用下一支稳定的大型的水平环流，无论是在横流方向或是在顺流（或逆流）方向上，即使受到一种最简单的单一谐波力的扰动作用时，它所做出响应的复杂性也是超出人们的想象。它一方面产生出波长、频率皆与扰动力波相同的单频复合强迫波；另外还产生出波长与扰动力波相同、频率则与扰动力不同频率的两种双频复合自由波:和频复合自由波和差频复合自由波。初始环流(U_0)本身也以地转频率进行自由振动。很显然,这是一个极其混乱的不稳定的波动阶段。

二、快波与慢波

由于单频复合强迫波的波长、频率皆与扰动力波相同。因此,单频复合强迫波的移动速度永远与扰动力波相同。对于双频复合自由波而言,其和频复合自由波为快波,差频复合自由波为慢波。对于快波,周期为 $T_1=\frac{2\pi}{\omega_1}=\frac{2\pi}{(kU_0+f)}$,其周期要小于地转周期;其波速为 $C_1=\frac{\lambda}{\omega_1}=\frac{\lambda}{2\pi}(kU_0+f)$。对于慢波,周期为 $T_2=\frac{2\pi}{\omega_2}=\frac{2\pi}{(kU_0-f)}$,其周期要远大于地转周期;其波速为 $C_2=\frac{\lambda}{\omega_2}=\frac{\lambda}{2\pi}(kU_0-f)$。对于差频复合自由波而言,它的传播速度完全取于惯性频率(kU_0)与地转频率(f)两者差值的大小。如果惯性频率与地转频率两者相同,该差频复合自由波就变成静止不动的静止波;特别是,若惯性频率小于地转频率,该差频复合自由波就变成反方向传播的反向波。书中还给出了反向波的判别标准。

三、共振响应

在现实自然界中,作用于水平环流的扰动力(如风暴)决不会是一个简单的单频谐波力。如果对之进行 Fourier 分析就会发现,任何扰动力(如风暴)都是由无数多频率的谐波所组成。但是,水平环流只对其中的扰动频率与环流的固有振动频率相同或相近的扰动分力的作用才会给予最为强烈的响应,称为共振响应。本书的研究显示,水平环流的共振响应频率有两个:一是 $\sigma_r=kU_0+\sqrt{f^2-\mu^2}$,二是 $\sigma_r=kU_0-\sqrt{f^2-\mu^2}$。这表明,海洋中任何一支稳定的水平环流。如黑潮,湾流等大尺度的稳定环流,当它们受到风暴的扰动(力)作用时,不管该风暴是作用于其横流方向上,或是作用于其顺(逆)流方向上,它们表现出最为强烈的自由波动只有两种:一种是与和频自由波共振的快波,另一种与差频自由波共振的慢波。需特别指出:慢波的传播速度会非常缓慢,有时可能是静止不动的静止波,甚至也可能是逆流而上、反方向缓慢移动的反向波。由此可知,当风暴作用在黑潮、湾流的中部区域时,风暴作用中的一小部分能量能够以快于风暴移动速度而提前到达其下游;另有一小部分作用的能量将会以非常缓慢的速度向前移动,甚至会停留在原地(静止波),甚至会以非常缓慢的速度向其上游移动(反向波)。风暴作用的大部分能量将与风暴同方向向前移动。

另外,本书的研究结果还表明,当扰动力的周期为无穷大时,即当 $\sigma\to 0$ 时,如果此时的惯性频率(kU_0)与地转频率(f)相接近时,即 $kU_0=\sqrt{f^2-\mu^2}$ 时,在此种情况下的水平环流也能产生出共振响应,共振响应波长为 $\lambda_r = \dfrac{2\pi U_0}{\sqrt{f^2-\mu^2}}$。这项研究结果表明,如果采用人造大尺度的运河输运水,若运河波状弯曲的波长为 $\lambda_r = \dfrac{2\pi U_0}{\sqrt{f^2-\mu^2}}$,该运河的河水流速最大,能量损失最小。这还表明,地形的分布也能产生出强烈的 Rossby 波,即所谓的地形 Rossby 波。

四、Rossby 波的定义

本书认为,所谓 Rossby 波,应是指大气和海洋中的大尺度的稳定的水平环流受到水平方向上的扰动力作用时,在初始阶段,水平环流除产生出一种单频复合强迫波外,还将产生两种双频复合自由波:一是由惯性频率与地转频率两者之和组成的双频复合自由波,是快波;另是由惯性频率与地转频率两者之差所组成的差频复合自由波,是慢波。特别是:当惯性频率与地转频率相等时,慢波就变成停止前进的静止波;当惯性频率少于地转频率时,慢波就变成反方向传播的反向波。所谓 Rossby 波,应该是指其中的振幅随时间 t 呈指数衰减的两种双频复合自由波。

五、形成 Rossby 波的前提条件

由于 Rossby 波是发生在水平环流中的一种特殊的水平面上的自由波,它的发生必须同时具备两个前提条件:一是必须具有一支稳定的大尺度的水平环流(U_0),以使水质点具有惯性恢复力。二是必须有地转偏向力(科氏力)的作用参与,以使水质点具有地转恢复力。两者缺一不可。由此可知,在赤道及其附近,不可能存在 Rossby 波。另外,没有稳定的大尺度的水平环流(U_0)的存在,也是不能出现 Rossby 波。需指出,目前流行的一种观点认为在太平洋中,向东移动的 Kelvin 波在大西洋的西海岸反射后,能够变成西行的 Rossby 波是没有任何理论依据的。因为 Kelvin 波是一种“地转影响下”的单频强迫重力波,其水质点是在垂直方向进行的上下振动;而 Rossby 波是在稳定的大尺度的水平环流中才能出现的一种“地转影响下”的双频复合自由平面波,其振幅是随时间 t 呈指数衰减,其水质点是在水平方向上进行的左右振动的自由波。在这样两种截然不同性质的长波之间是完全没有进行相互转换的可行性条件的。

第六章　海潮动力学理论的研究

第一节　引　言

众所周知,海洋的潮运动现象在海洋学领域是最早被人们所关注和研究的。早在1687年,牛顿就论证了海潮运动是由月球和太阳引潮力的作用所为,并提出著名的平衡潮理论。拉普拉斯又于1775年创立了海潮动力学理论,指出海潮运动是在水平引潮力的驱动作用下所产生的潮波运动。自此以后,海潮动力学研究再无实质性进展。在1868年,开尔文设计出一种进行潮汐预报的调和分析方法,该方法后经众多科学家的努力,成为当今世界各国进行海潮预报的通用方法。但该方法只能进行单(站)点的计算和预报,其效果也不能令人满意,根本无法进行真正的潮位场、潮流场的计算和预报。

在流、浪、潮3个动力学科中,人们一直认为潮汐学在理论和应用实践上是最为成熟的。本书认为,实际情况并非如此。如,依据其海潮的动力潮理论,海潮运动是在水平引潮力的驱动作用下产生的。我们认为,把水平引潮力视为海潮运动的驱动力是不正确的。因为引潮力,不论是水平引潮力或是垂向引潮力,它们的周期和量值大小都是地理纬度的正、余弦函数,在北、南两极地区,它们最主要的全日、半日、1/3日周期的分潮力都全部消失,其量值也最小。然而观测结果表明,全世界所有海洋中海潮运动的周期都是相同的;海潮运动的强弱也与地理纬度无关,最大潮差和潮流反而都是出现在中、高纬度地区。这充分说明水平引潮力和垂向引潮力都不是海潮运动的驱动力。对此,至今也未见有人给出一个明确的解答。也就是说,对于引潮力与海潮运动之间到底是一种什么样的因果关系,至今未见有人给出正确的答案。另外,按照动力学的定义,海潮动力学就是研究海潮运动中的“$F=ma$”。但是,至今也未见有人对月球和太阳两者的引潮力进行过计算,也不知引潮力的量值是多少,周期是多少,引潮力的力学特征是什么样。也就是说,至今仍未见有人对海潮运动中的“F”,即引潮天体的引潮力进行过具体的研究,更未见有人对引潮力与海潮(潮位、潮流)的观测记录之间的因果关系进行过分析研究。所以,至今人们也不知海潮运动的周期是多少,也不知道大潮和小潮发生的判别标准。也就是说,至今未见有人对海潮运动的动力学进行过具体的分析研究。正因为如此,对于哪天是大潮,哪天是小潮,每天的潮周期是多少,这样一些最简单的、最根本的常识性问题,在计算科学高度发达的今天却仍然束手无策,无法给出准确的答案,这不能不引起人们的深思并问一个为什么。也就是说,在流、浪、潮3个动力学科中,唯独在潮汐学中至今未见有人进行具体的“$F = ma$”的动力学研究。究其原因,本书认为有三大障碍阻止了海潮动力学前进的脚步。

一、在海潮运动中引入地转偏向力是重大失误

在经典的潮汐学理论中考虑地转偏向力的理由有三:一是地转偏向力与水平引潮力、水平压强梯度力都是属于同量阶;二是潮周期与地转周期相近;三是潮波为大尺度的空间范围的运动。这3个理由都不能成立。因为地转偏向力是一种对海潮运动不做功的偏向力,水平引潮力和水平压强梯度力都是对海潮运动做功的动力,两者之间有本质上的差别,根本就没有可比性。前面已论证过,地转偏向力考虑与否的判别依据只能是由水质点运动的空间尺度大小所决定,与运动周期的长短无关,也与波长的空间尺度大小无关。因为在 $-2\vec{\Omega} \times \vec{V}$ 中的速度矢量 $\vec{V}$ 是指水质点的水平移动速度,不是波动的传播速度,所以,潮波传播方向的旋转与否,与地转偏向力的作用没有任何关联。严格地讲,认为地转偏向力能够产生旋转波的概念本身就是不正确的。前面已指出,潮波运动中水质点的运动空间被限制在小尺度范围内,特别是在大洋,水质点运动的空间尺度仅为100 m的量级。故在潮波运动方程中完全没有必要考虑地转偏向力的作用。由于在运动方程中引入了地转偏向力,就使得潮波运动方程无法依据合理的边界条件来求得解析解,从而就失去了利用正确的运动函数来准确描述海洋潮运动形态的可靠方法,也无法对海潮运动的形成机制及其运动特征进行正确、深入地分析研究。相反,由于地转偏向力是一种偏向力,它还误导人们设计出了一种在理论上完全错误、实际中也根本不存在的旋转潮波模型以及地转平衡的Kelvin波。总之,地转偏向力的引入,不仅极大地阻碍了海潮动力学的深入研究,还导致海潮运动学的研究和应用严重脱离实际。如,依据潮波旋转理论的计算,在渤海有两个M_2无潮点,一个M_2无潮点位于黄河口海区,另一个位于秦皇岛海区。观测结果表明,这两个M_2无潮点所在海区内的潮差都比较小,称为弱潮区。黄河口海区的潮流比较强,是渤海区的第三大强流区;但秦皇岛海区的潮流很弱,是渤海中两大弱流区之一。在所有文献中都对黄河口海区的潮位潮流特征用旋转波理论予以解释,但对秦皇岛海区的M_2无潮点则避而不谈。

二、没有选用一种正确的标志性引潮力

迄今为止,在对海潮(潮位、潮流)观测资料进行计算分析和预报的工作中,依然是采用一种含有地理纬度(ϕ)项的局地引潮力作为标志性引潮力。由于该引潮力表达式中的地理纬度(ϕ)项不仅影响着引潮力的量值,还影响着引潮力的周期,更无法准确地表征出引潮力(场)的力学特征。举例说明:若令 $\phi = \frac{\pi}{2}$,即在地球的南、北两极地区,该

地区的引潮力不仅量值最小,且引潮力中还没有全日、半日等这些最重要的海潮周期。由于局地引潮力不能准确地表示出引潮力的量值和周期,因此,就导致在海潮的分析计算和预报工作中,就不得不引入若干数学分潮,不仅影响了短期的预报精度,还使中、长期的海潮预报很不准确,也使海潮的分析计算和预报工作变得很复杂。

总之,由于没有选用一种正确的标志性引潮力,就无法准确地计算出引潮力的量值、周期,也就无法正确认识引潮力的力学特征,更无法分析研究其与海潮运动之间真实的因果关系,成为海潮动力学的研究无法深入进行的重要原因之一。

三、没有使用一种能够满足牛顿运动所要求的时间系统

迄今为止,在分析研究海潮运动时所使用的时间系统只有两种:一是以地、日两者相互运动为周期而建立起来的太阳时间系统;二是以地、月两者相互运动为周期而建立起来的太阴时间系统。不难证明,前者仅是分析研究太阳潮运动的牛顿时间系统,后者仅是分析研究太阴潮运动的牛顿时间系统。但是,现实海洋中的潮运动是在太阳和月球两者的引潮力共同作用下所产生的,因此,这两种时间系统都不是用牛顿力学来分析研究海潮运动的牛顿时间系统。也就是说,无论是以太阳时为时间尺度所量度的潮运动,或是以太阴时为时间尺度所量度的潮运动,它们都无法把潮运动表述成一种“简单、确定、有序、可逆的”牛顿运动,只能表述成一种无章可循的异常复杂的混乱性运动,也永远无法展示出海潮运动的真实的(牛顿)运动形态,这是海潮动力学研究无法深入的又一个重要原因,也是海潮的计算和预报工作无法再深入进行的根本原因。

综上所述,由于在潮汐学中人们至今仍然坚持错误的旋转波和 Kelvin 波理论,依然没有选用一种正确的标志性引潮力和采用一种牛顿力学所要求的牛顿时间系统,就使得海潮动力学的研究工作无法深入进行下去,无法了解引潮力与海潮运动之间真实的因果关系,也无法展示出海潮运动真实的(牛顿)运动形态,更无法为海潮运动提供出一种准确、简便、直观的预报方法。

第二节　引潮力

一、引潮力的定义

我们知道,自然界中各个物体之间都具有相互吸引的引力,即万有引力。对于运动天体,如地球和月球,它们之间也同样具有相互吸引的万有引力,但为什么它们却没有吸引在一起呢?这是因为,它们之间相互吸引的万有引力完全变成了使它们能够围绕着其公共质心作圆周运动的向心力。由于地球的质量是月球质量的 81.5 倍,因此,地、

月两天体的公共质心就位于地球的内部,其位置在地球半径的4/5处。准确地说,在地球的万有引力作用下,月球并不是围绕地球作圆周运动,而是围绕地月公共质心作圆周运动;同样,地球在月球的万有引力作用下,也不能静止不动,而是在围绕该公共质心作圆周运动。也就是说,月球能够永不停息地绕着地月质心作圆周运动,是由于地球对月球的万有引力的作用所致;同样,地球能够永不停息地绕着该地月质心作圆周运动,是由于月球对地球的万有引力的作用所致。

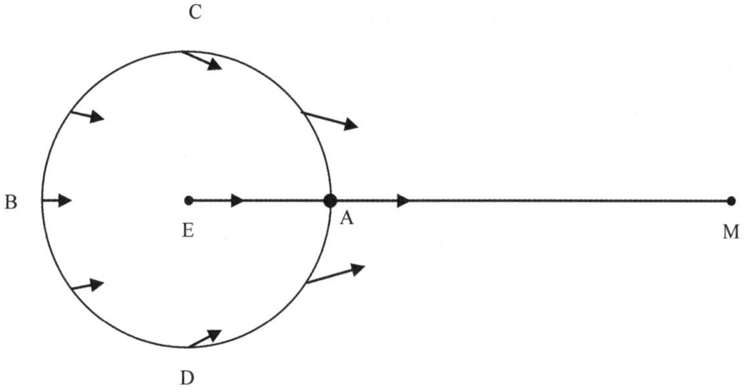

图6.1　月球对地球的万有引力示意图

如图6.1所示,由于地球上不同地点至月球的距离是不相同的,因此,月球对地球上不同地点的万有引力也是不同的。如地球的A点距月球最近,故月球对该点的万有引力最大;B点距月球最远,故月球对该点的万有引力就最小。由于万有引力空间的非均匀分布是以AEB为轴心,完全是球对称分布,因此地球在月球的万有引力作用下以地月公共质心作圆周运动的过程中,完全是一种无自转的公转运动。也就是说,地球上每一点在这种公转运动中所需要的向心力是完全等同的,都与月球对地球中心点处的万有引力完全相同。其结果是,以CED为界,向着月球的半球中,那些距月球距离小于月地中心距离EM的那些点,由于月球的(万有)引力要大于月球对地心的引力,故两力的差值为正,且以A点处两力差值为最大,它们的方向皆指向月球。海水将在这些力的作用下向A点积聚。对于以CED为界而背向月球的半球而言,由于它们距离月球的距离皆大于月地中心距离EM,月球对它们的引力皆小于月球对地心的引力,即小于它们绕地月公共质心作圆周运动所需的向心力,故引力与向心力的差值为负,且以B点处两力的差值为最大,它们的方向皆背向月球。这样,该半球的海水在这些力的作用下将向B点积聚。对这些能够使海水分别向A点、B点积聚运动的力,称为引潮力。这样,就可对引潮力给出一个简洁的定义。所谓引潮力,就是引潮天体(月球、太阳等)对地球上某点的万有引力与该引潮天体对地球中心点处的万有引力两者之间的差值。如图6.2所示,若以$\vec{f}_P$表示月球对地球上单位质量P点的万有引力,$\vec{f}_E$为月球对地球中心单位质量E点的万有引力,那么,月球对P点的引潮力$\vec{f}$则为:

$$\vec{f} = \vec{f}_P - \vec{f}_E = GM\left(\frac{\vec{r}_P}{r_P^3} - \frac{\vec{r}_E}{r_E^3}\right),$$

式中,G 为万有引力系数,M 为月球质量,$\vec{r}_P$ 为月球至 P 点距离,$\vec{r}_E$ 为月球到地心距离。

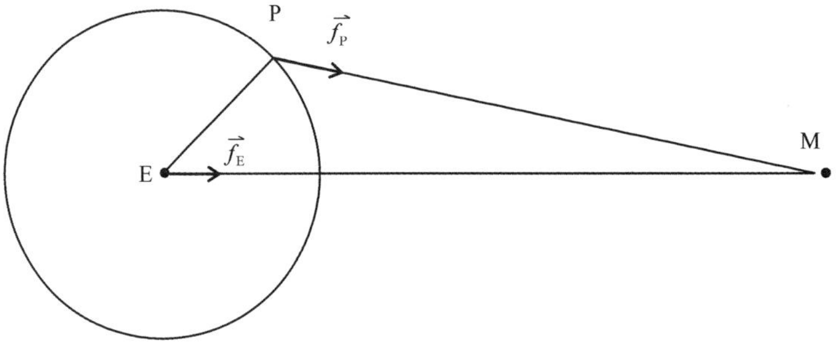

图 6.2　引潮力 $\vec{f}$ 示意图:$\vec{f}=\vec{f}_P-\vec{f}_E$

二、引潮力的空间分布

(一)引潮势

万有引力是有势力,故引潮力亦是有势力,且由引潮力就可求得引潮势的势函数。对引潮势的求法,有关教科书已有介绍,故不详述,现简述如下。

令 θ 为引潮天体的天顶距,R 为地球半径,其引潮势的势函数 ψ 则为:

$$\psi = AR^2\left(\cos^2\theta - \frac{1}{3}\right),$$

式中,$A = \frac{GM}{r^3}$,G 为引力系数,M 为引潮天体的质量,r 为引潮天体至地球中心的距离。为讨论方便起见,令 A 为常数,故上式可写成:

$$\psi = R^2\left(\cos^2\theta - \frac{1}{3}\right) = C \tag{6-2-1}$$

式中,C 为常数。取直角坐标系,Y 轴指向引潮天体,Y 轴与地球表面的交点即为引潮天体的星下点。根据球面坐标,有下列关系式:

$$R^2 = x^2 + y^2 + z^2, \qquad z = R\cos\theta.$$

这样,式(6-2-1)就可写成:

$$z^2 - \frac{1}{3}(x^2 + y^2 + z^2) = C. \tag{6-2-2}$$

下面就依据引潮势函数的表达式(6-2-2)来分析讨论引潮力的空间分布。

(二)引潮势的剖面分布

(1)若令 $C>0$,则有:

$$\frac{1}{3c}x^2 + \frac{1}{3c}y^2 - \frac{2}{3c}z^2 = -1, \tag{6-2-3}$$

式 (6-2-3) 表明等引潮势面为一系列的双叶双曲面(图 6.3)。

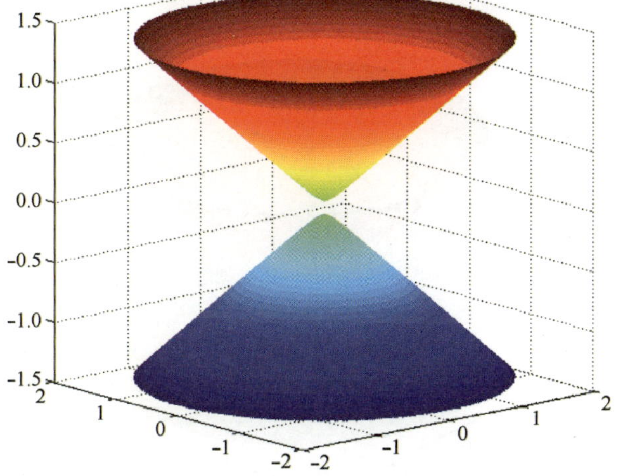

图 6.3 双叶双曲面

(2) 若取 $C=0$,即取 $C=0$ 为 ψ 值的参考面,则有:

$$\cos^2\theta = \frac{1}{3}. \tag{6-2-4}$$

由式 (6-2-4) 可求得 $\theta_1 = 54°44'$, $\theta_2 = 125°16'$。这表明 0 引潮势面是由角 θ_1 和 θ_2 所构成的圆锥面(图 6.4)。

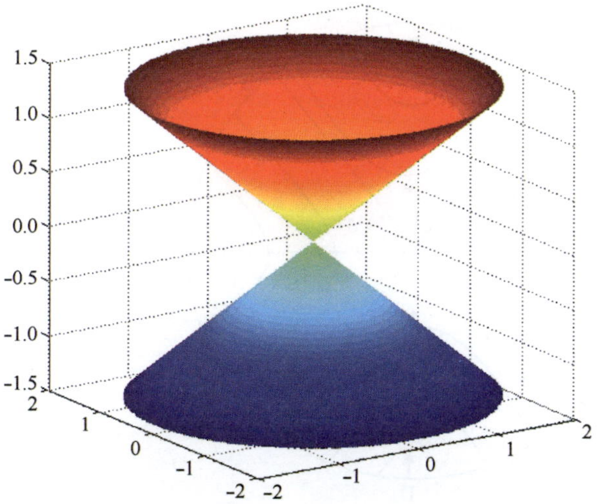

图 6.4 圆锥面

(3)取 $C<0$,则有

$$\frac{1}{3c}x^2+\frac{1}{3c}y^2-\frac{2}{3c}z^2=1. \tag{6-2-5}$$

式(6-2-5)表明等引潮势面为一系列的单叶双曲面(见图 6.5)。

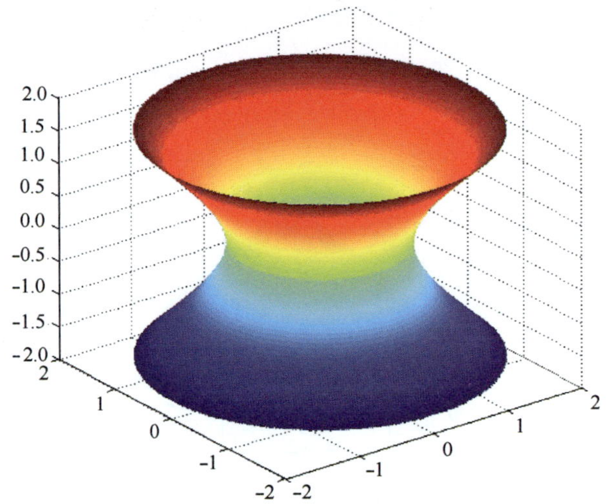

图 6.5 单叶双曲面

(三)引潮力的剖面分布

依据式(6-2-3)、(6-2-4)、(6-2-5),就可绘出引潮势的剖面分布图;再依据该图,就可绘出引潮力的剖面分布图(见图 6.6)。

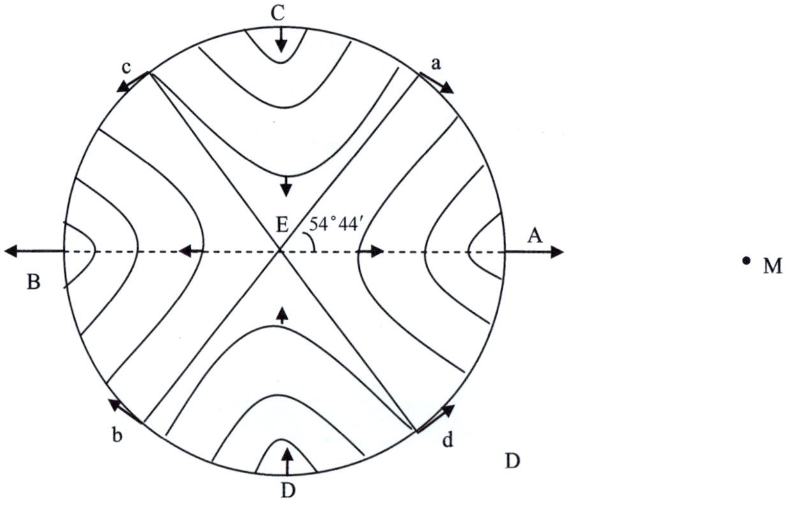

图 6.6 引潮力剖面分布图

图 6.6 中的实线为等引潮势线,箭矢为引潮力。

由图 6.6 可知,地球中心处的引潮力为 0。地心与引潮天体的联线在地面上的交点为 A(即星下点),与其延长线在地面上的交点为 B(即下星下点),AB 两点与地心 E 的联线上的引潮力皆为垂向引潮力,水平引潮力为 0。AE 联线上的引潮力皆背离地心而指向引潮天体,且离地心愈远其值愈大,在 A 点达最大值;BE 联线上的引潮力亦皆背离地心而指向引潮天体的反方向,亦是离地心愈远其值愈大,在 B 点达最大值。由于这些引潮力皆是背离地心,故称之为提拉力。C 和 D 点为引潮天体的方照点,若引潮天体位于地球赤道上空,该两点就是地球的北极和南极点。由图 6.6 可知,其与地心的联线 CE 和 DE 线上的引潮力,也是只有垂向引潮力但与 AE 和 BE 线相反,它们皆指向地心,故称为按压力。对于 aE、bE、cE、dE 4 条联线,它们联线上的引潮力都只有水平分力,分别指向星下点 A 和 B 的联线 AE 和 BE 处,其垂向分力皆为 0。

由引潮力的剖面分布图可知,引潮力分布的特征是:在以 AE 和 BE 为中心线、以 aE、dE 和以 bE、cE 为边线的广大的球面圆锥体区域内,引潮力的作用是使该区域内的所有物质皆背离地心向外运动,引潮力对该区域是一个提拉作用;此外,在以 CE 和 DE 为中心线,以 aE、cE 和以 bE、dE 为边线的广大的球面圆锥体区域内,引潮力的作用是使该区域内的所有物质皆向着地心运动,引潮力对该区域是一个按压作用。需特别指出,引潮力场的“提拉”和“按压”作用区的空间分布是协调一致的。

(四)引潮力的地面分布

假设引潮天体位于赤道上空,此时该引潮天体的引潮力在地球表面上的分布将如图 6.7 所示。在通过北极点 C 和南极点 D 并与引潮天体垂直的子午圈上,所有点的水平引潮力皆为 0,其垂向引潮力皆指向地心,该子午圈也是引潮力作用在两半球的分界线。在以星下点 A 为圆心经过东半球的 a、d 两点的圆周线上,和以下星下点 B 为圆心经过西半球 c、b 两点的圆周线上,它们的垂向分力皆为 0,只有与地面相切并分别指向两星下点的水平分力,该圆周线也是地球表面上的垂向引潮力由负(向下)变正(向上)的分界线。两星下点 A 和 B 两点处引潮力的水平分力皆为 0,只有背离地心的垂向分力,且该两点也是引潮力的最大点。

(五)引潮力作用的整体性

由图 6.6 和图 6.7 就可看出引潮力(场)在整个地球空间上的分布情况。在地心 E 处,引潮力为 0。在面对引潮天体的东半球,以 E 为顶点,以 EA 为中心线,以 Ea 和 Ed 为边线的整个圆锥体内,其垂向引潮力皆为正值,即皆背离地心向上作用,其水平引潮力皆指向中心线 EA。这表明,该区域内的引潮力对区域内的所有物质,皆以 EA 为中心给予向上提拉的作用。同样,在西半球,以 EB 为中心线,以 Eb 和 Ec 为边线的整个圆锥体内,引潮力的作用亦是使位于该区域内的所有物质,皆以 EB 为中心线给予向上提拉的作用。对于其他区域,其垂向引潮力皆为负值,即皆指向地心向下作用,其水平引潮力则以两半球的分界面为界,即以穿越方照点 C 和 D 且与引潮天体相垂直的子午面为

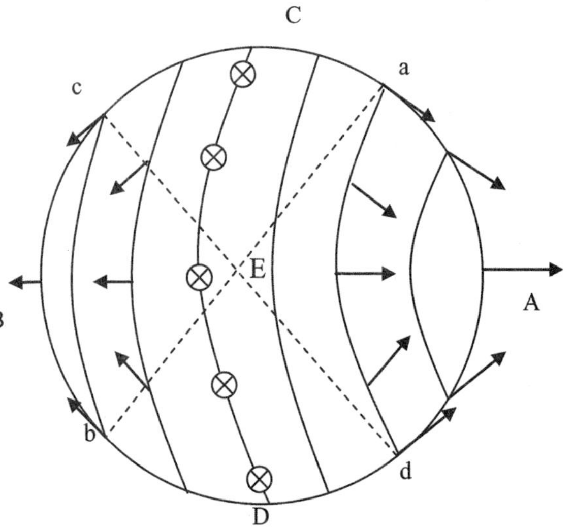

图 6.7　地球表面上引潮力分布示意图

图中⊗表示引潮力指向地心

界,分别指向其中心线 EA 为 EB。这表明,该区域内的引潮力将对其内所有的物质给予向下压缩的作用。从整体上看,引潮力在空间分布上构成了一个完整的作用整体。如果地球完全由等深海洋所覆盖,引潮力又与水体在它作用下所产生的恢复力两者平衡,即引潮力、压强梯度力、重力三者达成平衡,地球将形成如图 6.8 所示的潮汐椭球,即平衡潮。在该潮汐椭球中,两星下点 A、B 之间的联线 AEB 为长轴,穿越方照点 C、D 并与星下点垂直的整个子午圈为短轴。需指出,在潮汐椭球的形成过程中,即在平衡潮的形成过程中,是引潮力场的整体作用结果,即,是所有地点的垂向和水平引潮力共同作用的结果。同样,对处于非平衡状态的潮运动(气潮、海潮、固体潮)而言也是如此,它们也是在引潮力场的整体作用下所产生的一种整体性的潮运动。必须指出,对地球上所有的(气潮、海潮、固体潮)潮运动而言,引潮力(场)仅仅是一种策动力,不是驱动力。由于地球南、北两极地区永远处在引潮力向下的压缩作用之下,这不但有利于该区域的大气、海水、岩浆的下沉运动,也是该区域不发生火山喷发活动的主要原因。

(六)引潮力场中的主体引潮力区

由图 6.6 和图 6.7 可知,除地球中心处引潮力为 0 外,整个地球处处都受到了引潮力的作用。由于地球各点与引潮天体之间的距离的不同,地球每个地点的引潮力量值、方向、周期就皆各不相同,引潮力所产生的作用也不相同。我们可以把引潮力场划分四个区域。把上中天 A 为地球面中心点、以地球中心点 E 为顶点的球面锥体称为 A 区;把下中天 B 为球面中心点、以地球中心点 E 为顶点的球面锥体称为 B 区,A、B 两区的引潮力为向上作用的提拉区。把北方照点 C 为球面中心点、以地球中心点 E 为顶点的面锥体称为 C 区; 把南方照点 D 为球面中心点、以地球中心点 E 为顶点的球面锥体称为 D

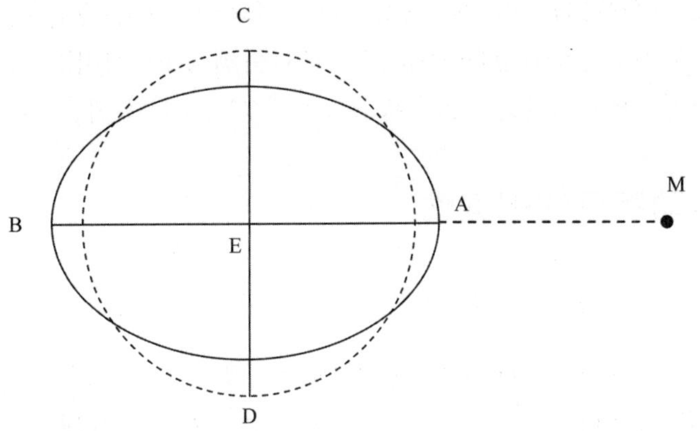

图 6.8　等深海洋覆盖地球时的平衡潮示意图

区,C、D 两区的引潮力为向下作用的压缩区。由于 A 点和 B 点是地球引潮力场中的最大引潮力点,因此 A 区和 B 区就是引潮力场中的最强引潮力区;另外,由于该两区的地理范围是从 54°44′N 到 54°44′S,远远大于 C 区和 D 区。因此,A、B 两区就是地球引潮力场中的起决定性作用的主体引潮力区;A、B 两点的引潮力就成为引潮力场中的标志性引潮力。这也充分表明,以赤道为中心线的低中纬度区的世界大洋的水体是海潮运动能量的主要获取区。

第三节　海潮运动的形成机制

一、世界海洋是一个独立的受迫运动系统

平均水深约 3 704 m、覆盖地球表面积约 70.8%的世界海洋,是一个完全独立的、自主的、受迫潮运动系统;作用于海洋水体上的引潮力仅是一种策动力而不是驱动力;海洋水体在引潮力作用下发生的形变(海面倾斜)所产生的压强梯度力,它既是驱使海水质点产生自由振动的恢复力,也是驱使海水质点产生潮运动的驱动力。

在初始阶段,海水质点将产生两种振动:一是在引潮力作用下所产生的受迫振动,其振动频率与引潮力作用频率相同;二是在恢复力(压强梯度力)作用之下所产生的自由振动,其振动频率与引潮力的作用频率无关。这是一个不稳定的潮运动初始阶段。在摩擦力作用之下,经过若干振动周期之后,海水质点的自由振动就完全消失,只保留受迫振动,此时海洋才能进入了稳定的潮运动状态。也就是说,只有当引潮力所输入的潮能与摩擦力所消耗的能量两者达成平衡时,海潮运动才能进入持久的稳定的运动状态。

由于海洋是一个受迫运动系统,它对引潮力策动作用的响应必然具有相应的被迫性;由于海洋又是一个完全独立的运动系统,它对引潮力策动作用的响应必然又具有相应的自主性。前者,我们就称之为天文潮;后者,则称之为自主潮。下面就分别阐述之。

二、潮运动响应的被迫性

(一)频率响应的完整保存性

众所周知,无论是线性振动系统,或是非线性振动系统,作为一个受迫的振动系统,它对策动力作用的响应必然都具有频率响应的完整保存性。海洋也不例外。即,引潮力中有什么样的作用周期,海潮运动中就有着与之相同的运动周期。也就是说,无论在极地、赤道,也不论在大洋、近海,所有海区都是属于受迫运动系统中的一个有机组成部分,都必然具有相同的潮运动(潮位、潮流)周期,即便拥有“太阳半日潮”之称的南太平洋社会群岛也不能例外。尚需强调指出,海洋潮运动的这种特征,与海洋的岸线,底形分布特征无关。由此可知,Laplace 和 Hough 认为“等深海洋不存在全日潮”的结论是没有理论依据的。需强调指出,全世界所有海区的海潮运动(潮位、潮流)都具有一个完全相同的潮周期,这是一个非常重要的结论。

(二)响应输出的同类性

海洋作为一个受迫运动系统,它对引潮力策动作用的响应就必然还具有响应输出的同类性,即,引潮力的作用有什么样的输入类型,海洋的潮运动就有着与之相同类型的响应输出。如,当引潮天体位于赤道上空时,此期间的引潮力(场)具有正规的半日潮型,在这种正规半日潮型引潮力(场)的作用之下,海洋中的潮运动也必然都具有与之相同的正规半日潮型的响应输出。也就是说,当引潮天体位于赤道上空时,在此期间全世界的所有海洋,包括那些全日潮区在内的所有区域中的潮运动都表现为正规的半日潮型。这种典型的引潮力,称为引潮力Ⅰ型;此期间的潮运动(潮流、潮位),称为Ⅰ型潮运动。同样,当引潮天体偏离赤道很远时,在此期间的引潮力(场)就具有了强烈的周日不等,在这种具有强烈的周日不等型的引潮力作用之下所产生的海潮运动,也必然都具有强烈的周日不等,其中的全日潮区就表现为正规的全日潮。这种典型的引潮力,称为引潮力Ⅱ型;此期间的潮运动(潮流、潮位),称为Ⅱ型潮运动。由于引潮天体总是以赤道为中心而周期性地往返于赤道两侧,其往返周期为回归月。因此,典型引潮力场由Ⅰ型到Ⅱ型,再从Ⅱ型到Ⅰ型,其演变周期就为 1/2 回归月。与此相对应的是,典型的海潮运动场由Ⅰ型演变到Ⅱ型,再从Ⅱ型演变到Ⅰ型,其演变周期亦为 1/2 回归月。

由上述可知,所谓天文潮,是指海潮运动中的对引潮力作用的被迫响应的那一个部分。引潮力的策动作用决定了海潮运动的运动周期、运动类型和运动的强弱。天文潮为世界各海洋所共有。

三、潮运动响应的自主性

海洋作为一个完全独立的受迫运动系统，它对引潮力策动作用的响应就必然具有一定的自主性，主要表现如下。

（一）波长不响应

众所周知，引潮力是一种超距离的非接触性作用力，它对于海洋的潮运动仅是一种为潮运动提供能量的策动力，不是直接驱使海水产生潮运动的驱动力。也就是说，海洋潮运动中水质点运动速度的方向、大小皆与引潮力的方向、大小无关；水质点的振动状态在一个潮周期的中传播的方向和传播距离的长度（波长）也与引潮力波的传播方向和波长两者之间也毫无关联。实际上，任何一个独立的受迫运动系统，它们对策动力作用的响应也都仅限于频率的响应，波长不响应。如，所有的收音机对广播电台无线电波也仅限于频率的响应，波长也不响应。

（二）频率响应的选择性

任何一个没有“滤波装置”的受迫运动系统，它对策动力的所有作用频率虽然都进行全部响应，但决不是无选择地平均响应。由于独立的振动系统都拥有自己的固有振动频率，因此该系统在进行频率响应时，它只对那些与固有振动频率相同或接近的作用频率才能做出最强烈的响应，称为共振响应。对那些远高于固有振动频率的高频作用的响应最轻微，称为微弱响应。对于那些远低于固有振动频率的低频作用将与之进行平衡响应，即引潮力与恢复力两者达成平衡。海洋是一个没有“滤波装置”的受迫运动系统，它对引潮力中所有周期的作用分力虽然也都进行响应，但它只对那些与海洋固有振动周期相同或相近的引潮分力才给予强烈响应。由于引潮力中只有半日和全日两个分（潮）力的周期才与世界大洋的固有振动周期接近，故海洋潮运动就以半日潮和全日潮运动最为强烈。对于那些远大于固有振动周期的年和多年周期的引潮分力作用，就进行平衡响应。由此可见，动力潮与平衡潮两者之间在运动机理上并无本质上的区别。

（三）响应因子的自主性

受迫振动系统的自主性还表现在振幅的增幅因子和周期运动的相位因子皆由振动系统自主决定。尽管海洋潮运动的能量完全来自引潮力的策动作用，但海洋在获取了巨额的潮能之后，如何地把这些潮能进行统一配置、形成一个完整的潮运动场，却完全是由海洋自身的自然条件（地形和水深分布）所决定，与引潮力（场）的策动作用无关。也就是说，在整个海洋中，每一个区域、地点潮差的大小和高低潮位的发生时刻，其潮流流速的大小和流向分布以及其大小流速的发生时刻，都与引潮力（场）的策动作用无关。

（四）响应因子的多样性

当引潮力的作用为正规的半日潮型时，即Ⅰ型引潮力场，此时海洋的潮运动形态最简单,皆表现为正规的半日潮型,即Ⅰ型潮运动场,两者的运动形态完全相一致。但是,当引潮力的作用具有强烈的周日不等型时,即Ⅱ型引潮力场,此时海洋的潮运动就表现出多种多样的运动形态。对潮位而言,大部分地区潮位的周日变化同引潮力一样,表现为强烈的周日不等型,两者形态完全相似,但是,其潮位的周日不等则表现出不同的形态:有的主要表现为高潮高的周日不等,有的则主要表现为低潮高的周日不等,有的区域还表现为正规的全日潮。对于潮流也是如此。更有甚者,该区域的潮位依然是半日潮型,但其潮流则表现为正规的全日潮型。或者,该区域的潮流依然是半日潮型,但其潮位却表现为正规的全日潮型。

(五)响应因子的整体相关性

在引潮力的作用下,世界上每个大洋都依据自身环境条件形成各自不同的潮运动系统,即形成各不相同的潮运动场:潮流场和潮位场。但是,由于潮运动场的整体性,每个大洋、每个海区的响应因子的空间分布都不是随意的,它们都服从于潮运动场的整体需求,即,每个大洋、每个海区潮运动场的响应因子,在空间分布上都具有紧密的整体相关性。

由上述可知,所谓自主潮,顾名思义,就是世界各海域依据其自然条件自主决定了海潮运动的具体的运动形态(海潮运动),以及其中每个点的海潮运动元素。自主潮为世界各海域所独有。

以上理论是否正确,首先利用相关的数学模型,依合理的初始、边界条件求其解析解,先让求解结果予以检验。最后,再用实践结果作为最终的检验标准。

第四节 无界海洋中的潮运动

本书旨在利用准确的解析解的结果来客观地描述海洋对于引潮力作用的反应情况,探讨海洋潮运动的形成机制,并让求解结果来揭示出海洋潮运动的基本运动规律和运动特征。因此,就采用了一维潮波强迫阻尼振动这样一种简单的数学模型。为了研究方便,又作了若干的简化。如,取直角坐标系,假设海洋密度均匀、等深、水平流速上下均匀、对摩擦力取线性形式。研究结果表明,尽管作了上述简化,对本书所欲论述的问题并无实质性影响。

一、运动方程的建立与求解

假设有一无界海洋,其(单位质量质点的)一维潮波强迫阻尼振动的运动方程和连续方程为:

$$\frac{\partial u}{\partial t} + 2\mu u + g\frac{\partial \zeta}{\partial x} = F_0\cos(\sigma t - kx), \qquad (6-4-1)$$

$$\frac{\partial \zeta}{\partial t} + h\frac{\partial u}{\partial x} = 0. \tag{6-4-2}$$

其初始条件为：

$$t = 0, \quad u = \zeta = 0, \tag{6-4-3}$$

式中，水平运动速度，ζ 为潮波振幅，g 为重力加速度；μ 为摩擦系数，取为常量；h 为水深，取为常量。$F_0\cos(\sigma t - kx)$ 为作用于单位质量水体上的水平引潮力，是策动力，σ 为引潮力的圆频率，k 为其波数。$g\dfrac{\partial \zeta}{\partial x}$ 是作用于单位质量水体上的水平压强梯度力，是驱动力，也是恢复力。

所得到的解是：

$$u = \frac{\sigma F_0}{\sqrt{(\sigma^2 - c^2k^2)^2 + 4\mu^2\sigma^2}}\Big\{\sin(\sigma t - kx + \beta) + e^{-\mu t}\sin(\omega t + kx - \beta) - e^{-\mu t}\left[\cos(kx - \beta) + \frac{\mu}{\omega}\sin(kx - \beta) + \frac{c^2k^2}{\sigma\omega}\cos(kx - \beta)\right]\sin\omega t\Big\}, \tag{6-4-4}$$

$$\zeta = \frac{khF_0}{\sqrt{(\sigma^2 - c^2k^2)^2 + 4\mu^2\sigma^2}}\Big\{\sin(\sigma t - kx + \beta) - e^{-\mu t}\frac{\sigma}{ck}\sin(\omega t + kx - \beta - \varepsilon) + e^{-\mu t}\left[\sin(kx - \beta) + \frac{\sigma}{ck}\sin(kx - \beta - \varepsilon)\right]\cos\omega t + e^{-\mu t}\left[\frac{\mu}{\omega}\sin(kx - \beta) + \left(1 + \frac{\mu^2}{\omega^2}\right)^{\frac{1}{2}}\frac{\sigma}{ck}\sin(kx - \beta - \varepsilon)\right]\sin\omega t\Big\}. \tag{6-4-5}$$

式中，水质点的自由潮振动频率，且 $\omega^2 = c^2k^2 - \mu^2$，$c = \sqrt{gh}$ 为潮波波速，ε为自由潮振动的初位相，β 为天文潮的初位相。β 值的大小，决定着引潮力对海洋输入功率的多少。

$$\varepsilon = \mathrm{tg}^{-1}\frac{\mu}{\omega}, \beta = \mathrm{tg}^{-1}\frac{2\mu\sigma}{\sigma^2 - c^2k^2}.$$

不难看出，式(6-4-4)和(6-4-5)是方程组的非稳定解。当 $t\to\infty$ 时，则获得其稳定解：

$$u = \frac{\sigma F_0}{\sqrt{(\sigma^2 - c^2k^2)^2 + 4\mu^2\sigma^2}}\sin(\sigma t - kx + \beta), \tag{6-4-6}$$

$$\zeta = \frac{khF_0}{\sqrt{(\sigma^2 - c^2k^2)^2 + 4\mu^2\sigma^2}}\sin(\sigma t - kx + \beta). \tag{6-4-7}$$

由于式(6-4-6)和(6-4-7)所表达的海潮运动只与引潮力的直接作用有关，因此式(6-4-6)和(6-4-7)就是天文潮的表达式。由式(6-4-6)可知，天文潮的潮流与引潮力(F_0)的量值成正比，与引潮力的周期成反比；天文潮的潮位与引潮力(F_0)的量值和大洋水深(h)成正比，与其波长成反比。这表明，大洋中天文潮的潮流可能很小，但其潮位却比较显著。

二、求解结果分析与讨论

由于无界海洋是一个完全开放的潮运动系统，它所接受的潮能皆即时地无保留地传播出去，无法形成独立的潮运动场，因此，无界海洋的潮运动形态很简单，其 u 与 ζ 皆为单一的进行波，且其波长、初位相皆相同。由于无界海洋的潮运动完全是在引潮力直接策动作用下所产生，海洋没有形成自主独立的潮运动系统。因此，对这种完全由引潮力的直接作用所形成的潮运动，我们就称为天文潮。对天文潮的结果进行分析讨论，不仅能够阐明天文潮运动的形成机制，还可获得海潮运动的若干重要信息。

（一）频率响应的完全保存性

由式（6-4-4）和（6-4-5）可知，在受到引潮力作用的初始阶段，海水质点将产生两种振动：一是在引潮力直接作用下所产生的受迫振动，另是在恢复力作用下所产生的自由振动。由于水质点的自由振动得不到引潮力的能量支持，在摩擦力的作用之下，其振幅随时间 t 呈指数衰减，故经过若干周期之后，自由振动就完全消失。受迫振动是在引潮力直接强迫作用下所产生的，它永远都得到了引潮力的能量支持，所以水质点的受迫运动就永远保存下去。需强调指出：频率响应的完全保存性这一结论，不仅适用于线性运动系统，也同样适用于非线性运动系统。而且，对于世界上所有海洋中的潮运动而言，引潮力中有什么样的天文周期，海潮运动就有与之相同的运动周期，决无例外。由此可见，Laplace 和 Hough 认为等深海洋不存在全日潮的结论是没有理论依据的。

（二）潮能的输入与消耗

在机械运动中，当作用力与摩擦力相平衡时，物体才能保持稳定的运动状态。然而，在受迫振动系统中，则只有当策动力所输送给该振动系统的周期平均功率与该系统本身由于摩擦力作用所消耗的周期平均功率相平衡时，该系统才能保持稳定的受迫振动状态。对此，我们可以借助于式（6-4-6）进行证明。

若以 W 表示引潮力在 1 个周期内所输送给单位质量海水的平均功率，以 W' 表示其在一个周期内由于摩擦力作用所消耗的平均功率，以“〈 〉”表示周期平均，则有

$$W = \langle F \cdot u \rangle = \frac{1}{2} \frac{\sigma f_0^2}{\sqrt{(\sigma^2 - c^2k^2)^2 + 4\mu^2\sigma^2}} \sin\beta, \tag{6-4-8}$$

以及

$$W' = \langle 2\mu u \cdot u \rangle = \frac{1}{2} \frac{\sigma f_0^2}{\sqrt{(\sigma^2 - c^2k^2)^2 + 4\mu^2\sigma^2}} \sin\beta. \tag{6-4-9}$$

因为 $W=W'$，故上述结论得到证明。这表明，如果把世界海洋的潮运动作为一个独立的稳定的受迫振动系统，那么，在稳定状态下，引潮力所输送海洋水体的潮能，必然恰与其摩擦力所消耗的潮能相平衡。由式（6-4-8）和（6-4-9）可以得出以下结论。

(1)由式(6-4-8)可知,引潮力输送给海洋功率的大小,除与引潮力 F_0值的大小有关外,更与天文潮初位相β值的大小有关。因为 $\beta = \text{tg}^{-1}\dfrac{2\mu\sigma}{\sigma^2 - c^2k^2}$,所以,当 $\sigma \ll ck$ 或 $\sigma \gg ck$ 时,则 $\beta \doteq 0$,故 $W \doteq 0$。不难证明,当 $\sigma \ll ck$ 或 $\sigma \gg ck$ 时,即当引潮力频率远远小于水质点的固有振动频率,即当引潮力周期远远大于水质点的固有振动周期时;或当引潮力频率远远大于水质点的固有振动频率,即当引潮力周期远远小于水质点的固有振动周期时,这两种情况都表明引潮力在 1/2 潮周期内对水质点做正功,而在另外 1/2 周期内则做负功,故其周期平均输入功率皆为 0。而当 $\sigma = ck$ 时,则 $\beta = \dfrac{\pi}{2}$,表明此时的输入功率达最大值,且 $W_{\max} = \dfrac{f_0^2}{4\mu}$。实际上,当 $\sigma = ck$,即当 $\sigma = \sqrt{\omega^2 + \mu^2}$ (引潮力频率与水质点固有振动频率相接近时),此时引潮力在 1 个潮周期内永远对水质点做正功,故其输入的功率最大,这就是共振潮产生的原因所在。但无论怎样,在稳定的潮运动中,引潮力在 1 个潮周期内对海洋水体所输入的潮能必定被其摩擦力所消耗的潮能所平衡。

(2)潮能输入的无限性。迄今为止,所有在计算潮能的输入和消耗时,所选用水质点的运动速度皆仅限于潮流的流速,本书的式(6-4-8)和式(6-4-9)也是如此。但是,在物理学中的功率计算公式中,并没有限定计算式中的速度必须是作用力 F 所为。同样,在式(6-4-8)和式(6-4-9)中所采用水质点速度 u 也不应仅限于潮流流速,也应包括其他非引潮力作用所产生的速度在内。也就是说,我们在计算引潮力对海洋水体的运动所输入的功率时,还应把引潮力对非潮流流速所输入的功率包括在内。在现实海洋中,各式各样的速度场是无限的,因此,引潮力对海洋所输入的潮能也是无限的。需指出:引潮力对于大洋环流,特别是对赤道和低纬度区大洋环流的作用是相当强烈的,是不能忽视的。

(3)关于动能与位能的输入。由式(6-4-6)和(6-4-7)可知,潮流(u)和潮位(ζ)共同之处是它们皆与引潮力(F_0)的大小成正比关系。不同之处是潮流的量值大小与引潮力周期成反比关系。这表明半日潮的流速要大于全日潮的流速。潮位的量值大小与大洋水深成正比,与潮波波长成反比。这表明,大洋水深愈深,其所获得的位能就愈大,且,其半日潮波的位能要大于全日潮波的位能。由此可知,大洋中的潮流流速尽管是很微弱的,但其潮位将会是较显著的,且半日潮要强于全日潮。由于 u 与 ζ 皆为正弦进行波,且其波长与初位相皆相同,这表明天文潮中的动能与位能传播是同步进行的,它们之间是相互独立的,不存在相互转换关系。

(三)频率响应的选择性

由式(6-4-6)和式(6-4-7)可知,潮流(u)和潮位(ζ)振幅大小与引潮力 F_0值的大小成正比,而且,若 $F_0=0$,则 $u = \zeta = 0$。这表明,引潮力中有什么样天文周期的作用力,海洋潮运动中就必然有与之相同的运动周期,且引潮力的力幅愈大,该天文潮就愈强烈。另外,由式(6-4-6)和式(6-4-7)还可看出,u 和 ζ 值大小还与 $\sqrt{(\sigma^2 - c^2k^2)^2 + 4\mu^2\sigma^2}$ 值的大小成反比。因为 $c^2k^2 = \omega^2 + \mu^2$,所以 u 和 ζ 值的大小就与 $\sigma^2 - (\omega^2 + \mu^2)$ 值的大小成反比,即与引潮力的频率 σ 与水质点的固有振动频率 ω 两者差值的大小成反比。由此可知,在海洋的潮运动中,尽管其运动周期是与引潮力的作用周期保持完全相同,但其对引潮力不同的作用周期所作出的响应程度是不相同的,是有选择性的。图 6.9 和图 6.10 给出的是 u 和 ζ 的振幅随不同 σ 值的分布图。

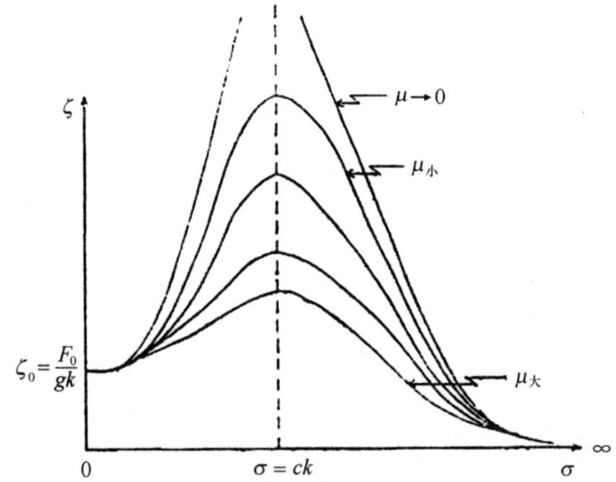

图 6.9　潮位 ζ 的响应函数

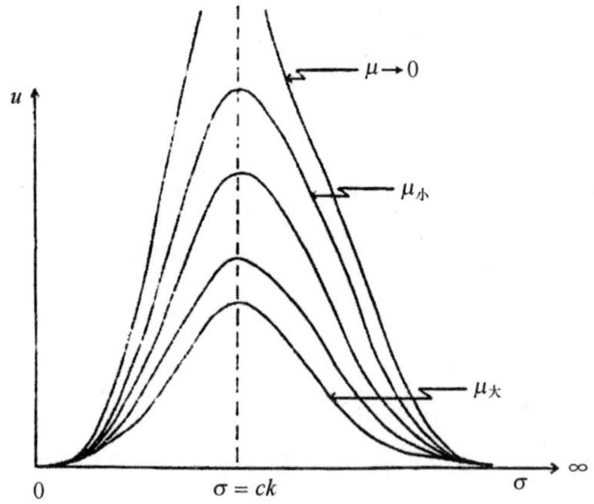

图 6.10　潮位 u 的响应函数

由图 6.9 和图 6.10 可知,海洋水(质点)体对于引潮力作用的响应,可有以下 3 种情况。

(1)平衡响应。当$\sigma \to 0$,或$\sigma \ll ck$时,则$u \doteq 0$,$\zeta \doteq \frac{F_0}{gk}$。这表明,当引潮力的作用周期无限大时,或引潮力的作用周期远大于水质点的固有振动周期时,在此种情况下,水平引潮力与水平压强梯度力达成平衡,即,引潮力与海面形变所产生的恢复力达成平衡,也就是引潮力、压强梯度力、重力三者达成平衡。这种响应称为平衡响应,这种潮称为平衡潮。需指出,这个结果有普遍意义,不仅适用于海潮运动,也适用于其他的潮运动。另外,在调和法中,分析研究中、长期的水位是有意义的,分析研究中长期的潮流是毫无意义的。

(2)共振响应。当$\sigma = ck$,或$\sigma = \sqrt{\omega^2 + \mu^2}$时,则$u$和$\zeta$的振幅有最大值,且$|u| = \frac{F_0}{2\mu}$,$|\zeta| = \frac{F_0}{2\mu}\sqrt{\frac{h}{g}}$。这表明,当引潮力的作用周期与水质点的固有振动周期相接近时(其接近程度取决于摩擦力的大小),海洋对引潮力作用的反应最为强烈,称为共振响应。这种潮称为共振潮。由于全日和半日潮周期与海洋的固有振动周期相近,故天文潮中的全日、半日潮最为强烈。

(3)微弱响应。当$\sigma \to \infty$,或$\sigma \gg ck$时,即$\sigma \gg \sqrt{\omega^2 + \mu^2}$时,则$u \doteq 0$,$\zeta \doteq 0$。这表明,当引潮力周期无限小时,或引潮力周期远小于水质点的固有振动周期时,水质点对于这种快速的短周期引潮力的作用几乎没有什么反应,称为微弱响应,或称无潮运动。对于实际海洋,这种情况并不存在。

(四)平衡潮与动力潮

迄今为止,潮汐学中一直存在着平衡与动力潮两种理论。但从海洋对引潮力作用的响应结果分析可知,平衡潮与动力潮之间在理论上并无本质上的差别,它们只是各自描述了海洋对引潮力不同的作用频率所做出的不同响应状态而已。平衡潮所描述的是平衡响应的状态,它只适用于描述那些长周期引潮力对海洋的作用形态。在平衡潮的范畴内,只有潮位,潮流流速为0。动力潮适用范围广泛,它适用描述短、中期引潮力对海洋的作用状态,因而与现实海洋的潮运动状况相吻合。但需指出,分析研究潮位的中、长周期分潮是有意义的,研究潮流的中、长周期分潮是无意义的。

(五)波长不响应

所谓波长是指水质点的振动状态在1个周期内在空间上所传播的距离。在海洋中,潮波在1个周期内所传播的距离与周期、重力、水深成正比($\lambda = T\sqrt{gh}$),与引潮力波的波长无关。即使在无界海洋中,即在纯天文潮中,其对引潮力作用的响应也仅限于频率的响应,波长不响应。这也显示出海潮运动的独特性,充分说明引潮力仅仅是一种策动力,不是驱动力。

(六)关于潮波的属性

由式(6-4-6)、(6-4-7)可知,u与ζ皆为单一的正弦进行波,且其波长、初位相也皆相同。尽管如此,也不能就认为潮波是一种简单的重力波。首先指出,潮波中使水质点产生垂向运动的驱动力(恢复力)并不是重力,是重力与垂向压强梯度力两者的合力。就潮波中水质点的垂向运动而言,它与潮波的传播方向垂直,故为横波。但是,就其水质点的水平方向运动而言,水平压强梯度力又与潮波的传播方向相同,故又为纵波。由此可知,既不能仅以水质点的垂向运动就判断潮波为横波,也不能仅以水质点的水平运动就判断潮波为纵波,它应该是横波、纵波两者兼而有之的混合波。实际上,潮波的位能(ζ)是以横波形式传播的,潮波的动能(u)是以纵波形式传播的,它们之间是相互独立且不能相互转换的。

(七)潮流与潮位之间的关系

在海潮运动中,潮流(u)和潮位(ζ)之间的关系,既互为因果,又相互有别。对于潮流而言,水质点水平运动的作用力是海面倾斜所产生的水平压强梯度力,因此,潮差(ζ)愈大,即水平压强梯度力愈大,流速就愈强,大潮差与大流速密切相连。故,潮位是因,潮流是果。对于潮位而言,水质点的垂向运动的作用力是重力与垂向压强梯度力两者的合力,因此,水位的升降就取决于水柱体流速散度($h\dfrac{\partial u}{\partial x}$)值的正负,即,取决于流场的辐合与辐散,且,散度值愈强,潮差值就愈大。故,潮流的散度是因,潮位的升降是果。正因如此,在某些区域会出现潮流、潮位不同类型的矛盾情况:潮流依然是半日潮型,但潮位却变成全日潮型;或相反,潮位依然是半日潮型,但潮流却变成全日潮型。

(八)天文潮的特征

由式(6-4-6)、(6-4-7)可知,天文潮是海洋水体在引潮力的直接策动作用下所产生的海潮运动,它是海洋在引潮力作用下被迫性响应的部分。它决定了海潮运动的周期、强弱、类型,天文潮的增幅因子和相位因子皆与空间位置(x)无关,这表明天文潮为世界海洋所共有。天文潮的潮龄除了潮运动本身要滞后引潮力 1/4 周期外,还与天文潮的初位相β值有关。我们的实践结果表明,潮龄为 1 天,即今天的潮运动是昨天的引潮力的作用所为。

第五节　封闭海洋中的潮运动

一、方程的建立与求解

假设有一封闭海洋,其一维潮波强迫阻尼振动的运动方程和连续方程为:

$$\frac{\partial u}{\partial t}+\mu u+g\frac{\partial \zeta}{\partial x}=F_0\cos(\sigma t-kx), \qquad (6\text{-}5\text{-}1)$$

$$\frac{\partial \zeta}{\partial t}+h\frac{\partial u}{\partial x}=0. \tag{6-5-2}$$

边界条件为：

$$x=0,u=0;x=l,u=0. \tag{6-5-3}$$

根据边界条件，所得到的解是

$$\begin{aligned}
u=&\frac{\mu\sigma^2F_0}{(\sigma^2-c^2k^2)^2+\mu^2\sigma^2}\{\cos(\sigma t-kx)-\mathrm{e}^{-\alpha_2x}\cos(\sigma t-\alpha_1x)-\\
&\frac{\mathrm{sh}\alpha_2x\mathrm{sh}\alpha_2l\cos\alpha_1x\cos\alpha_1l+\mathrm{ch}\alpha_2x\mathrm{ch}\alpha_2l\sin\alpha_1x\sin\alpha_1l}{\mathrm{sh}^2\alpha_2l\cos^2\alpha_1l+\mathrm{ch}^2\alpha_2l\sin^2\alpha_1l}\times\\
&[\cos(\sigma t-kl)-\mathrm{e}^{-\alpha_2l}\cos(\sigma t-\alpha_1l)]+\\
&\frac{\mathrm{ch}\alpha_2x\mathrm{sh}\alpha_2l\sin\alpha_1x\cos\alpha_1l-\mathrm{sh}\alpha_2x\mathrm{ch}\alpha_2l\cos\alpha_1x\sin\alpha_1l}{\mathrm{sh}^2\alpha_2l\cos^2\alpha_1l+\mathrm{ch}^2\alpha_2l\sin^2\alpha_1l}\times\\
&[\sin(\sigma t-kl)-\mathrm{e}^{-\alpha_2l}\sin(\sigma t-\alpha_1l)]\}+\\
&\frac{\sigma(\sigma^2-c^2k^2)F_0}{(\sigma^2-c^2k^2)^2+\mu^2\sigma^2}\{\sin(\sigma t-kx)-\mathrm{e}^{-\alpha_2x}\sin(\sigma t-\alpha_1x)-\\
&\frac{\mathrm{sh}\alpha_2x\mathrm{sh}\alpha_2l\cos\alpha_1x\cos\alpha_1l+\mathrm{ch}\alpha_2x\mathrm{ch}\alpha_2l\sin\alpha_1x\sin\alpha_1l}{\mathrm{sh}^2\alpha_2l\cos^2\alpha_1l+\mathrm{ch}^2\alpha_2l\sin^2\alpha_1l}\times\\
&[\sin(\sigma t-kl)-\mathrm{e}^{-\alpha_2l}\sin(\sigma t-\alpha_1l)]+\\
&\frac{\mathrm{ch}\alpha_2x\mathrm{sh}\alpha_2l\sin\alpha_1x\cos\alpha_1l-\mathrm{sh}\alpha_2x\mathrm{ch}\alpha_2l\cos\alpha_1x\sin\alpha_1l}{\mathrm{sh}^2\alpha_2l\cos^2\alpha_1l+\mathrm{ch}^2\alpha_2l\sin^2\alpha_1l}\times\\
&[\cos(\sigma t-kl)-\mathrm{e}^{-\alpha_2l}\cos(\sigma t-\alpha_1l)]\},
\end{aligned} \tag{6-5-4}$$

$$\begin{aligned}
\zeta=&\frac{\mu\sigma hF_0}{(\sigma^2-c^2k^2)^2+\mu^2\sigma^2}\{k\cos(\sigma t-kx)-\\
&\alpha_1\mathrm{e}^{-\alpha_2x}\cos(\sigma t-\alpha_1x)-\alpha_2\mathrm{e}^{-\alpha_2x}\sin(\sigma t-\alpha_1x)-\\
&\alpha_2\frac{\mathrm{ch}\alpha_2x\mathrm{sh}\alpha_2l\cos\alpha_1x\cos\alpha_1l+\mathrm{sh}\alpha_2x\mathrm{ch}\alpha_2l\sin\alpha_1x\sin\alpha_1l}{\mathrm{sh}^2\alpha_2l\cos^2\alpha_1l+\mathrm{ch}^2\alpha_2l\sin^2\alpha_1l}\times\\
&[\sin(\sigma t-kl)-\mathrm{e}^{-\alpha_2l}\sin(\sigma t-\alpha_1l)]+\\
&\alpha_2\frac{\mathrm{sh}\alpha_2x\mathrm{sh}\alpha_2l\sin\alpha_1x\cos\alpha_1l-\mathrm{ch}\alpha_2x\mathrm{ch}\alpha_2l\cos\alpha_1x\sin\alpha_1l}{\mathrm{sh}^2\alpha_2l\cos^2\alpha_1l+\mathrm{ch}^2\alpha_2l\sin^2\alpha_1l}\times\\
&[\cos(\sigma t-kl)-\mathrm{e}^{-\alpha_2l}\cos(\sigma t-\alpha_1l)]+\\
&\alpha_1\frac{\mathrm{sh}\alpha_2x\mathrm{sh}\alpha_2l\sin\alpha_1x\cos\alpha_1l-\mathrm{ch}\alpha_2x\mathrm{ch}\alpha_2l\cos\alpha_1x\sin\alpha_1l}{\mathrm{sh}^2\alpha_2l\cos^2\alpha_1l+\mathrm{ch}^2\alpha_2l\sin^2\alpha_1l}\times\\
&[\sin(\sigma t-kl)-\mathrm{e}^{-\alpha_2l}\sin(\sigma t-\alpha_1l)]-\\
&\alpha_1\frac{\mathrm{ch}\alpha_2x\mathrm{sh}\alpha_2l\cos\alpha_1x\cos\alpha_1l+\mathrm{sh}\alpha_2x\mathrm{ch}\alpha_2l\sin\alpha_1x\sin\alpha_1l}{\mathrm{sh}^2\alpha_2l\cos^2\alpha_1l+\mathrm{ch}^2\alpha_2l\sin^2\alpha_1l}\times
\end{aligned}$$

$$[\cos(\sigma t - kl) - e^{-\alpha_2 l}\cos(\sigma t - \alpha_1 l)]\} +$$
$$\frac{(\sigma^2 - c^2k^2)F_0}{(\sigma^2 - c^2k^2)^2 + \mu^2\sigma^2}\{k\sin(\sigma t - kx) -$$
$$\alpha_1 e^{-\alpha_2 x}\sin(\sigma t - \alpha_1 x) + \alpha_2 e^{-\alpha_2 x}\cos(\sigma t - \alpha_1 x) -$$
$$\alpha_2\frac{\mathrm{ch}\alpha_2 x\mathrm{sh}\alpha_2 l\cos\alpha_1 x\cos\alpha_1 l + \mathrm{sh}\alpha_2 x\mathrm{ch}\alpha_2 l\sin\alpha_1 x\sin\alpha_1 l}{\mathrm{sh}^2\alpha_2 l\cos^2\alpha_1 l + \mathrm{ch}^2\alpha_2 l\sin^2\alpha_1 l}\times$$
$$[\cos(\sigma t - kl) - e^{-\alpha_2 l}\cos(\sigma t - \alpha_1 l)] +$$
$$\alpha_2\frac{\mathrm{sh}\alpha_2 x\mathrm{sh}\alpha_2 l\sin\alpha_1 x\cos\alpha_1 l - \mathrm{ch}\alpha_2 x\mathrm{ch}\alpha_2 l\cos\alpha_1 x\sin\alpha_1 l}{\mathrm{sh}^2\alpha_2 l\cos^2\alpha_1 l + \mathrm{ch}^2\alpha_2 l\sin^2\alpha_1 l}\times$$
$$[\sin(\sigma t - kl) - e^{-\alpha_2 l}\sin(\sigma t - \alpha_1 l)] +$$
$$\alpha_1\frac{\mathrm{sh}\alpha_2 x\mathrm{sh}\alpha_2 l\sin\alpha_1 x\cos\alpha_1 l - \mathrm{ch}\alpha_2 x\mathrm{ch}\alpha_2 l\cos\alpha_1 x\sin\alpha_1 l}{\mathrm{sh}^2\alpha_2 l\cos^2\alpha_1 l + \mathrm{ch}^2\alpha_2 l\sin^2\alpha_1 l}\times$$
$$[\cos(\sigma t - kl) - e^{-\alpha_2 l}\cos(\sigma t - \alpha_1 l)] -$$
$$\alpha_1\frac{\mathrm{ch}\alpha_2 x\mathrm{sh}\alpha_2 l\cos\alpha_1 x\cos\alpha_1 l + \mathrm{sh}\alpha_2 x\mathrm{ch}\alpha_2 l\sin\alpha_1 x\sin\alpha_1 l}{\mathrm{sh}^2\alpha_2 l\cos^2\alpha_1 l + \mathrm{ch}^2\alpha_2 l\sin^2\alpha_1 l}\times$$
$$[\sin(\sigma t - kl) - e^{-\alpha_2 l}\sin(\sigma t - \alpha_1 l)]\}. \qquad (6\text{-}5\text{-}5)$$

把式(6-5-4)和(6-5-5)再整理一下,则成为:

$$u = \frac{\sigma F_0}{\sqrt{(\sigma^2 - c^2k^2)^2 + \mu^2\sigma^2}}\times$$
$$\left\{M_x\sin(\sigma t - K_m x + \beta) - M_l\sqrt{\frac{A_x}{A_l}}\sin(\sigma t - K_m l + \beta + p_x - p_l)\right\}, \qquad (6\text{-}5\text{-}6)$$
$$\zeta = \frac{hF_0}{\sqrt{(\sigma^2 - c^2k^2)^2 + \mu^2\sigma^2}}\times$$
$$\left\{N_x\sin(\sigma t - K_n x + \beta) + \frac{\sigma}{c}\left(1 + \frac{\mu^2}{\sigma^2}\right)^{\frac{1}{4}}M_l\sqrt{\frac{B_x}{A_l}}\sin(\sigma t - K_m l + \beta + \nu + f_x - g_l)\right\},$$
$$(6\text{-}5\text{-}7)$$

式中,$c = \sqrt{gh}$ 是潮波波速,β 是天文潮初位相,ν 是自由潮波的初位相。

$$\beta = \mathrm{tg}^{-1}\frac{\mu\sigma}{\sigma^2 - c^2k^2},\quad \nu = \mathrm{tg}^{-1}\frac{\alpha_1}{\alpha^2},$$
$$\alpha_1 = \frac{\sigma}{c}\sqrt{\frac{\sqrt{1 + \frac{\mu^2}{\sigma^2}} + 1}{2}},\quad \alpha_2 = \frac{\sigma}{c}\sqrt{\frac{\sqrt{1 + \frac{\mu^2}{\sigma^2}} - 1}{2}},$$
$$M_x^2 = 1 + e^{-2\alpha_2 x} - 2e^{-\alpha_2 x}\cos(k - \alpha_1)x,$$
$$M_l^2 = 1 + e^{-2\alpha_2 l} - 2e^{-\alpha_2 l}\cos(k - \alpha_1)l,$$

$$K_m x = \mathrm{tg}^{-1}\frac{\sin kx - \mathrm{e}^{-\alpha_2 x}\sin\alpha_1 x}{\cos kx - \mathrm{e}^{-\alpha_2 x}\cos\alpha_1 x},$$

$$K_m l = \mathrm{tg}^{-1}\frac{\sin kl - \mathrm{e}^{-\alpha_2 l}\sin\alpha_1 l}{\cos kl - \mathrm{e}^{-\alpha_2 l}\cos\alpha_1 l},$$

$$N_x^2 = k^2 + \frac{\sigma^2}{c^2}\left(1+\frac{\mu^2}{\sigma^2}\right)^{\frac{1}{2}}\mathrm{e}^{-2\alpha_2 x} - 2k\frac{\sigma}{c}\left(1+\frac{\mu^2}{\sigma^2}\right)^{\frac{1}{4}}\mathrm{e}^{-\alpha_2 x}\sin[(k-\alpha_1)x+\nu],$$

$$K_n x = \mathrm{tg}^{-1}\frac{k\sin kx - \frac{\sigma}{c}\left(1+\frac{\mu^2}{\sigma^2}\right)^{\frac{1}{4}}\mathrm{e}^{-\alpha_2 x}\cos(\alpha_1 x-\nu)}{k\cos kx + \frac{\sigma}{c}\left(1+\frac{\mu^2}{\sigma^2}\right)^{\frac{1}{4}}\mathrm{e}^{-\alpha_2 x}\sin(\alpha_1 x-\nu)},$$

$$p_x = \mathrm{tg}^{-1}\mathrm{cth}\alpha_2 x\mathrm{tg}\alpha_1 x,\quad p_l = \mathrm{tg}^{-1}\mathrm{cth}\alpha_2 l\mathrm{tg}\alpha_1 l,$$

$$f_x = \mathrm{tg}^{-1}\mathrm{cth}\alpha_2 x\mathrm{ctg}\alpha_1 x,\quad g_l = \mathrm{tg}^{-1}\mathrm{cth}\alpha_2 l\mathrm{tg}\alpha_1 l,$$

$$A_x = \mathrm{sh}^2\alpha_2 x + \sin^2\alpha_1 x,\quad A_l = \mathrm{sh}^2\alpha_2 l + \sin^2\alpha_1 l,$$

$$B_x = \mathrm{sh}^2\alpha_2 x + \cos^2\alpha_1 x,\quad B_l = \mathrm{sh}^2\alpha_2 l + \cos^2\alpha_1 l.$$

二、求解结果的分析与讨论

由于封闭海洋是一种完全独立、封闭的运动系统，它接受了潮能之后，就依据系统自身的特点，形成了独有的潮运动场。由式(6-5-4)和(6-5-5)可知，尽管假设海洋是一种简单的理想化的矩形海洋，尽管引潮力的输入是单一的谐波力，但是，封闭海洋潮运动场的复杂性却超出了人们的想象。下面就以求解结果为依据，进行分析讨论。

(一)进行波与驻波共存

由式(6-5-6)和(6-5-7)可知，潮流(u)和潮位(ζ)不仅皆拥有进行波和驻波，而且这两种波还都是复合进行波和复合驻波。这表明，在一个完全封闭的海洋内，它把所接受的全部潮能中的一部分用于水质点的驻波运动，另一部分潮能则用于水质点的进行波运动，形成了一个独立的潮波运动系统(场)。驻波运动的产生，是因为边界对潮能的阻挡(反射)作用的必然结果且是潮运动的主体；进行波运动的产生，则是进行潮能的输送并维持运动系统能够持久存在的必备条件。也就是说，进行波与驻波共存是一个独立自主的潮运动系统(场)所必须具有的两种波动。

另外，海洋作为一个独立自主的潮运动系统，它在单一谐波引潮力的持续不停地策动作用下，将依据自己的环境条件，正如式(6-5-4)和(6-5-5)所展示的那样，产生许许多多的单一的同频谐波，这些谐波经历一个复杂的迭加过程，如式(6-5-6)和(6-5-7)所示，最终形成了两种复合潮波(复合进行波和复合驻波)，且复合波的振幅、波长、初位相皆为空间(x)的函数，构成了一个独特的潮运动系统，即独特的潮运动场。

(二)天文潮与自主潮

由式(6-5-6)和(6-5-7)可知,封闭海洋的潮运动是由两个部分组成:一是在引潮力的直接强迫作用下所产生的天文潮,天文潮只与引潮力作用有关,与海区的空间位置(x)无关。二是与引潮力的直接强迫作用无关、完全由海区依据自己的自然条件自主决定产生的自主潮,自主潮只与海区的空间位置(x)有关,与引潮力的直接作用无关。天文潮决定了潮运动的周期、潮运动类型、强弱。自主潮则决定了潮运动场,即自主决定了潮运动的波长、波向、波速、增幅因子和相位因子。也就是说,天文潮只能告诉人们每天的潮运动的周期、类型和强弱。但对海区中的每个地点而言,它们的潮位和潮流流速值到底有多大(局地增幅因子),以及它到底会在什么时间发生(局地相位因子),则完全由它们在海潮运动场内所处的空间位置(x)所决定,每个点的响应因子都拥有确定的位置(x)函数值。由此可知,自主潮运动的响应因子既有独立的运动自主性,但又必须有运动的整体相关性,且,必须是局地(部)要服从于整体,即服从于潮运动场。

(三)潮流场和潮位场

海洋作为一个独立的潮运动系统,海洋水体在谐波引潮力的策动作用下,却形成了一个形态非常复杂的潮运动场。式(6-5-6)描述的是水质点的水平运动场(潮流场);式(6-5-7)描述的是水质点的垂向运动场(潮位场)。两者合在一起,称为潮运动场。潮流场与潮位场两者之间的相同之处是:它们的进行波和驻波皆为正弦复合波,其驻波的波长是相同的,进行波的初位相也相同。两者的不同之处是:其进行波的增幅因子和波长完全不相同,且两者之间没有相互依存关系。这不仅表明,在一个潮周期内,动能传播的距离和量值多少与位能传播的距离和量值多少是完全不相同的,是相互独立进行传播的,两者之间也没有相互依存关系。另外,其驻波中的局地增幅因子和局地相位因子也不相同,但A_x与B_x之间存在一定程度上的相互依存关系,表明在自主潮中的潮流与潮位的驻波运动中,还存在着一定程度的相互转换关系。由此可知,水质点的运动轨迹是很复杂的,决不是一条封闭的椭圆线。

(四)不存在无潮点

对无潮点,教科书中是这样定义的:它是驻波的节点,是潮位振幅的0点,也是潮流流速的最大点。按照该定义,无潮点只有在潮波是一种单一谐驻波并且位能与动能之间具有完全相互转换性的情况下才能成立。因为只有在潮波为单一谐驻波的情况下,潮流与潮位两者之间才能具有完全的相互依存和完全的相互转换关系,即,潮位振幅的0点必然也是潮流流速的最大点。由式(6-5-7)可知,潮位是复合进行波和复合驻波两者之和,根本不存在振幅为0的无潮点。就其驻波的振幅而言,其中的$Bx = \sin^2\alpha_2 x + \cos^2\alpha_1 x$,即使在$\cos^2\alpha_1 x = 0$处,其振幅也不等于0。也就是说,潮位的驻波振幅也永不存在振幅为0的无潮点。由此也证明了,传统的潮波旋转理论是不成立的。

第六节 半封闭海洋中的潮运动

一、方程的建立与求解

假设有一半封闭海洋,其一维潮波强迫阻尼振动的运动方程和连续方程为:

$$\frac{\partial u}{\partial t}+\mu u+g\frac{\partial \zeta}{\partial x}=F_0\cos(\sigma t-kx), \tag{6-6-1}$$

$$\frac{\partial \zeta}{\partial t}+h\frac{\partial u}{\partial x}=0, \tag{6-6-2}$$

边界条件为:

$$x=l,u=0;x=0,\zeta=\zeta_0\cos\sigma t. \tag{6-6-3}$$

得到的解是:

$$u=\frac{\mu\sigma^2F_0}{(\sigma^2-c^2k^2)^2+\mu^2\sigma^2}\times$$

$$\left\{\cos(\sigma t-kx)-\frac{k\alpha_1}{\alpha_1^2+\alpha_2^2}e^{-\alpha_2 x}\cos(\sigma t-\alpha_1 x)+\frac{k\alpha_2}{\alpha_1^2+\alpha_2^2}e^{-\alpha_2 x}\sin(\sigma t-\alpha_1 x)-\right.$$

$$\frac{\bar{X}_1}{\bar{A}}\left[\cos(\sigma t-kl)-\frac{k\alpha_1}{\alpha_1^2+\alpha_2^2}e^{-\alpha_2 l}\cos(\sigma t-\alpha_1 l)+\frac{k\alpha_2}{\alpha_1^2+\alpha_2^2}e^{-\alpha_2 l}\sin(\sigma t-\alpha_1 l)\right]+$$

$$\left.\frac{\bar{X}_2}{\bar{A}}\left[\sin(\sigma t-kl)-\frac{k\alpha_1}{\alpha_1^2+\alpha_2^2}e^{-\alpha_2 l}\sin(\sigma t-\alpha_1 l)-\frac{k\alpha_2}{\alpha_1^2+\alpha_2^2}e^{-\alpha_2 l}\cos(\sigma t-\alpha_1 l)\right]\right\}+$$

$$\frac{\sigma(\sigma^2-c^2k^2)F_0}{(\sigma^2-c^2k^2)^2+\mu^2\sigma^2}\times$$

$$\left\{\sin(\sigma t-kx)-\frac{k\alpha_1}{\alpha_1^2+\alpha_2^2}e^{-\alpha_2 x}\sin(\sigma t-\alpha_1 x)-\frac{k\alpha_2}{\alpha_1^2+\alpha_2^2}e^{-\alpha_2 x}\cos(\sigma t-\alpha_1 x)-\right.$$

$$\frac{\bar{X}_1}{\bar{A}}\left[\sin(\sigma t-kl)-\frac{k\alpha_1}{\alpha_1^2+\alpha_2^2}e^{-\alpha_2 l}\sin(\sigma t-\alpha_1 l)-\frac{k\alpha_2}{\alpha_1^2+\alpha_2^2}e^{-\alpha_2 l}\cos(\sigma t-\alpha_1 l)\right]-$$

$$\left.\frac{\bar{X}_2}{\bar{A}}\left[\cos(\sigma t-kl)-\frac{k\alpha_1}{\alpha_1^2+\alpha_2^2}e^{-\alpha_2 l}\cos(\sigma t-\alpha_1 l)+\frac{k\alpha_2}{\alpha_1^2+\alpha_2^2}e^{-\alpha_2 l}\sin(\sigma t-\alpha_1 l)\right]\right\}+$$

$$\zeta_0\frac{\sigma}{h}\frac{\alpha_1}{\alpha_1^2+\alpha_2^2}\left\{e^{-\alpha_2 x}\cos(\sigma t-\alpha_1 x)-\frac{\bar{X}_1}{\bar{A}}e^{-\alpha_2 l}\cos(\sigma t-\alpha_1 l)+\frac{\bar{X}_2}{\bar{A}}e^{-\alpha_2 l}\sin(\sigma t-\alpha_1 l)\right\}-$$

$$\zeta_0 \frac{\sigma}{h} \frac{\alpha_1}{\alpha_1^2 + \alpha_2^2} \left\{ e^{-\alpha_2 x} \sin(\sigma t - \alpha_1 x) - \frac{\overline{X}_1}{\overline{A}} e^{-\alpha_2 l} \sin(\sigma t - \alpha_1 l) - \frac{\overline{X}_2}{\overline{A}} e^{-\alpha_2 l} \cos(\sigma t - \alpha_1 l) \right\},$$

(6-6-4)

式中，

$$\overline{X}_1 = \mathrm{ch}\alpha_2 x \mathrm{ch}\alpha_2 l \cos\alpha_1 x \cos\alpha_1 l + \mathrm{sh}\alpha_2 x \mathrm{sh}\alpha_2 l \sin\alpha_1 x \sin\alpha_1 l,$$

$$\overline{X}_2 = \mathrm{sh}\alpha_2 x \mathrm{ch}\alpha_2 l \sin\alpha_1 x \cos\alpha_1 l - \mathrm{ch}\alpha_2 x \mathrm{sh}\alpha_2 l \cos\alpha_1 x \sin\alpha_1 l,$$

$$\overline{A} = \mathrm{ch}^2\alpha_2 l \cos^2\alpha_1 l + \mathrm{sh}^2\alpha_2 l \sin^2\alpha_1 l,$$

$$\zeta = \frac{\mu\sigma h F_0}{(\sigma^2 - c^2k^2)^2 + \mu^2\sigma^2} \{k\cos(\sigma t - kx) - k e^{-\alpha_2 x} \cos(\sigma t - \alpha_1 x) +$$

$$\alpha_2 \frac{\overline{y}_1}{\overline{A}} \left[\sin(\sigma t - kl) - \frac{k\alpha_1}{\alpha_1^2 + \alpha_2^2} e^{-\alpha_2 l} \sin(\sigma t - \alpha_1 l) - \frac{k\alpha_2}{\alpha_1^2 + \alpha_2^2} e^{-\alpha_2 l} \cos(\sigma t - \alpha_1 l) \right] +$$

$$\alpha_2 \frac{\overline{y}_2}{\overline{A}} \left[\cos(\sigma t - kl) - \frac{k\alpha_1}{\alpha_1^2 + \alpha_2^2} e^{-\alpha_2 l} \cos(\sigma t - \alpha_1 l) + \frac{k\alpha_2}{\alpha_1^2 + \alpha_2^2} e^{-\alpha_2 l} \sin(\sigma t - \alpha_1 l) \right] -$$

$$\alpha_1 \frac{\overline{y}_2}{\overline{A}} \left[\sin(\sigma t - kl) - \frac{k\alpha_1}{\alpha_1^2 + \alpha_2^2} e^{-\alpha_2 l} \sin(\sigma t - \alpha_1 l) - \frac{k\alpha_2}{\alpha_1^2 + \alpha_2^2} e^{-\alpha_2 l} \cos(\sigma t - \alpha_1 l) \right] +$$

$$\alpha_1 \frac{\overline{y}_1}{\overline{A}} \left[\cos(\sigma t - kl) - \frac{k\alpha_1}{\alpha_1^2 + \alpha_2^2} e^{-\alpha_2 l} \cos(\sigma t - \alpha_1 l) + \frac{k\alpha_2}{\alpha_1^2 + \alpha_2^2} e^{-\alpha_2 l} \sin(\sigma t - \alpha_1 l) \right] \} +$$

$$\frac{(\sigma^2 - c^2k^2) h F_0}{(\sigma^2 - c^2k^2)^2 + \mu^2\sigma^2} \{k\sin(\sigma t - kx) - k e^{-\alpha_2 x} \sin(\sigma t - \alpha_1 x) -$$

$$\alpha_2 \frac{\overline{y}_1}{\overline{A}} \left[\cos(\sigma t - kl) - \frac{k\alpha_1}{\alpha_1^2 + \alpha_2^2} e^{-\alpha_2 l} \cos(\sigma t - \alpha_1 l) + \frac{k\alpha_2}{\alpha_1^2 + \alpha_2^2} e^{-\alpha_2 l} \sin(\sigma t - \alpha_1 l) \right] +$$

$$\alpha_2 \frac{\overline{y}_2}{\overline{A}} \left[\sin(\sigma t - kl) - \frac{k\alpha_1}{\alpha_1^2 + \alpha_2^2} e^{-\alpha_2 l} \sin(\sigma t - \alpha_1 l) - \frac{k\alpha_2}{\alpha_1^2 + \alpha_2^2} e^{-\alpha_2 l} \cos(\sigma t - \alpha_1 l) \right] -$$

$$\alpha_1 \frac{\overline{y}_2}{\overline{A}} \left[\cos(\sigma t - kl) - \frac{k\alpha_1}{\alpha_1^2 + \alpha_2^2} e^{-\alpha_2 l} \cos(\sigma t - \alpha_1 l) + \frac{k\alpha_2}{\alpha_1^2 + \alpha_2^2} e^{-\alpha_2 l} \sin(\sigma t - \alpha_1 l) \right] -$$

$$\alpha_1 \frac{\overline{y}_1}{\overline{A}} \left[\sin(\sigma t - kl) - \frac{k\alpha_1}{\alpha_1^2 + \alpha_2^2} e^{-\alpha_2 l} \sin(\sigma t - \alpha_1 l) - \frac{k\alpha_2}{\alpha_1^2 + \alpha_2^2} e^{-\alpha_2 l} \cos(\sigma t - \alpha_1 l) \right] \} +$$

$$\zeta_0 \frac{\alpha_2}{\alpha_1^2 + \alpha_2^2} \{\alpha_2 e^{-\alpha_2 x} \cos(\sigma t - \alpha_1 x) - \alpha_1 e^{-\alpha_2 x} \sin(\sigma t - \alpha_1 x) +$$

$$\alpha_2 \frac{\overline{y}_1}{\overline{A}} e^{-\alpha_2 l} \cos(\sigma t - \alpha_1 l) - \alpha_2 \frac{\overline{y}_2}{\overline{A}} e^{-\alpha_2 l} \sin(\sigma t - \alpha_1 l) +$$

$$\alpha_1 \frac{\overline{y}_2}{\overline{A}} e^{-\alpha_2 l} \cos(\sigma t - \alpha_1 l) - \alpha_1 \frac{\overline{y}_1}{\overline{A}} e^{-\alpha_2 l} \sin(\sigma t - \alpha_1 l) \} +$$

$$\zeta_0 \frac{\alpha_1}{\alpha_1^2 + \alpha_2^2}\{\alpha_2 e^{-\alpha_2 x}\sin(\sigma t - \alpha_1 x) + \alpha_1 e^{-\alpha_2 x}\cos(\sigma t - \alpha_1 x) +$$

$$\alpha_2 \frac{\bar{y}_1}{\bar{A}} e^{-\alpha_2 l}\sin(\sigma t - \alpha_1 l) + \alpha_2 \frac{\bar{y}_2}{\bar{A}} e^{-\alpha_2 l}\cos(\sigma t - \alpha_1 l) -$$

$$\alpha_1 \frac{\bar{y}_2}{\bar{A}} e^{-\alpha_2 l}\sin(\sigma t - \alpha_1 l) + \alpha_1 \frac{\bar{y}_1}{\bar{A}} e^{-\alpha_2 l}\cos(\sigma t - \alpha_1 l)\Big\}, \tag{6-6-5}$$

式中,

$$\bar{y}_1 = \mathrm{sh}\alpha_2 x \mathrm{ch}\alpha_2 l \cos\alpha_1 x \cos\alpha_1 l + \mathrm{ch}\alpha_2 x \mathrm{sh}\alpha_2 l \sin\alpha_1 x \sin\alpha_1 l,$$

$$\bar{y}_2 = \mathrm{ch}\alpha_2 x \mathrm{ch}\alpha_2 l \sin\alpha_1 x \cos\alpha_1 l - \mathrm{sh}\alpha_2 x \mathrm{sh}\alpha_2 l \cos\alpha_1 x \sin\alpha_1 l.$$

把式(6-6-4)、(6-6-5)再整理一下,就可得出:

$$u = \frac{\sigma F_0}{\sqrt{(\sigma^2 - c^2k^2)^2 + \mu^2\sigma^2}} \times$$

$$\left\{W_x \sin(\sigma t - K_w x + \beta) - W_l \sqrt{\frac{B_x}{B_l}}\sin(\sigma t - K_w l + \beta + \vartheta_x - \vartheta_l)\right\} -$$

$$\zeta_0 \frac{c}{h}\left(1 + \frac{\mu^2}{\sigma^2}\right)^{\frac{1}{4}}\Big\{e^{-\alpha_2 x}\sin(\sigma t - \alpha_1 x - \nu) -$$

$$e^{-\alpha_2 l}\sqrt{\frac{B_x}{B_l}}\sin(\sigma t - \alpha_1 l - \nu + \vartheta_x - \vartheta_l)\Big\}, \tag{6-6-6}$$

$$\zeta = \frac{hF_0}{\sqrt{(\sigma^2 - c^2k^2)^2 + \mu^2\sigma^2}} \times$$

$$\left\{kV_x \sin(\sigma t - K_v x + \beta) - Q_l \sqrt{\frac{A_x}{B_l}}\cos(\sigma t - K_q l + \beta + \eta_x - s_l)\right\} +$$

$$\zeta_0\left\{e^{-\alpha_2 x}\cos(\sigma t - \alpha_1 x) - e^{-\alpha_2 l}\sqrt{\frac{A_x}{B_l}}\sin(\sigma t - \alpha_1 l + \eta_x - s_l)\right\}, \tag{6-6-7}$$

式中,

$$W_x^2 = 1 + \frac{c^2k^2}{\sigma^2}\left(1 + \frac{\mu^2}{\sigma^2}\right)^{-\frac{1}{2}} e^{-2\alpha_2 x} + 2\frac{ck}{\sigma}\left(1 + \frac{\mu^2}{\sigma^2}\right)^{-\frac{1}{4}} e^{-\alpha_2 x}\sin[(k - \alpha_1)x - \nu],$$

$$W_l^2 = 1 + \frac{c^2k^2}{\sigma^2}\left(1 + \frac{\mu^2}{\sigma^2}\right)^{-\frac{1}{2}} e^{-2\alpha_2 l} + 2\frac{ck}{\sigma}\left(1 + \frac{\mu^2}{\sigma^2}\right)^{-\frac{1}{4}} e^{-\alpha_2 l}\sin[(k - \alpha_1)l - \nu],$$

$$K_w x = \mathrm{tg}^{-1}\frac{\sin kx + \frac{ck}{\sigma}\left(1 + \frac{\mu^2}{\sigma^2}\right)^{-\frac{1}{4}} e^{-\alpha_2 x}\cos(\alpha_1 x + \nu)}{\cos kx - \frac{ck}{\sigma}\left(1 + \frac{\mu^2}{\sigma^2}\right)^{-\frac{1}{4}} e^{-\alpha_2 x}\sin(\alpha_1 x + \nu)},$$

$$K_w l = \mathrm{tg}^{-1}\frac{\sin kl + \frac{ck}{\sigma}\left(1+\frac{\mu^2}{\sigma^2}\right)^{-\frac{1}{4}} \mathrm{e}^{-\alpha_2 l}\cos(\alpha_1 l + \nu)}{\cos kl - \frac{ck}{\sigma}\left(1+\frac{\mu^2}{\sigma^2}\right)^{-\frac{1}{4}} \mathrm{e}^{-\alpha_2 l}\sin(\alpha_1 l + \nu)},$$

$$\vartheta_x = \mathrm{tg}^{-1}\mathrm{th}\alpha_2 x \mathrm{tg}\alpha_1 x, \vartheta_l = \mathrm{tg}^{-1}\mathrm{th}\alpha_2 l \mathrm{tg}\alpha_1 l,$$

$$V_x^2 = 1 + \mathrm{e}^{-2\alpha_2 x} - 2\mathrm{e}^{-\alpha_2 x}\cos(k-\alpha_1)x,$$

$$K_v x = \mathrm{tg}^{-1}\frac{\sin kx - \mathrm{e}^{-\alpha_2 x}\sin\alpha_1 x}{\cos kx - \mathrm{e}^{-\alpha_2 x}\sin\alpha_1 x},$$

$$Q_l^2 = k^2\mathrm{e}^{-2\alpha_2 l} + \frac{\sigma^2}{c^2}\left(1+\frac{\mu^2}{\sigma^2}\right)^{\frac{1}{2}} + 2\frac{\sigma k}{c}\left(1+\frac{\mu^2}{\sigma^2}\right)^{\frac{1}{4}}\mathrm{e}^{-\alpha_2 l}\sin[(k-\alpha_1)l - 3\nu],$$

$$K_q l = \mathrm{tg}^{-1}\frac{k\mathrm{e}^{-\alpha_2 l}\sin(\alpha_1 l + 2\nu) - \frac{\sigma}{c}\left(1+\frac{\mu^2}{\sigma^2}\right)^{\frac{1}{4}}\cos(kl-\nu)}{k\mathrm{e}^{-\alpha_2 l}\cos(\alpha_1 l + 2\nu) + \frac{\sigma}{c}\left(1+\frac{\mu^2}{\sigma^2}\right)^{\frac{1}{4}}\sin(kl-\nu)},$$

$$\eta_x = \mathrm{tg}^{-1}\mathrm{cth}\alpha_2 x \mathrm{tg}\alpha_1 x, s_l = \mathrm{tg}^{-1}\mathrm{th}\alpha_2 l \mathrm{tg}\alpha_1 l.$$

式中其他符号意义同前。

二、求解结果的分析与讨论

现实中的海洋都不是完全封闭的,因此,半封闭海洋的求解结果式(6-6-6)和(6-6-7)在理论上和实践上更具有普遍意义。由于式(6-6-6)和(6-6-7)中含有两种不同类型的潮波运动:一是在引潮力的策动作用下所产生的天文潮和自主潮,由于它们潮运动的能量都直接来自于引潮力的策动作用,故又可把它们称之为引力潮,以下标号 1 表示之;另是能量来自于临近海洋的胁迫作用所产生的协振潮,以下标号 2 表示之。这样,就可把式(6-6-6)、(6-6-7)写成:

$$u_1 = \frac{\sigma F_0}{\sqrt{(\sigma^2 - c^2k^2)^2 + \mu^2\sigma^2}}\left\{W_x\sin(\sigma t - K_w x + \beta) - W_l\sqrt{\frac{B_x}{B_l}}\sin(\sigma t - K_w l + \beta + \vartheta_x - \vartheta_l)\right\}, \tag{6-6-8}$$

$$u_2 = -\zeta_0\frac{c}{h}\left(1+\frac{\mu^2}{\sigma^2}\right)^{\frac{1}{4}}\left\{\mathrm{e}^{-\alpha_2 x}\sin(\sigma t - \alpha_1 x - \nu) - \mathrm{e}^{-\alpha_2 l}\sqrt{\frac{B_x}{B_l}}\sin(\sigma t - \alpha_1 l - \nu + \vartheta_x - \vartheta_l)\right\}, \tag{6-6-9}$$

以及

$$\zeta_1 = \frac{hF_0}{\sqrt{(\sigma^2 - c^2k^2)^2 + \mu^2\sigma^2}}\left\{kV_x\sin(\sigma t - K_v x + \beta) - \right.$$

$$\left. Q_l\sqrt{\frac{A_x}{B_l}}\cos(\sigma t - K_q l + \beta + \eta_x - s_l)\right\}, \tag{6-6-10}$$

$$\zeta_2 = \zeta_0\left\{e^{-\alpha_2 x}\cos(\sigma t - \alpha_1 x) - e^{-\alpha_2 l}\sqrt{\frac{A_x}{B_l}}\sin(\sigma t - \alpha_1 l + \eta_x - s_l)\right\}. \tag{6-6-11}$$

(一)半封闭海洋中引力潮的特点

把式(6-6-8)与式(6-5-6),把式(6-6-10)与式(6-5-7)进行比较可知,在引潮力的直接策动作用下所产生的引力潮运动,半封闭海洋与封闭海洋之间的差别主要表现如下:

(1)在封闭海洋中,其潮位、潮流的驻波皆为波长相同的正弦波,在半封闭海洋中其潮流的驻波依然是波长相同的正弦波,但其潮位的驻波却是波长不相同的余弦波。

(2)封闭海洋中的潮位是进行波与驻波两者之和,但在半封闭海洋中的潮位却是进行波与驻波两者之差。

(3)封闭海洋中的驻波潮位不存在"无潮点",而半封闭海洋中的驻波潮位在开边界($x=0$)处,存在着振幅为0的"无潮点"。

(二)半封闭海洋中协振潮的特征

把式(6-6-8)、(6-6-10)与式(6-6-9)、(6-6-11)相比较可知,半封闭海洋中的协振潮与引力潮之间有相同之处,也有很大不同之处。其相同之处是:协振潮也有一个独立的潮波运动系统,它对邻近海洋胁迫作用的响应也是仅限于频率的响应,波长不响应,也具有自主的局地响应因子等。但是,由于协振潮的策动力是来自于邻近海洋在开边界(口门区)处的水平压强梯度力,因此,协振潮就具有自己的运动特征。

(1)口门处是位能与动能之间的相互转换区

若$x=0$,式(6-6-9)和(6-6-11)就变成:

$$u_2 = -\zeta_0\frac{c}{h}\left(1 + \frac{\mu^2}{\sigma^2}\right)^{\frac{1}{4}}\left\{\sin(\sigma t - \gamma) - e^{-\alpha 2l}\sqrt{\frac{1}{B_l}}\sin(\sigma t - \alpha_1 l - \nu - \vartheta_l)\right\}, \tag{6-6-12}$$

$$\zeta_2 = \zeta_0\cos\sigma_t. \tag{6-6-13}$$

由式(6-6-12)和(6-6-13)可知,在口门处,水位的上升期(即涨潮期),潮流是负值,即海水是由半封闭海区流向口门区,海水并没有直接进入邻近海洋,而是在口门区堆积起来,动能即时转换为位能。反之,在口门区的水位下降期(即落潮),潮流为正值,海水是由口门流进半封闭海区,位能即时转换为动能。这表明,邻近海洋的水(质点)并没有直接进入半封闭海区,而是在口门区堆积起来,动能即时转换为位能;海面的倾斜产生了水平压强梯度力,在该水平压强梯度力作用下,海水由口门处流入半封闭海区,位能又即时转换为动能。如此循环不止。由此可知,能否在半封闭海洋的口门区形成位能与动能的相互转换,这是半封闭海洋中能否拥有协振潮所必须具备的前提条件。这也证明,太平洋潮波是不能直接进入东海、黄海和渤海。对此,已为渤海和北黄海等口门区的观测结果证实。

(2)协振潮不存在频率响应问题

由式(6-6-9)、(6-6-11)可知,协振潮中 u 与 ζ 振幅的大小皆与 ζ_0 成正比,若 $\zeta_0=0$,则 $u=\zeta=0$,谐振潮就不会存在,这充分表明协振潮的潮能是完全由邻近海洋所输入。另外,ζ_0 量值的大小与半封闭海洋本身的固有振动频率无关。也就是说,协振潮运动对于邻近海洋的胁迫作用不存在频率响应问题,它的强弱只取决在口门区 ζ_0 量值大小,ζ_0 量值的大小又与半封闭海洋固有振动频率两者之间并无频率的响应问题,由此可见,协振潮中根本不存在共振潮问题。也就是说,在协振潮占优势的陆架海区内所出现的大潮现象,决不是共振潮,其成因将在本章第七节予以说明。

(3)协振潮潮波运动形态简单

由式(6-6-9)和(6-6-11)可知,尽管协振潮也是由进行波和驻波两者组成,且其驻波也是一种复合波,但协振潮潮波的运动形态却最为简单。首先,协振潮中的进行波和驻波的波长不仅完全相同,而且也不是空间位置(x)的函数。其次,其进行波皆为单一谐波,潮流为正弦波,潮位为余弦波。表明协振潮波能量在传播过程中其动能与位能之间存在一种完全的相互转换关系;其驻波在运动过程中也存在着部分的动能与位能的相互转换。另外,其驻波的振幅随海区长度 L 呈指数衰减,若 $L\to\infty$,即当海区长度足够长时,则协振潮中的驻波运动就完全消失。其进行波的振幅与距口门区的空间距离长度(x)呈指数衰减,若 $x\to\infty$,即在距口门区足够远处,其进行波就彻底消失。这表明对大洋区而言,只有在距口门区不太远的范围内协振潮的进行波运动才能够存在。对南中国海而言,由于引力潮和协振潮能够共同存在,故,该海区的潮运动场(潮流场、潮位场)更为复杂。

(三)半封闭海洋中也不存在无潮点

由式(6-6-10)可知,半封闭海洋中的引力潮在开边界 $x=0$ 处,确实存在一个无潮点,$\zeta\equiv0$。但引力潮的这个无潮点完全是因边界条件的要求所为,并非教科书中定义的那种无潮点,而且,该点也是协振潮潮位振幅的最大点。

另外,由式(6-6-11)可知,在半封闭海洋中,协振潮也不存在无潮点。在开边界处潮位的驻波振幅虽然等于0,但该点决不是其驻波中的节点,更不是无潮点,因为该点是协振潮潮位振幅的最大点。

综上所述,对于传统理论中的“无潮点”,我们不仅可以在理论上能够证明是根本不存在的;观测资料也可证明,在现实海洋中也是根本不存在的。虽然现实海洋中确实存在着弱潮区,但它们决不是所谓的“无潮点”。因为:一是这些弱潮区的空间范围都很大,决不能把它们视之为一个“点”;二是这些弱潮区内的流速并不一定大,有的还甚至可能也是弱流区,也就是说,弱潮区与强流区之间并无确定的因果关系。

第七节　局部区域大潮的成因

无论在大洋或近海,往往在某些局部区域(如喇叭状海湾)会出现潮差别特大、潮流特别强的大潮区现象。对此,大多数人认为是共振潮,但也有人认为是潮波在传播过程中的截面积缩小引起潮能急剧集中所致。本书认同后者。因为这种局部区域的潮运动依然是其整个海区潮运动的一个组成部分,不是一个独立的潮运动系统,也就不具备共振响应的条件。另外,本书认为摩擦力在其中也起了相当重要的作用,现以一种简单的数学模型予以证明。

一、方程的建立和求解

为了研究方便,假设海水密度均匀,摩擦力及运动方程取线性形式,为了能运用 W. K. B 方法求得其解析解,再假设海底起伏及水域的宽度变化都较缓慢,即其截面积的变化较平缓。这样,一维协振潮波阻尼振动的运动方程及连续方程分别为:

$$\frac{\partial u}{\partial t} + \mu u + g\frac{\partial \zeta}{\partial x} = 0, \tag{6-7-1}$$

$$\frac{\partial \zeta}{\partial t} + \frac{1}{L}\frac{\partial (Su)}{\partial x} = 0; \tag{6-7-2}$$

边界条件为:

$$\begin{cases} x = 0, & \zeta = \zeta_0 \cos\sigma t, \\ x \to \infty, & \zeta = 0, \end{cases} \tag{6-7-3}$$

式中,g 为重力加速度,ζ 为潮波振幅,σ 为圆频率,u 为上下均匀的水平流速,S 为水域的截面积,L 为水域宽度,μ 为摩擦系数,取为常数,坐标原点取在湾口或水深开始变浅处,x 轴指向湾顶或岸边。

本书根据无限开阔的海滩,如苏北浅滩,其潮差最终在岸边消失,呈喇叭状的较长的海湾,如杭州湾,最大潮差也不出现在湾顶的事实,大胆地采用了当 $x \to \infty$ 时,$\zeta = 0$ 这样一种边界条件,这种边界条件的选取既符合实际情况,又简化了数学运算,因此,本书所研究的是在摩擦力作用下,截面积缓慢变化的水域中传播的且满足上述边界条件下的协振潮潮波运动。

取试解 $\zeta = \zeta(x)e^{i\sigma t}$,代入式(6-7-1)和(6-7-2)可得:

$$\frac{\partial^2 \zeta}{\partial x^2} + \frac{1}{S}\frac{\partial S}{\partial x}\frac{\partial \zeta}{\partial x} + \left(\frac{\sigma^2 L}{gS} - i\frac{\mu\sigma L}{gS}\right)\zeta = 0. \tag{6-7-4}$$

令 $\zeta = \frac{1}{\sqrt{S}}\tilde{\zeta}$,再把式(6-7-4)化为标准型方程

$$\frac{\partial^2 \tilde{S}}{\partial x^2} + \left[\frac{\sigma^2 L}{gS} + \frac{1}{4S^2}\left(\frac{\partial S}{\partial x}\right)^2 - \frac{1}{2S}\frac{\partial^2 S}{\partial x^2} - i\frac{\mu\sigma L}{gS}\right]\tilde{S} = 0. \tag{6-7-5}$$

由于本书假设截面积 S 的变化比较平缓,根据此假设及边界条件,可以用 W. K. B 方法求解式(6-7-5),式(6-7-5)的通解为:

$$\zeta = \frac{A}{\sqrt{S}}\frac{\mathrm{e}^{\mathrm{i}\sigma t}}{(m-\mathrm{i}n)^{\frac{1}{4}}}\mathrm{e}^{-\frac{\sqrt{2}}{2}\int_0^x\sqrt{\rho-m}\mathrm{d}x}\mathrm{e}^{\mathrm{i}\int_0^x\sqrt{\rho+m}\mathrm{d}x} + \frac{B\mathrm{e}^{\mathrm{i}\sigma t}}{\sqrt{S}\,(m-\mathrm{i}n)^{\frac{1}{4}}}\mathrm{e}^{\frac{\sqrt{2}}{2}\int_0^x\sqrt{\rho-m}\mathrm{d}x}\mathrm{e}^{-\mathrm{i}\int_0^x\sqrt{\rho+m}\mathrm{d}x}, \tag{6-7-6}$$

式中,A 和 B 为待定常数,根据边界条件(6-7-3),

$$A = 0,\quad B = \frac{\zeta_0\sqrt{S_0}\rho_0^{\frac{1}{4}}}{\alpha_0 + \mathrm{i}b_0},$$

从而得到,

$$\zeta = \zeta_0\sqrt{\frac{S_0}{S}}\sqrt[4]{\frac{\rho_0}{\rho}}\frac{(\alpha_0\alpha + b_0 b) + \mathrm{i}(\alpha_0 b - \alpha b_0)}{\alpha_0^2 + b_0^2}\mathrm{e}^{-\frac{\sqrt{2}}{2}\int_0^x\sqrt{\rho-m}\mathrm{d}x} \times \mathrm{e}^{-\mathrm{i}\frac{\sqrt{2}}{2}\int_0^x\sqrt{\rho+m}\mathrm{d}x}\mathrm{e}^{\mathrm{i}\sigma t}. \tag{6-7-7}$$

取式(6-7-7)的实部,得到:

$$\zeta = \zeta_0\sqrt{\frac{S_0}{S}}\sqrt[4]{\frac{\rho_0}{\rho}}\mathrm{e}^{-\frac{\sqrt{2}}{2}\int_0^x\sqrt{\rho-m}\mathrm{d}x}\cos(\sigma t - Kx), \tag{6-7-8}$$

式中,

$$m = \frac{\sigma^2 L}{gS} + \frac{1}{4S^2}\left(\frac{\partial S}{\partial x}\right)^2 - \frac{1}{2S}\frac{\partial^2 S}{\partial x^2},$$

$$\rho^2 = \left[\frac{\sigma^2 L}{gS} + \frac{1}{4S^2}\left(\frac{\partial S}{\partial x}\right)^2 - \frac{1}{2S}\frac{\partial^2 S}{\partial x^2}\right]^2 + \left(\frac{\mu\sigma L}{gS}\right)^2,$$

$$n = \frac{\mu\sigma L}{gS},$$

式中,K 为波数。

$$\mathrm{tg}Kx = \frac{(\alpha_0\alpha + b_0 b)\sin\frac{\sqrt{2}}{2}\int_0^x\sqrt{\rho+m}\,\mathrm{d}x + (\alpha_0 b - \alpha b_0)\cos\frac{\sqrt{2}}{2}\int_0^x\sqrt{\rho+m}\,\mathrm{d}x}{(\alpha_0\alpha + b_0 b)\cos\frac{\sqrt{2}}{2}\int_0^x\sqrt{\rho+m}\,\mathrm{d}x - (\alpha_0 b - \alpha b_0)\sin\frac{\sqrt{2}}{2}\int_0^x\sqrt{\rho+m}\,\mathrm{d}x},$$

式中,

$$\alpha = \left(1 + \frac{\sqrt{2}}{2}\sqrt{1 + \frac{m}{\rho}}\right)^{\frac{1}{2}},$$

$$b=\left(1-\frac{\sqrt{2}}{2}\sqrt{1+\frac{m}{\rho}}\right)^{\frac{1}{2}},$$

下标“0”表示在 $x=0$ 处的值。

二、求解结果的分析与讨论

由式(6-7-8)可以看出,振协潮潮波在向前传播的过程中,当截面积 S 缩小时,其振幅 ζ 增大,而摩擦力的作用使振幅 ζ 减小。显然,截面积的缩小使潮能集中,而摩擦力的作用使潮能消耗,只有当摩擦力消耗的潮能小于由于截面积减小而集中的潮能时,潮波的振幅才能增大;否则,将减小。下面就截面积的变化和摩擦力对振幅的影响分别进行讨论。

(一)截面积的变化对振幅的影响

为了使本书的分析尽可能符合实际情况,并避免繁琐的数学计算,取截面积 S 随 x 的变化呈指数衰减形式,即 $S=S_0\mathrm{e}^{-\alpha x}$此处 S_0为 $x=0$ 处的截面积,α 为衰减系数,取为常量。这样,式(6-7-8)中的 m 和 ρ 分别为

$$\left.\begin{aligned}m&=\frac{\sigma^2L}{gS}-\frac{\alpha^2}{4},\\\rho^2&=\left(\frac{\sigma^2L}{gS}-\frac{\alpha^2}{4}\right)-\left(\frac{\mu\sigma\mathrm{L}}{gS}\right)^2.\end{aligned}\right\}\tag{6-7-9}$$

又因截面积 $S=HL$,这里 H 为水深,式(6-7-9)又可写成:

$$\left.\begin{aligned}m&=\frac{\sigma^2}{gH}-\frac{\alpha^2}{4},\\\rho^2&=\left(\frac{\sigma^2}{gH}-\frac{\alpha^2}{4}\right)^2+\left(\frac{\mu\sigma}{gH}\right)^2.\end{aligned}\right\}\tag{6-7-10}$$

同样,如果取水域的深度 H 和 L 也随 x 呈指数衰减的形式,即 $H=H_0\mathrm{e}^{-\alpha_1x}$,$L=L_0\mathrm{e}^{-\alpha_2x}$,则 $\alpha=\alpha_1+\alpha_2$,且

$$\left.\begin{aligned}S&=S_0\mathrm{e}^{-\alpha x}=S_0\mathrm{e}^{-(\alpha_1+\alpha_2)x},\\m&=\frac{\alpha^2}{gH_0}\mathrm{e}^{a_1x}-\frac{\alpha^2}{4},\\\rho^2&=m^2+\left(\frac{\mu\sigma}{gH_0}\right)\mathrm{e}^{2\alpha_1x}.\end{aligned}\right\}\tag{6-7-11}$$

这样式(6-7-8)可以写成:

$$\zeta=\zeta_0\sqrt[4]{\frac{\rho_0}{\rho}}\mathrm{e}^{\frac{1}{2}(\alpha_1+\alpha_2)x-\frac{\sqrt{2}}{2}\int_0^x\sqrt{\rho-m}\mathrm{d}x}\cos(\sigma t-Kx).\tag{6-7-12}$$

由式(6-7-12)可知,由于考虑了摩擦力的作用,结果使($\rho-m$)恒大于 0,当水域的

深度随 x 增大而递减时，则 $(\rho-m)$ 的值随 x 增大而递增，故摩擦力的作用使潮波振幅越来越小，同时，截面积 S 的减小使振幅也以指数形式递增。因此，实际振幅的大小取决于这两个因素的共同作用。当然，当 $x\to\infty$ 时，摩擦力的累积效应将潮能耗尽，振幅 $\zeta=0$。图 6.11 为不同的截面积变化率所对应的潮波振幅随 x 的变化曲线。为了便于比较，又假设水域的宽度不变，截面积的变化仅由水深变化而起，即 $\alpha_2=0$，$\alpha=\alpha_1$ 取 $H_0=30$ m，$\mu=10^{-4}\ \mathrm{s}^{-1}$，$\sigma=1.454\ 44\times10^{-4}\ \mathrm{s}^{-1}$。

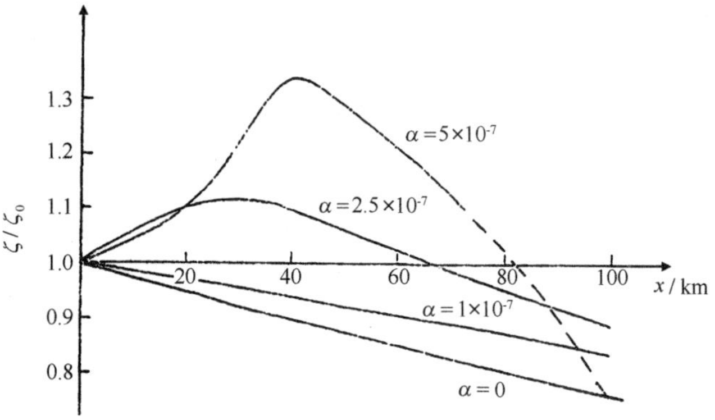

图 6.11　不同的 α 值所对应的振幅变化曲线

虚线部分表示水深 $H\to0$，此值已无实际意义

由图 6.11 可知，对于不同的 α 值，当 $x\to0$ 时，振幅 ζ 均趋于 0；当 $\alpha=0$，或 α 值很小时，振幅 ζ 出现先增大后减小的现象，并且 α 值越大，这一现象越明显。从而表明，当截面积变化甚小时，摩擦力引起的潮能消耗总是大于潮能的集中；当水深变化较大时，起初由截面积的减小而引起的潮能集中大小摩擦力的潮能消耗，但后来，摩擦力的累积效应不断增加，致使潮能的消耗大于集中，故潮波振幅减小，直至为 0。由此可以推知，当协振潮波在开阔的浅水区由外海向平直的海岸传播时，若水深变化甚微，则振幅递减；若水深变化较快，则振幅可能会出现先增大然后再减小的现象。这就意味着在开阔的浅滩中，最大潮差不出现在岸边，而是出现在距岸相当远的海上。对此，已被我国苏北浅滩的观测资料所证实。

另外，由图 6.11 还可推知，若水域的截面积很快变小，也就是说在水深和水域宽度很快变小的区域，或两股水流相交汇的区域，由于潮能的急剧集中，必然使潮波振幅突然增大并导致特大流速，即所谓潮汐激流的出现。当然，这种特大流速所持续的时间都是短暂的。

如果水域的深度不变而宽度变小，此时，$\alpha_1=0$，$\alpha=\alpha_2$，故式(6-7-11)为：

$$m=m_0=\frac{\sigma^2}{gH_0}-\frac{\alpha^2}{4},$$

$$\rho^2=\rho_0^2=m_0^2+\left(\frac{\mu\sigma}{gH_0}\right)^2. \tag{6-7-13}$$

而式(6-7-12)变为：

$$\zeta=\zeta_0 e^{\frac{1}{2}(\alpha_2-\sqrt{2}\sqrt{\rho_0-m_0})x}\cos(\sigma t-Kx). \tag{6-7-14}$$

显然，当 $\alpha_2<\sqrt{2}\sqrt{\rho_0-m_0}$ 时，式(6-7-14)才满足边界条件(6-7-3)，即当 $x\to\infty$ 时，$\zeta=0$。当 $\alpha_2\geqslant\sqrt{2}\sqrt{\rho_0-m_0}$ 时，因这一情况已不满足本书前面提到的 W. K. B 方法所需要的限制性条件，在此不予讨论。上述情况表明，在等深的喇叭状海湾中，如果它的宽度变化很缓慢，则由摩擦力而引起的能量消耗要大于由于截面积的缓慢变化而形成的能量集中，所以在这样的海湾中，潮差由湾口向湾顶递减，不会出现大潮差。由此可知，如果海湾中发生大潮差，那么一定出现在宽度变化比较大的喇叭状海湾中，实际上，几乎所有的喇叭状海湾在宽度变窄的同时，其深度也变浅。这样，W. K. B 方法所要求的条件也易于满足。当协振潮潮波传入这样的海湾时，开始由于截面积的迅速减小(宽度和深度减小)使潮能急剧集中，振幅迅速增大；但后来，摩擦消耗的潮能不断增加，使振幅减小，以至为 0。所以，潮差出现了先增大后减小的现象，如果海湾不太长，最大潮差可能出现在湾顶；如果海湾相当长，最大潮差可能在湾口和湾顶之间出现，而湾顶的潮差可能很小，甚至为 0，图 6. 12 为杭州湾的潮差的理论变化曲线，所取数据如下：$H_0=10$ m，$\alpha_1=1.32\times10^{-7}$，$L_0=100$ km，$\alpha_2=1.61\times10^{-7}$，其他数据同前，由图 6. 12 可知，其最大潮差出现在距湾口 90～120 km 之间。实际，杭州湾的最大潮差出现在距湾口约 100 km的澉浦，可见理论计算与实际情况颇相吻合。

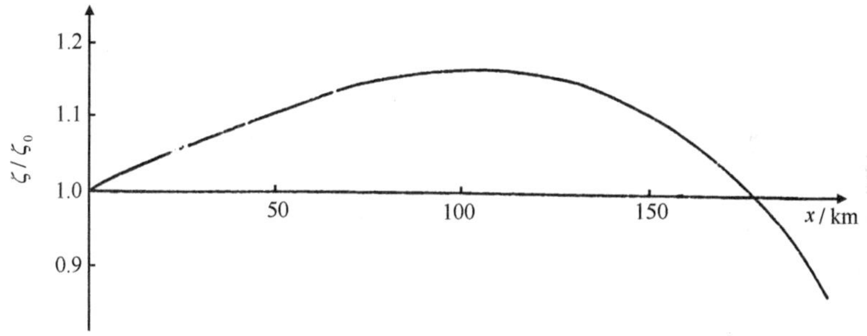

图 6. 12 杭州湾最大潮差变化曲线

(二)关于摩擦力的作用

从上面的分析讨论，摩擦力的作用已经看得比较清楚，为进一步了解摩擦力的作用，假定 $\mu=0$，这时式(6-7-8)变成：

$$\zeta=\zeta_0\sqrt{\frac{S_0}{S}}\sqrt[4]{\frac{\rho_0}{\rho}}\cos(\sigma t-Kx). \tag{6-7-15}$$

若再令截面积 S 呈缓慢地线性变化，其变化率为 β，这样，$\rho=\left(\frac{\sigma^2}{gH}+\frac{\beta^2}{4S}\right)$，通过比较

略去小量，得 $\frac{\rho_0}{\rho} \doteq \frac{H}{H_0}$，故得

$$\zeta = \zeta_0 \sqrt{\frac{L_0}{L}} \sqrt[4]{\frac{H_0}{H}} \cos(\sigma t - Kx). \tag{6-7-16}$$

这与 Ary-Green 的结果完全一致，由式(6-7-16)可知，当 $L \to 0$ 或 $H \to 0$ 时，则 $\zeta \to \infty$，显然，这与实际情况不符合，由此可知，Ary-Green 公式与实际相差太远，是忽略了摩擦力的结果。另外，波长变化与摩擦力有关，正如式(6-7-8)所示，其关系是相当复杂的。

(三)结论

本书运用 W. K. B 方法，首次求得了一维潮波在截面积变化水域中阻尼运动的解析解。结果表明，这是一种振幅和波长皆随空间 x 变化的进行波，振幅的变化取决于截面积的变化和摩擦力的作用两个因素。截面积的减小使振幅增大，摩擦力的作用则使振幅减小，而实际振幅则取决于这两个因素共同作用的结果。当潮波在开阔的浅滩中由外海向近岸传播或传入喇叭状海湾中，振幅会出现先增大后减小的现象。如果水域的截面积变化很小时，振幅可能会一直减小。由此可知，在开阔的浅滩中，最大潮差不会出现在岸边，而是出现在距岸相当距离的海上，除苏北浅滩外，渤海中的莱州湾浅滩和辽东湾浅滩也出现了这种情况；另外，并非所有的喇叭状海湾都能形成大潮差，就是在那些能够发生大潮差的喇叭状海湾中，其最大潮差也并非都在湾顶，在某些海湾，出现在湾口与湾顶之间某一区域。

书中分析了摩擦力在潮波运动中的作用，如果不考虑摩擦力，本书结果就与 Ary-Green 的结果相一致。

由式(6-7-9)、(6-7-11)可知，由于其潮运动的能量皆来自于口门($x=0$)处的潮差 ζ_0。且潮流大小与潮差成正比。由此可知，当流域截面积缩小使潮差增大时，其潮流亦随之也增大；反之，流域截面积变大时，其潮差变小，其流速亦将随之变小。也就是说，本书的结论也同样适用于潮流。实际上，潮能的集中与减小，就是指潮波运动中所拥有的位能与动能的集中与减小，两者是密不可分的。

第八节　关于陆架海区潮流运动方向旋转的研究

在分析整理渤海、黄海区的海流观测资料时，我们发现海区内潮流运动方向的旋转是异常复杂而多变的。有的区域，潮流的旋转方向以反时针为主，有的区域则以顺时针为主；有的区域潮流的旋转方向比较稳定，有的区域则很不稳定。更令人感兴趣的是有的区域，即使在同一天的观测中，其不同层次的旋转方向可以彼此不同；而且，有的层次其流向还仅仅被局限在某一定方位内进行摆动(见表 6.1)。

当然,上述现象不会是渤海、黄海所独有,而是一种具有普遍存在性的现象。因此,对于这种客观存在的复杂现象进行分析研究,在理论上和实践上都是有意义的。

一、方程的建立与求解

众所周知,物体运动方向的偏转,是由于受到一个与其运动方向相垂直的横向力作用的结果。同理,潮流运动方向的偏转,也必然是由于受到了一个横向力作用的结果。因此,欲想探讨潮流运动方向发生偏转的原因,就必须从动力学出发,对于作用于海水质点上的诸力逐一进行分析比较。

在陆架海区为协振潮波运动,对于正压海洋,若不考虑风应力,其运动方程是:

$$\frac{\partial u}{\partial t}+\mu u+g\frac{\partial \zeta}{\partial x}=0,$$

$$\frac{\partial v}{\partial t}-\mu v+g\frac{\partial \zeta}{\partial y}=0,$$

式中,u 与 v 分别为潮流流速在 x 和 y 轴上的分量,μ 为摩擦系数,g 为重力加速度,ζ 为海面起伏。由于摩擦力总是与流速运动的方向相反,它在流速运动横向上无分量存在,故摩擦力对于潮流运动方向的偏转无贡献。这样,上述运动方程就简化为:

$$\frac{\partial u}{\partial t}+g\frac{\partial \zeta}{\partial x}=0,\tag{6-8-1}$$

$$\frac{\partial v}{\partial t}+g\frac{\partial \zeta}{\partial y}=0.\tag{6-8-2}$$

其连续方程为:

$$\frac{\partial \zeta}{\partial t}+h\left(\frac{\partial u}{\partial x}+\frac{\partial v}{\partial y}\right)=0,\tag{6-8-3}$$

式中,h 为水深,是常量。

为了研究方便起见,本书不但对运动方程取线性形式,而且也只给出两个边界条件,而在解中尚保留着两个待定常数。结果表明,这样的处理既大为简化了数学运算,又达到了本书的研究目的。

上述运动方程的两个边界条件是:

$$x=0,u=0,y=0,v=0.\tag{6-8-4}$$

根据方程式(6-8-1)、(6-8-2)、(6-8-3),利用边界条件(6-8-4),则可以求得

$$\left.\begin{aligned}u&=a\sin\frac{\sigma}{c}x\sin(\sigma t+\alpha_1),\\ v&=b\sin\frac{\sigma}{c}y\sin(\sigma t+\alpha_2),\end{aligned}\right\}\tag{6-8-5}$$

式中,a 与 b 为待定常数,σ 为圆频率,$c=\sqrt{gh}$ 为波速,α_1 与 α_2 分别为 u 和 v 的初位相。

由式(6-8-5)就可以求得水质点的运动轨迹。

$$\left.\begin{aligned} x &= A\sin\frac{\sigma}{c}x\cos(\sigma t+\alpha_1),\\ y &= B\sin\frac{\sigma}{c}y\cos(\sigma t+\alpha_2),\end{aligned}\right\}\tag{6-8-6}$$

式中,$A=-\dfrac{a}{c}$,$B=-\dfrac{b}{c}$,皆为待定常数。

由式(6-8-6)则又可求得水质点的运动轨迹方程

$$\frac{x^2}{A^2\sin^2\frac{\sigma}{c}x}+\frac{y^2}{B^2\sin^2\frac{\sigma}{c}y}-\frac{2xy}{AB\sin^2\frac{\sigma}{c}x\sin\frac{\sigma}{c}y}\cos(\alpha_2-\alpha_1)=\sin^2(\alpha_2-\alpha_1).\tag{6-8-7}$$

式(6-8-7)即为椭圆曲线方程。这表明,协振潮波的水质点仅仅在水平压强梯度力的作用之下进行运动时,由于受到岸界的约束作用,其水质点的运动轨迹在水平面上就表现为一种椭圆型的曲线运动。下面就以式(6-8-7)为依据,分几种情况进行分析讨论。

二、求解结果的分析与讨论

1. 当 $\alpha_2-\alpha_1=0,\pi$ 时,此时式 (6-8-7)就变成

$$\frac{x}{A\sin\frac{\sigma}{c}x}=\pm\frac{y}{B\sin\frac{\sigma}{c}y},\tag{6-8-8}$$

上式表明,当水质点运动速度 u 与 v 的位相差值为 0(π 不是本问题的解)时,则水质点的运动轨迹为一直线。此时

$$\left.\begin{aligned} u &= a\sin\frac{\sigma}{c}x\sin(\sigma t+\alpha_1),\\ v &= b\sin\frac{\sigma}{c}y\sin(\sigma t+\alpha_2),\end{aligned}\right\}\tag{6-8-9}$$

式(6-8-9)表明,u 与 v 同步变化,潮流的运动方向并不发生偏转,为往复式的周期运动。

2. 当 $\alpha_2-\alpha_1=\pm\dfrac{\pi}{2}$ 时,则式(6-8-7)就变成:

$$\frac{x^2}{A^2\sin^2\frac{\sigma}{c}x}+\frac{y^2}{B^2\sin^2\frac{\sigma}{c}y}=1,\tag{6-8-10}$$

式(6-8-10)表明,当流速 u 与 v 的位相差为$\pm\dfrac{\pi}{2}$时,水质点的运动轨迹为椭圆,其旋转

方向则取决于位相差值是正或负。如果

(1)当 $\alpha_2-\alpha_1=-\dfrac{\pi}{2}$ 时,则有:

$$\left.\begin{aligned}u&=a\sin\frac{\sigma}{c}x\sin(\sigma t+\alpha_1),\\v&=-b\sin\frac{\sigma}{c}y\cos(\sigma t+\alpha_1),\end{aligned}\right\}\tag{6-8-11}$$

式(6-8-11)表明,当水质点的运动速度 v 与 u 的位相差为 $-\dfrac{\pi}{2}$ 时,即 v 的变化落后于 u 为 $\dfrac{\pi}{2}$ 时,则此时潮流的运动方向呈反时针旋转。

(2)当 $\alpha_2-\alpha_1=\dfrac{\pi}{2}$ 时,则有

$$\left.\begin{aligned}u&=a\sin\frac{\sigma}{c}x\sin(\sigma t+\alpha_1),\\v&=b\sin\frac{\sigma}{c}y\cos(\sigma t+\alpha_1),\end{aligned}\right\}\tag{6-8-12}$$

式(6-8-12)表明,当水质点运动速度 v 与 u 的位相差值为 $\dfrac{\pi}{2}$ 时,即当 v 较 u 超前 $\dfrac{\pi}{2}$ 变化时,则此时潮流的运动方向呈顺时针旋转。

3. 当 $-\dfrac{\pi}{2}<(\alpha_2-\alpha_1)<0$,或 $0<(\alpha_2-\alpha_1)<\dfrac{\pi}{2}$ 时,此时水质点的运动轨迹为倾斜式椭圆,其潮流运动方向的旋转分别为反时针或顺时针。

图 6.13 绘制的是 u 与 v 由于位相差值的不同而对应的潮流运动方向旋转的示意图。由于 u 与 v 是两个相互垂直、频率相同的周期性运动,一般情况下,其合成运动是旋转式的椭圆运动,其椭圆的主轴及旋转方向皆由 v 与 u 的位相差值而定。在特殊情况下,椭圆可以变为圆或蜕化为直线。

需指出,海区内每点潮流的运动方向、旋转方式及其变化,都是由潮流场的运动整体所决定,每个点仅是其运动整体的有机组成部分。

三、潮流旋转方向的不稳定性

观测资料还表明,渤、黄海中几乎所有测点的潮流运动方向的旋转方式都不是固定不变的。表 6.1 列出我们在 1970—1971 年期间在南黄海中部 9 个站的多次观测结果。它表明,该区域的潮流运动方向的旋转是复杂而多变的。有的站以顺时方向旋转为主,有的则以反时针为主;有的站其旋转方向比较稳定,有的则不够稳定。总的看来,下层较上层要稳定些,冬季较夏季要稳定些。

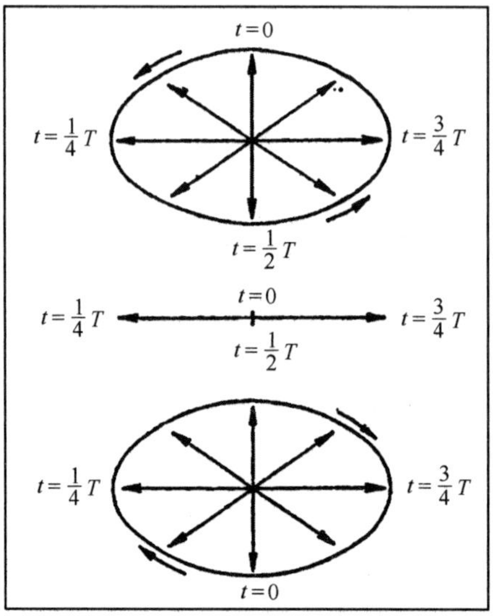

图 6.13　由于 u 与 v 位相差值的不同而对应的流向旋转示意图

表 6.1　南黄海中部 9 个测站流向旋转一览表

站号	时间	表层	10 m	20 m	30 m	40 m	50 m	底层	风级	风向
3605	1970 年 8 月	摆动	摆动	反	反			反	2	不稳定
	1970 年 9 月	摆动	摆动	摆动	反			反	4	东南
	1970 年 10 月	顺	反—顺	反	反			反	6	南
	1971 年 2 月	反	反	反	反			反	4	不稳定
	1971 年 5 月	反—顺	摆动	摆动	反			反	5	东南
	1971 年 7 月	顺	顺	顺	反			反	4	不稳定
3607	1970 年 8 月	摆动	顺	顺	反	反	反	反	4	南
	1970 年 9 月	顺	顺	顺	顺	顺	顺	顺	5	东北
	1970 年 10 月	顺—反	顺	顺	顺	顺	摆动	顺	6	北、西北
	1971 年 2 月	顺	顺	顺	顺	顺	顺	顺	5	北、西北
	1971 年 5 月	摆动	顺	摆动	摆动	缺	顺	摆动	5	南
	1971 年 7 月	顺	顺	摆动	摆动	摆动	顺	反	3	东、东南
3609	1970 年 8 月	反	顺	摆动	反	反	摆动	顺-反	3	不稳定
	1970 年 9 月	顺	顺	摆动	反	反	反	反	4	东北
	1971 年 5 月	反	反	反	摆动	反	反	缺	3	南
	1971 年 7 月	顺	顺	顺	反	顺	顺	反	5	东南
3504	1970 年 9 月	反	反	反	反			反	3	东北
	1970 年 11 月	反	反	反	反			反	5	西、西南
	1971 年 5 月	反	反	反	反			反	5	南

续表

站号	时间	表层	10 m	20 m	30 m	40 m	50 m	底层	风级	风向
3506	1970 年 9 月	摆动	顺—反	摆动	摆动	反	顺	顺—反	6	北、东北
	1970 年 10 月	摆动	摆动	摆动	反	反—顺	摆动	反—顺	7	西北
	1971 年 5 月	摆动	反	摆动	摆动	摆动	摆动	摆动	7	南
3508	1970 年 9 月	顺	顺	顺	顺	顺	顺	摆动	3	不稳定
	1971 年 5 月	摆动	摆动	顺	顺	顺	顺	顺	4	东南
3406	1970 年 8 月	顺	摆动	摆动	摆动			反—顺	5	南
	1970 年 9 月	摆动	摆动	摆动	摆动			反	4	东北
	1970 年 10 月	顺	顺	顺	顺			顺	4	北、西北
	1971 年 5 月	顺	顺	顺	顺			顺	3	不稳定
3407	1970 年 8 月	顺	顺	顺	顺	顺	顺	顺	4	不稳定
	1970 年 9 月	顺	顺—反	顺—反	顺	顺	顺	顺	3	不稳定
	1970 年 10 月	顺	顺	顺	顺	顺	顺	顺	3	北、西北
	1971 年 5 月	顺	顺	顺	顺	顺	顺	顺	5	南
3409	1970 年 8 月	顺	顺	顺	顺	顺	顺	顺	4	东
	1970 年 9 月	顺—反	顺—反	顺	顺	顺	顺	顺	4	不稳定
	1970 年 10 月	顺	顺	顺	顺	顺	顺	顺	8	北、西北
	1971 年 5 月	顺	顺	顺	顺	顺	顺	顺	4	不稳定

潮流运动方向的旋转为什么会出现如此错综复杂的变化，显然是一个很有意义的理论研究课题。这种客观现象表明，潮流运动方向的旋转除去地形和水平压强梯度力这两个因子的作用外，必定还有风应力及其他一些因子的临时性的作用，且与地转偏向力的作用力无关。否则，对上述那些“异常”现象就无法进行解释。另外，这也再次证明在潮波运动方程中是完全不应该考虑地转偏向力的作用，以及潮波运动中的水平运动(u)和垂向运动(ζ)并非是同一个水质点的两种不同形式所为，即，水质点的运动轨迹决不是一条封闭的椭圆曲线，两者的运动方式可以不同。

第九节　结果与讨论

本书首次以引潮力的势函数为依据，绘制出了引潮力的球面、剖面分布图，并论述了引潮力的力学特征。首次以数学模型的解析解为依据，论述了海潮运动的形成机制及运动特征。本书的研究结果，总结如下：

一、引潮力

(一)引潮力的定义及性质

所谓引潮力,就是引潮天体(月球和太阳的合成体)对地球的万有引力与该引潮天体对地球中心点的万有引力两者之间的矢量差。它是一种超距离作用的非接触性作用力,是一种为海水的潮运动提供运动能量的策动力,不是直接驱使海水产生潮运动的驱动力。

(二)引潮力作用的整体性

除地球的中心点外,地球上各点皆受到了引潮力的作用。如果引潮天体位于赤道上空,以赤道为中心从54°44′N到54°44′S整个区域范围内所有点都将受到引潮力向上的提拉作用;以北、南两极为中心点的其他区域内所有各点则皆受到引潮力向下的按压作用。引潮力的提拉作用区和按压作用区就构成了引潮力的一个协调统一的作用力场。地球上所有的潮运动(固体潮、海潮、大气潮),都是引潮力场的整体作用行为,不是局部引潮力的局地作用行为。另外,由于引潮天体星下点为最大引潮力点,引潮天体又周期性地往返于赤道两侧。因此,以赤道线为中心的低、中纬度区将是引潮力场的最强作用力区。

(三)引潮力的作用类型

当引潮天体位于赤道上空时,此时的引潮力场将以赤道平面为中心呈现出南、北两个半球完全的球对称,星下点处的引潮力就成为正规的半日潮型,对此种典型的引潮力(场)就定义为Ⅰ型引潮力(场)。当引潮天体偏离赤道时,引潮力(场)就随之出现了周日不等现象,当引潮天体偏离赤道最远时,引潮力的周日不等现象就最为强烈,对这种周日不等现象最为强烈的典型引潮力(场),就定义为Ⅱ型引潮力(场)。由于引潮天体在赤道两侧往返一次的周期为一个回归月,故典型引潮力(场)由Ⅰ型演变到Ⅱ型,或由Ⅱ型演变到Ⅰ型,其相互演变的周期就为1/2回归月。

综上所述,引潮力(场)共有两种作用典型:一种是正规的半日潮型,即周日不等现象最小型,称为Ⅰ型引潮力(场);另一种是周日不等现象最大型,称为Ⅱ型引潮力(场)。这两种典型引潮力(场)之间是相互转换的,其相互转换周期为1/2回归月。

二、海潮运动的形成机制及基本特征

世界海洋是一个独立自主的运动系统,它在引潮力(场)的策动作用下,海潮运动必然就有两种不同性质的运动形态。首先,由于它是一个受迫运动系统,潮运动中就必然有着相应的被迫性。对这种在引潮力的直接强迫作用下所产生的潮运动,就称为天文潮。其次，由于它又是一个独立自主的运动系统，潮运动中必然又有相应的独立自主性。对这种由海洋独立自主所决定的潮运动，就称为自主潮。由于这两种潮运动的能量都是直接来自于引潮天体的策动作用，故又把它们合称为引力潮。此外，对于小区域的陆架海区而言，它们在邻近大洋水体的胁迫作用下也能产生潮运动。由于这种潮运动的能量是来自于邻近海洋的胁迫作用，故称为协振潮。下面就依此对这 3 种潮运动的形成机制及基本特征予以简述。

(一)引潮力直接作用下的天文潮运动

由于无界海洋中的潮运动完全是在引潮力(场)的直接策动作用下而产生的，所以，无界海洋的潮运动就是天文潮。无界海洋潮运动的形成机制和运动特征，就是海洋中天文潮的形成机制和运动特征。这样，就可以无界海洋中数学模型的求解结果为依据，对天文潮的形成机制和基本特征阐述如下。首先需指出：天文潮是世界海潮运动的主体，也是海潮运动能量的承载者与传递者，天文潮为世界海洋所共有。天文潮潮波的运动形态简单，它没有驻波，只有进行波，且潮流、潮位皆为波长、初位相相同的单一进行波，它们之间是相互独立的。潮流的振幅与引潮力成正比，与引潮力的周期成反比；潮位的振幅与引潮力和水深成正比，与波长成反比。

由于引潮力的主作用力区是在以赤道为中心线的南、北两半球的低、中纬度区，因此，世界海洋的天文潮也是以该区域的天文潮为主体。由于天文潮的潮流、潮位的波长、初位相皆相同，这表明天文潮的动能和位能同时以相同的速度向全球海洋传播，故，世界上所有海洋的天文潮是相同的，天文潮的增幅因子、相位因子为世界海洋所共有。

由上述可知，引潮力的周期，就是天文潮的周期；引潮力量值的大小，就决定了天文潮的大小；引潮力的作用类型(Ⅰ型，Ⅱ型)，就决定了天文潮的运动类型(Ⅰ型，Ⅱ型)。天文潮初位相量值的大小，就决定了引潮力对天文潮输入潮能的多少。当 $\beta = \frac{\pi}{2}$，天文潮有最大值，就表示引潮力输入的潮能最多，这就是共振响应。当 $\beta = 0$，天文潮为 0，表示引潮力没有输入潮能。这有两种情况存在：一是“平衡响应”，另是“微弱响应”。所谓“平衡响应”，就是引潮力的周期远大于海洋的固有振动周期，引潮力与压强梯度力和重力三者达成平衡。所谓“微弱响应”，就是引潮力的周期远小于海洋的固有振动周期，引潮力无法对海洋输入潮能。由于天文潮运动要滞后引潮力 1/4 周期，再加上海洋水体的巨大惯性及摩擦力的作用，引潮力与天文潮运动之间的相位差为 1 d，即天文潮的潮令为 1 d。也就是说，今天的海潮运动是昨天的引潮力作用的结果。

(二)有界海洋中的自主潮运动

有界海洋在获得了潮能之后，除了在引潮力的直接强迫作用下产生天文潮外，还将依据海洋自己的环境条件(岸形、底形、水深)对潮能进行统一配置，形成独有的潮运动场(潮流场和潮位场)，即产生自主潮。

尽管假设海洋是一种理想化的等深、矩形海洋,引潮力是单一的谐波力,数学模型是最简单的一维线性运动方程和连续方程,但其求解结果的复杂性还是超出了人们的想象。其潮流场和潮位场都是由各不相同的复杂的复合进行波和复合驻波组成,它们的波长、增幅因子、相位因子都对应着各不相同的由三角函数、双曲函数组成的空间位置(x)的函数表达式。由求解结果可知,有界海洋的潮运动是由两部分组成:一是与引潮力密切相关的天文潮。天文潮决定了潮运动的周期、强弱、类型。二是由有界海洋自身的环境条件自主决定的自主潮。自主潮不仅自主决定了以驻波为主体的潮运动场(潮流场、潮位场),还自主决定了潮波的波长、波向、增幅因子、相位因子。也就是说,自主潮是海洋自主决定了潮流场中每个点的流向、流速大小、涨落潮流的发生时刻及持续时间;自主决定了潮位场中每个点的潮差大小、涨落潮的发生时刻及其持续时间。总之,海洋自己依据自身条件自主决定海潮运动场的运动形态及其场内每个点的潮运动元素。

(三)协振潮

协振潮通常是发生在陆架海区,它的潮能是来自于邻近海洋的胁迫作用。协振潮虽然也拥有独立的潮运动系统,但其运动形态简单。首先,其进行波和驻波的波长不仅是完全相同的,且还都是单一波的波长。其次,其潮流的进行波是正弦波,潮位的进行波则为余弦波。这表明,协振潮中的动能与位能在传播过程中是完全确定的相互转换关系。另外,协振潮波中驻波的振幅是随海区的水平尺度 l 呈指数衰减,这表明在大洋区内是不存在协振潮运动系统的。由于协振潮中的进行波的振幅是随距口门区的距离 x 呈指数衰减,这表明协振潮潮能的传播距离也是有限度的。最后需指出,在陆架海区是否存在协振潮的唯一判别依据是:在其口门区外侧是否存在着动能与位能的相互转换区,即是否存在着潮流场的辐合、辐散区。

三、潮波的属性

教科书中认为潮波是横波,是重力波,水质点的运动轨迹是一条封闭的椭圆曲线。本书不赞同这种观点。首先,在潮波运动中,使水质点产生水平运动的作用力是水平压强梯度力,使水质点产生上下运动的作用力是重力与垂向压强梯度力两者的合力,不是重力。因此,不能把潮波称为重力波。另外,对于潮波中的水位(ζ)而言,它的传播方向与其作用力的方向相垂直,故为横波;但对于潮波中的水平运动而言,潮流(u)的传播方向又与其作用力的方向相同,故又为纵波。由此可知,既不能仅以其水质点的垂向运动就判定潮波为横波,也不能仅以其水质点的水平运动就判定潮波为纵波。实际上,潮波是一种横波、纵波两者兼而有之的混合波。也就是说,潮波的位能是以横波的形式传播的,潮波的动能是以纵波的形式传播的,两者之间是相互独立的。这充分表明,潮波运动中水质点的运动轨迹决不是一条封闭的椭圆曲线。

另外,由于潮波运动中的水平运动(u)的作用力是水平压强梯度力,即海面的倾斜;其垂向运动(ζ)的作用力是重力与垂向压强梯度力两者的合力,即水柱体的“散度”(水柱体的辐合、辐散)。因此,在Ⅱ型流场期间(即潮流场和潮位场出现最大周日不等的期间),在海洋中的某局部区域会出现潮流与潮位两者的运动周期不同步现象。如,在渤海的黄河口海域,在Ⅱ型流场期间,该区域的潮位已变为正规的全日潮,但其潮流却依然是正规的半日潮;与此同时,在渤海海峡区域,潮流已变为不太正规的全日潮流,但其潮位却依然为正规的半日潮。

四、引潮力对海洋潮能的输入

(一)潮能输入的关键条件

引潮力输送给海洋潮能的多少,除了与引潮力本身的量值大小有关外,更重要的是取决于引潮力的周期与海水质点的固有振动周期两者之间差值的大小所决定。当两者的差值非常小或几乎为 0 时,此时引潮力所输送给海洋的潮能最多,称为共振潮。反之,若两者的差值非常大时,此时引潮力所输送给海洋的潮能最小或为 0,称为平衡潮或无潮运动。

(二)潮能输入的有限性

对于稳定的海潮运动而言,引潮力所输入的潮能是一个有限的量,其所需要输入的潮能恰好与海潮运动所消耗的潮能两者相平衡即可。也就是说,欲使稳定的海潮运动永恒地持续下去,引潮力只需及时地补充由于摩擦力所消耗的潮能即可。由此可知,引潮力所输送给海洋的海潮运动的潮能与海洋本身所拥有的潮能是两个完全不同的概念,决不能把两者等同视之。前者是一个有限量,可以通过摩擦力的消耗予以准确计算;后者则是一个难以准确计算的无限量。

(三)潮能输入的无限性

本书认为,引潮力所输入给海洋的潮能是无限的。首先,人们在计算潮能的输入和消耗时,所选用水质点的运动速度仅限于潮流的流速。实际上,在物理学功率计算公式中的速度,并没有限定该速度一定是在作用力 F 的直接作用下所为。因此,在计算引潮力所输送给海洋水体的潮能时,也应把非潮流流速也包括在内。也就是说,应该把非潮流流场也包括在内。在现实海洋中,各种速度场是无限的,因此,引潮力所输送给各种速度场的潮能也是无限的。其次,在天文潮中的动能(u)和位能(ζ)是同步获得的,它们之间又不能相互转换;另外,在自主潮的驻波运动中,也只有部分位能够转换为动能。对于这些不能转换为动能的位能,也没有计算在内。总之,本书认为,对于引潮力到底输送给海洋多少潮能,是无法进行准确计算的,也可以说是个无限量。所以,人们可以大胆地利用潮能,因为潮能是取之不竭、用之不尽的能源。

五、局部区域大潮的成因

对于在大洋和近海中某些局部区域所出现的大潮现象,多数人认为是“共振潮”现象,少数人认为是潮波在传播过程中由于截面积缩小引起潮能急剧集中所致。本书认为“共振潮”之说没有理论依据,所以我们支持“潮能集中”的观点。我们首次运用W. K. B方法求得了一维潮波在截面积变化水域中阻尼运动方程的解析解。求解结果表明,这是一种振幅和波长皆随空间(x)变化的进行波。振幅的变化取决于截面积的变化和摩擦力作用两个因素。截面积的减小就使潮能集中导致振幅增大,摩擦力的作用就使潮能消耗,导致振幅减小,而实际振幅则取决于这两个因素共同作用的结果。当潮能的集中大于潮能的消耗时,潮位就升高,潮流就增强;反之,若潮能的消耗大于潮能的集中时,潮位就降低,潮流就变弱。利用本书的求解结果,不仅从理论上解释了杭州湾的最大潮差是出现在距湾口约 100 km 的澉浦而不是其湾顶的原因;还指出了苏北浅滩的最大潮差也不是出现在岸边而是出现在距岸相当距离的海上的原因所在。

六、现实海洋中潮流旋转方向的多样性和多变性

从我们所掌握的有限的观测资料看,现实海洋中潮运动的复杂性已超出了人们的想象。关于潮流的旋转方向,正如第八节中所列举的“南黄海中部 9 个测站流向旋转一览表”所展示的那样,有的区域是以顺时针方向旋转为主;有的区域则是以反时针方向旋转为主;有的区域其潮流的旋转是稳定的,有的区域其潮流的旋转很不稳定;更令人意想不到的是,有的测站在同一天的观测中,其不同层次流向的旋转方向竟然会不相同。观测结果表明,潮流运动方向旋转的这种多样性和多变性在其他海区也同样存在着。这应该是一种很普遍的运动现象,值得人们去思考和研究。

第七章　整体潮理论的实践检验与应用

第一节　引　言

在第六章中,依据整体潮理论,我们对海潮运动的形成机制及基本特征在理论上进行了较详细地论述,又利用数学模型的解析解进行了检验,获得了圆满成功。但是,这些理论成果最终还必须接受实践的检验;另外,依据动力学定义的要求,还必须提供出海潮运动的一种整体潮的预报方法。由此可知,第六章仅仅完成了海潮动力学的理论研究部分,在本章中,则要完成整体潮理论研究成果的实践检验与应用。

在第六章中,由于我们"跨越"了地转偏向力这个障碍,使我们能够依据数学模型的解析解对海潮动力学的理论研究能够顺利进行,获得了令人满意的结果。同样,欲想把这些理论研究结果能够应用于实践,就必须克服另外两个障碍:即选用一种正确的标志性引潮力和创立一种海潮运动所需求的牛顿时间系统。

第二节　标志性引潮力的确立

一、标志性引潮力必须具备的条件

不难证明,标志性引潮力必须同时具备这样两个条件:一是它必须永远是地球表面上引潮力中最大的引潮力;二是它的变化周期必须永远与引潮天体的运动周期保持完全相同。我们的研究与实践结果表明,引潮天体星下点处的引潮力是唯一正确的标志性引潮力。

二、引潮天体星下点的确定

所谓引潮天体星下点,是指引潮天体与地球中心联线在地球表面上的交点,即图7.1中的A点。该联线的延长线与地球表面上另外一个交点,即图7.1中的B点,则为引潮天体的下星下点。由于引潮天体总是以赤道为中心周期性地往返于赤道南北两侧,因此星下点不是固定点,它是一个不停地移动点,其移动周期为回归月。若以δ表示引潮天体的赤纬,那么,该星下点又可称为$\phi=\delta$的点(见图7.1)。

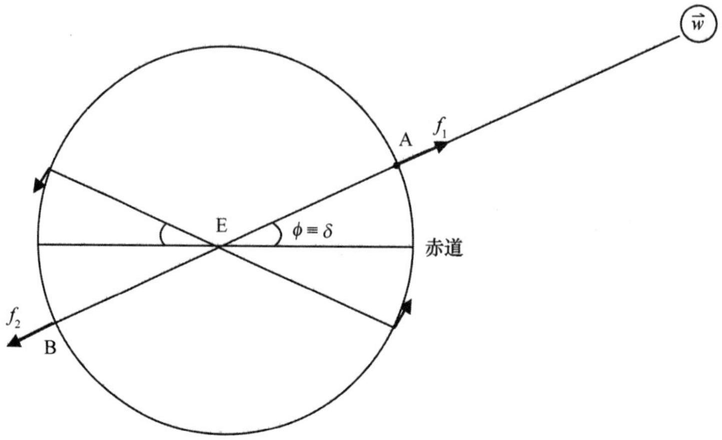

图 7.1 引潮天体星下点及其引潮力示意图

$\vec{w}$——引潮天体，ϕ——地理纬度，δ——引潮天体赤纬，

f_1——星下点处引潮力，f_2——下星下点处引潮力

三、星下点处引潮力的特点

由于星下点是地球表面上距引潮天体的最近点，因此，该点的引潮力就成为引潮天体对地球表面引潮力中量值的最大点，也是水平引潮力为 0 的点。另外，该点引潮力的变化周期也是唯一能够与引潮天体运动的周期保持完全相同的点。

四、星下点是唯一正确的标志点

由于引潮天体星下点处引潮力量值的大小仅仅取决于地球与引潮天体两者之间距离的远近，与引潮天体所处的地理纬度（即赤纬的大小）无关；另外，由于该点位于引潮天体 $\vec{w}$ 与地心 E 之间的联线上，因此该点引潮力的变化周期也能完全与引潮天体的变化周期完全一致。所以，在分析研究在引潮力作用下所产生的（固体潮、海洋潮、大气潮）潮运动时，引潮天体星下点处的引潮力就必然成为其唯一正确的标志性引潮力。

第三节　星下点处引潮力的计算

一、月球星下点处引潮力的计算

月球星下点处引潮力的表达式由 F_1 和 F_2 两部分组成，

$$F_1 = \frac{3}{2}U\left(\frac{\overline{R}}{R}\right)^3\left(\frac{1}{3} - 2\sin^2\delta + 3\sin^4\delta\right) +$$

$$\frac{3}{2}U\left(\frac{\overline{R}}{R}\right)^3\sin^2 2\delta\cos A +$$

$$\frac{3}{2}U\left(\frac{\overline{R}}{R}\right)^3\cos^4\delta\cos 2A, \qquad (7-3-1)$$

$$F_2 = \frac{15}{4}U\frac{a}{R}\left(\frac{\overline{R}}{R}\right)^4\sin^2\delta\left(5\cos^4\delta - 4\cos^2\delta + \frac{4}{5}\right) +$$

$$\frac{45}{8}U\frac{a}{R}\left(\frac{\overline{R}}{R}\right)^4\cos^2\delta\left(5\cos^4\delta - 8\cos^2\delta + \frac{16}{5}\right)\cos A +$$

$$\frac{45}{8}U\frac{a}{R}\left(\frac{\overline{R}}{R}\right)^4\sin^2\delta\cos^4\delta\cos 2A +$$

$$\frac{15}{8}U\frac{a}{R}\left(\frac{\overline{R}}{R}\right)^4\cos^6\delta\cos 3A, \qquad (7-3-2)$$

式中：$U = \frac{M}{E}\left(\frac{a}{\overline{R}}\right)^3 = 0.560\,1 \times 10^{-17}$,

R——月地距离，

$\overline{R}$——月地平均距离，

a——地球平均半径，

M——月球质量，

E——地球质量，

δ——月球赤纬，

A——月球时角。

二、太阳星下点处引潮力表达式

太阳星下点处引潮力的表达式为：

$$F_3 = \frac{3}{2}U'\left(\frac{\overline{R'}}{R'}\right)^3\left(\frac{1}{3} - 2\sin^2\delta' + 3\sin^4\delta'\right) +$$

$$\frac{3}{2}U'\left(\frac{\overline{R'}}{R'}\right)\sin^2 2\delta'\cos A' +$$

$$\frac{3}{2}U'\left(\frac{\overline{R'}}{R'}\right)^3\cos^4\delta'\cos 2A', \qquad (7-3-3)$$

式中：$U' = \frac{S}{E}\left(\frac{a}{\overline{R}}\right)^3 = 0.257\,2 \times 10^{-7}$,

R' ——日地距离,

$\overline{R'}$——日地平均距离,

S——太阳质量,

E——地球质量,

a——地球平均半径,

δ——太阳赤纬,

A' ——太阳时角。

由于星下点永远位于引潮天体与地心的连线上,所以星下点所处的地理纬度就永远与引潮天体的赤纬相同,即 $\phi \equiv \delta$ (或 δ'),因此在月球和太阳星下点引潮力的表达式中都永远不会出现地理纬度 ϕ 项。

三、引潮天体星下点处引潮力的计算

关于引潮天体星下点处引潮力的计算,首先选用北京时区,即以 120°E 子午圈为基准,依据式(7-3-1)、(7-3-2)计算出月球星下点处的引潮力,依据式(7-3-3)计算出太阳星下点处的引潮力。然后再用矢量合成的方法,计算出它们合力的最大值点及其所处的位置。

该位置点就是引潮天体(月球、太阳的合成体)的星下点,该位置点的引潮力就是引潮天体星下点处的引潮力。

由于引潮天体的星下点永远位于引潮天体与地心连线在地球表面上的交点上,因此不难理解,该(引潮天体星下点)点所处的位置,就是引潮天体(月球、太阳合成体)相对于地球的星下点位置;该点引潮力量值的大小就表示着引潮天体与地球之间距离的远近;该点引潮力的变化周期就是引潮天体的运动周期。因此,潮汐时间系统的建立就可以通过对引潮天体星下点处引潮力的计算来实现;典型潮汐时的划分也是通过典型引潮力的计算来实现。最后尚需指出,如果引潮天体位于南半球,就把下星下点(引潮力的最大点)作为其星下点。

四、引潮力的调和展开

对月球星下点处引潮力表达式(7-3-1)和(7-3-2)进行调和展开,就得出了附录2。由附录 2 可知,月球星下点处引潮力的调和展开式共有 167 项,而附录 4 的附表 1、附表 2 所提供的调和展开式仅有 88 项。两者相差 79 项。对太阳星下点处引潮力表达式(7-3-3)进行调和展开,就得到了附录 3。由附录 3 可知,太阳星下点处引潮力的调和展开式共有 65 项,与附录 4 的附表 3 相比,两者相差 6 项。

把附录 2 和附录 3 与附录 4 相比较可知:后者的调和展开式不仅丢掉了 85 项分潮,

而且它们所有的分潮的振幅中皆含有地理纬度 ϕ 的正、余弦函数项。传统的观点认为地理纬度 ϕ 是常数项，可以不予考虑。这种观点显然是错误的。因为，若 $\phi=0$，或 $\phi=\frac{\pi}{2}$ 时，其中相应的主要分潮就将消失。正因如此，在使用附录 4 的附表 1、附表 2、附表 3 进行潮汐（流）的分析和预报时，即使再引入一些数学分潮，也都不能获得准确的结果。因为对振幅而言，两者所有分潮振幅都完全不同；对位相和初相而言，其长周期、半日周期以及 1/3 日周期的一些主要分潮虽然完全相同，但其全日分潮则完全不同。这表明，传统的调和方法对全日分潮预报的准确性更差些是一种必然结果。

第四节　建立潮汐时间系统

由于地球上的潮运动是在月球、太阳两个天体的引潮力共同作用下所产生的，所以，研究地球潮运动的牛顿时间系统必定是以月球、太阳、地球三体相互运动而建立的时间系统，称为潮汐时间系统。对该时间系统的建立，简述如下。

一、潮汐日和潮汐时

在太阳时间系统里，规定地球相对于太阳自转 1 周为时间的恒定单位：太阳日。同样，在潮汐时间系统里，规定地球相对于引潮天体（太阳、月球合成体）自转 1 周为时间的恒定单位：潮汐日。对于北京时区而言，就是 120°E 子午圈相对于引潮天体自转 1 周所经历的时间。由于引潮天体的星下点处就是引潮力最大点的所在地，因此，只要计算出标准时区子午圈上最大引潮力点的所在地，也就得到了引潮天体星下点所处的位置，该点最大引潮力的发生时刻也就是引潮天体经过该子午圈上空（上中天）的发生时刻。这样一来，就可以把引潮天体两相邻的上中天之间的时间间隔，规定为潮汐日；把两相邻上中天之间的中间时刻规定为下中天的发生时刻；潮汐日的 1/24 为潮汐时。

在太阳时系统中，规定太阳上中天时刻为 12 时，其下中天时刻为 0 时。在潮汐时间系统中，则把引潮天体上中天时刻定为 0 时，其下中天时刻定为 12 时；但在实际工作中，我们又可把引潮天体下中天时刻也取为 0 时。其潮汐时的排列如下所示：

上中天

−5、−4、−3、−2、−1、0、1、2、3、4、5、6

下中天

−5、−4、−3、−2、−1、0、1、2、3、4、5、6

当然，也可以把下中天的 0 时定为 12 时，全天从 0 时到 23 时这样的时间排列。

二、两种典型潮汐时

由于引潮天体总是以地球赤道为中心往返于赤道两侧，其往返时间为 1/2 回归月。这样，引潮力场就必然具有两种固定的基本类型。一种类型如图 7.2a 所示：当引潮天体位于赤道上空时，此期间的引潮力场在北、南半球的地理分布完全是球对称的，引潮天体星下点处引潮力的周日不等为 0。这种典型的引潮力场称为Ⅰ型引潮力场，此期间的潮汐时称为Ⅰ型潮汐时。不难理解，在这种典型引潮力场的作用之下，世界海洋中的潮运动，包括哪些全日潮区在内，也必然都表现为正规的半日潮型，称为Ⅰ型潮运动。另一种类型如图 7.2b 所示，当引潮天体偏离赤道足够远时，此期间的引潮力场北、南半球地理分布的不对称性最强，引潮天体星下点处引潮力的周日不等也最大。这种典型的引潮力场称为Ⅱ型引潮力场。此期间的潮汐时称为Ⅱ型潮汐时。同样，在这种典型引潮力场的作用之下，世界海洋中的潮运动必然都表现为最强烈的周日不等型，其中的全日潮区则表现为正规的全日潮型，称为Ⅱ型潮运动。由此可知，这种典型的Ⅰ型时和Ⅱ型时，它们分别表征着两种典型的引潮力场，表征着在这两种典型引潮力场的作用下所产生的两种典型的潮运动场。这也是为什么在潮汐时间系统里，能够利用Ⅰ型Ⅱ型两种典型潮汐时对观测数据进行同潮汐时化整合的关键所在。

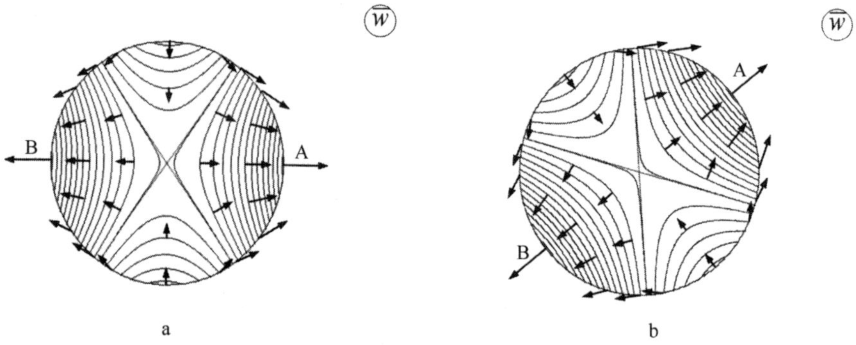

图 7.2 引潮天体位于赤道上空时（a）和引潮天体偏离赤道很远时（b）等引潮势剖面图（转引自《中国大百科全书》（1987））

$\overline{w}$——引潮天体，细线——等引潮势线，A——上星下点，箭矢——引潮力，B——下星下点

三、两种典型潮运动场的确定

如上所述，海洋中复杂的潮运动存在着两种典型的潮运动形态：一是当引潮天体位

于赤道上空时，此时海潮运动为正规的半日潮型；二是当引潮天体天体偏离赤道足够远时，海潮运动呈现出最强烈的周日不等型（其中的全日潮区表现为正规的全日潮型）。但是，这两种典型潮运动应该怎样确定？由于引潮天体由北半球跨越赤道进入南半球，或它由南半球跨越赤道进入北半球时，它在赤道上空是不会停留的。因此，引潮日出现周日不等为 0 的那种理想情况是很短暂的，也就是说，周日不等现象为 0 的半日潮运动存在的时间是很短暂的。在实践中，我们把引潮力的日差值 $\Delta F < 10.0 \times 10^{-5}$N 作为Ⅰ型潮运动的定量指标。对于Ⅱ型潮运动，我们把引潮力的日差值 $\Delta F \geqslant 70.0 \times 10^{-5}$N 作为其定量指标。其他的那些由Ⅰ型过渡到Ⅱ型的潮运动，或由Ⅱ型过渡到Ⅰ型的潮运动，都称为过渡型潮运动。

四、潮运动场强弱的确定

迄今为止，仍未见有人提供出一种用引潮力量值大小来确定大潮、小潮定量的有效计算方法，而仅仅是利用朔、望和上、下弦来判断之。实际上，这是一种很不准确的经验方法。既然引潮力是潮运动唯一的动力来源，因此，就应该完全用引潮力量值的大小作为判别潮运动强弱的唯一标准。我们提供的潮运动强弱的判别标准式是：

$$Q = aF + b\Delta F, \tag{7-4-1}$$

式中，Q 为潮运动强度；F 为引潮天体星下点处的引潮力，ΔF 为该点引潮力的日差值；a 和 b 为经验系数，它们是由观测资料确定的。我们的实践结果表明，大潮和小潮期间 a 和 b 的量值是不相同的。大潮期间：a=0.146 53，b=0.023 32。小潮期间：a=0.178 21，b=0.015 33。另外，大潮和小潮的判别标准，不同引潮力类型其判别标准也是不相同的。Ⅰ型引潮力：大潮的 Q 值为 $Q \geqslant 250 \times 10^{-5}$N，小潮为 $Q \leqslant 180 \times 10^{-5}$N。Ⅱ型引潮力：大潮的 Q 值为 $Q \geqslant 255 \times 10^{-5}$N，小潮为 $Q \leqslant 185 \times 10^{-5}$N。在编制潮流场永久预报表（即天文潮永久预报表）时，我们把 $Q > 290 \times 10^{-5}$N 定为特大潮，把 $Q < 140 \times 10^{-5}$N 定为特小潮。

由表 7.1、7.2、7.3 可知，在朔或望期间，并不一定都是发生大潮，有时会不发生大潮而仅仅发生中等潮。同样，在上弦或下弦期间，也不一定都是发生小潮，甚至有时会发生中等潮，有时小潮还会根本就不出现。另外，每次大潮、小潮持续的天数也不相同。由此可知，认为朔、望一定是大潮和上、下弦一定是小潮的传统观点，是不正确的，有人就曾以此为判别标准而得出黄河口某区“小潮流速大于大潮流速”的错误结论。另外，由表 7.1、7.2、7.3 可知，在 1992—1994 年这 3 年期间，每年的八月十五皆未发生大潮，都是中等潮。由此可知，关于在杭州湾每年八月十五皆发生大潮之说也是不可靠的。

最后需指出，我们的实践结果证明，对海潮运动而言，其潮龄为 1 d，即今天的潮运动与昨天的引潮力之间才有确定的因果关系。

表 7.1　1992 年大、小潮统计表

	一月	二月	三月	四月	五月	六月	七月	八月	九月	十月	十一月	十二月
朔	中等潮	中等潮	中等潮	大潮(4 d)	大潮(4 d)	大潮(6 d,特大2 d)	大潮(5 d,特大1 d)	大潮(5 d)	中等潮	大潮(5 d)	大潮(5 d)	大潮(2 d)
望	大潮(6 d)	大潮(4 d)	中等潮	大潮(2 d)	中等潮	中等潮	中等潮	中等潮	中等潮	大潮(5 d)	大潮(6 d)	大潮(6 d,特大1 d)
上弦	小潮(2 d)	小潮(1 d)	中等潮	中等潮	小潮(3 d)	小潮(3 d)	小潮(2 d)	小潮(4 d)	小潮(5 d,特小1 d)	小潮(5 d,特小2 d)	小潮(6 d,特小2 d)	小潮(5 d,特小3 d)
下弦	小潮(4 d)	小潮(5 d,特小1 d)	小潮(5 d,特小2 d)	小潮(6 d,特小2 d)	小潮(6 d,特小2 d)	小潮(4 d)	小潮(3 d)	小潮(2 d)	小潮(1 d)	小潮(1 d)	小潮(2 d)	小潮(3 d)

表 7.2　1993 年的大、小潮统计表

	一月	二月	三月	四月	五月	六月	七月	八月	九月	十月	十一月	十二月
朔	中等潮	中等潮	中等潮	大潮(3 d)	大潮(4 d)	大潮(4 d)	大潮(5 d)	大潮(5 d)	大潮(5 d)	大潮(6 d,特大2 d)	大潮(6 d)	大潮(5 d)
望	大潮(6 d,特大2 d)	大潮(6 d)	大潮(5 d)	大潮(4 d)	大潮(1 d)	中等潮	中等潮	中等潮	中等潮	大潮(2 d)	大潮(5 d)	大潮(6 d)
上弦	小潮(4 d)	小潮(4 d)	小潮(2 d)	中等潮	小潮(1 d)	小潮(2 d)	小潮(3 d)	小潮(4 d)	小潮(5 d,特小1 d)	小潮(4 d,特小2 d)	小潮(5 d,特小2 d)	小潮(3 d,特小2 d)

续表

	一月	二月	三月	四月	五月	六月	七月	八月	九月	十月	十一月	十二月
下弦	小潮(2 d)	小潮(4 d)	小潮(5 d,特小1 d)	小潮(5 d,特小3 d)	小潮(5 d,特小1 d)	小潮(3 d)	小潮(4 d)	小潮(3 d)	小潮(3 d)	小潮(2 d)	小潮(1 d)	小潮(1 d)

表 7.3　1994 年的大、小潮统计表

	一月	二月	三月	四月	五月	六月	七月	八月	九月	十月	十一月	十二月
朔	中等潮	中等潮	中等潮	中等潮	中等潮	中等潮	中等潮	大潮(3 d)	大潮(5 d)	大潮(6 d,特大2 d)	大潮(6 d,特大3 d)	
望	大潮(5 d)	大潮(5 d)	大潮(5 d)	大潮(5 d,特大1 d)	大潮(5 d)	大潮(3 d)	中等潮	中等潮	中等潮	中等潮	中等潮	
上弦	小潮(5 d,特小1 d)	小潮(4 d)	小潮(3 d)	小潮(2 d)	小潮(2 d)	小潮(2 d)	小潮(1 d)	小潮(1 d)	小潮(3 d)	小潮(2 d)	小潮(3 d)	
下弦	小潮(2 d)	小潮(4 d)	小潮(5 d)	小潮(5 d)	小潮(6 d,特小1 d)	小潮(4 d,特小2 d)	小潮(5 d,特小1 d)	小潮(4 d)	小潮(4 d)	小潮(3 d)	小潮(2 d)	

第五节　潮汐时间系统的应用

一、潮汐时间系统确实是潮运动的牛顿时间系统

整体潮理论认为，只有在牛顿时间系统里，所有在引潮力作用下所产生海潮、大气潮和固体潮的潮运动，其引潮力与潮运动之间才能有一种确定性的因果关系，潮运动才能真正成为一种遵从牛顿力学定律的确定性运动，即，才能成为一种“简单、确定、有序、

可逆的"牛顿运动。因此,潮汐时间系统建立之后,首先在海潮运动中对整体潮理论进行检验。为此,首先把有关海潮运动(潮位、潮流)的观测数据全都由太阳时时间序列转换成潮汐时时间序列,并按引潮力的不同类型分别进行分类,进行同潮汐时化整合处理,并绘制成周日变化分布图。如图 7.3 至图 7.20 所示。由图 7.3 至图 7.20 可知,潮汐时间系统确实是描述海潮运动的一种牛顿时间系统。因为,只有在潮汐时间系统里,引潮力与海潮运动之间才有着确定的因果关系,海潮运动才变成了一种"简单、确定、有序、可逆的"牛顿运动。

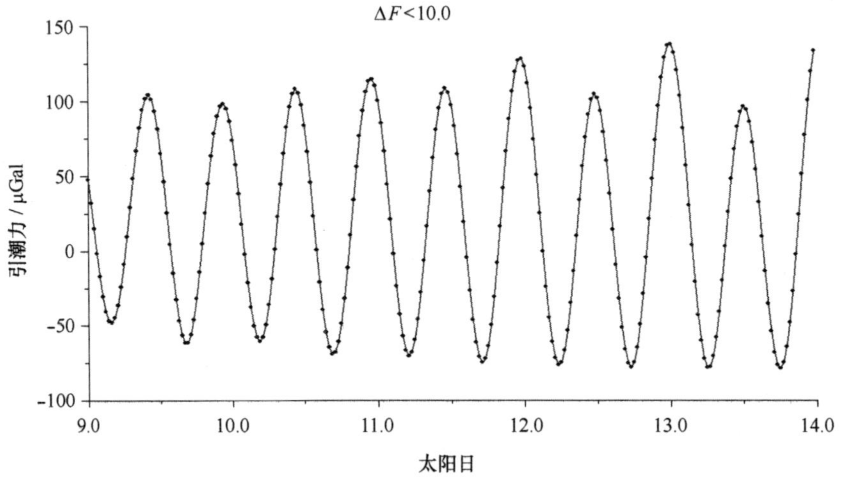

图 7.3　Ⅰ型引潮力周日变化曲线

二、对整体潮理论的检验

整体潮理论认为,引潮力仅是一种为海洋潮运动提供能量的策动力,不是驱使水质点产生海潮运动的驱动力;世界海洋作为一个独立的运动整体,它对引潮力作用的响应既有响应的被迫一致性,即天文潮;也有响应的完全自主性,即自主潮。对此,本书在前面已用相关的数学模型予以证明。现在,图 7.3 至图 7.20 又在实践上给予了验证。

(一)频率响应的完全保存性

有的潮汐学教科书中介绍,位于南太平洋的社会群岛拥有"太阳半日潮"之称,该岛的潮位似乎只与太阳引潮力有关。但由图 7.8 和 7.14 可知,该岛的潮位也不例外,也与引潮力的周期完全相同。我们的实践结果表明:所有海区、所有地点的海潮运动的周期皆与引潮力的周期保持一致,决无例外。

(二)响应输出的同类性

由图 7.3 至图 7.20 可知,引潮力有Ⅰ型、Ⅱ型两种典型引潮力,海洋的潮运动就有

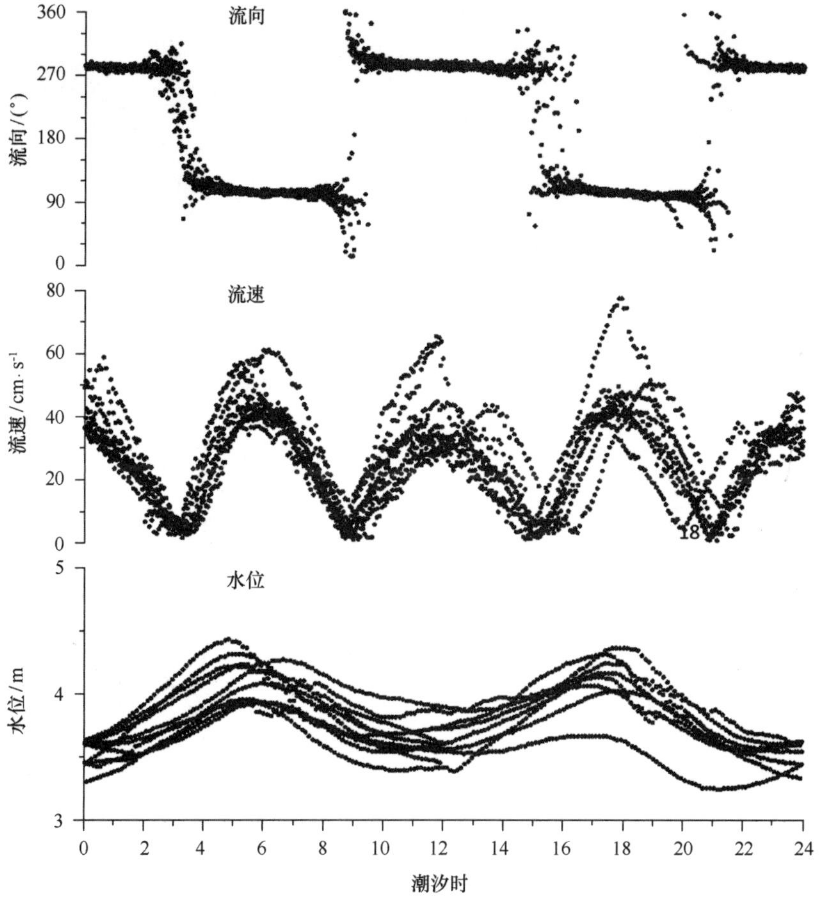

图 7.4 渤海 12A 站表层实测海流、水位同潮时化结果

Ⅰ型(1999 年 11 月 4 日—12 月 6 日)

与之对应的Ⅰ型、Ⅱ型潮运动(场)。另外,引潮力强,潮运动就强;引潮力弱,潮运动就弱。对此,实践结果也完全予以证实。

(三)响应因子的自主性和多样性

响应因子是由两部分组成:一是由引潮力直接策动作用所决定的天文潮的响应因子;二是由每个点所处的空间位置所决定的自主潮的响应因子。由图 7.3 至图 7.20 可知,在Ⅰ型引潮力作用下,潮运动的形态较为简单,皆表现为正规的半日潮型。在Ⅱ型引潮力作用下,潮运动的形态就丰富多彩。就潮位而言,有的主要表现为高潮高的周日不等,有的主要表现为低潮高的周日不等,有的区域还表现为正规的全日潮型。潮流也是如此,有的主要表现为涨潮流周日不等,有的主要表现为落潮流的周日不等,有的区域还表现为正规的全日潮型。更有甚者,其潮流为半日潮型,潮位则为正规的全日潮型;或相反,潮位为半日潮型,而潮流为正规的全日潮型。这都充分表明,自主潮的响应

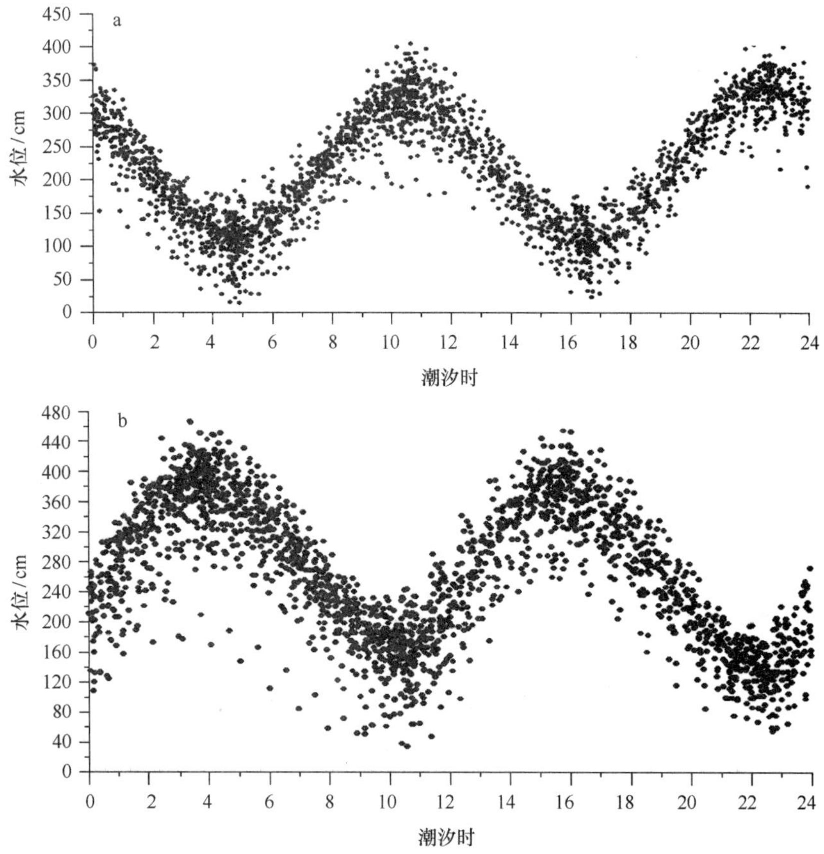

图 7.5　老虎滩(a)、塘沽(b)实测水位同潮时化结果

Ⅰ型(1996 年 1—12 月)

子的自主性和多样性。

(四)自主潮响应因子的整体相关性

由本章中对封闭、半封闭海区一维潮波运动的数学模型的解析解表达式,和渤、黄海潮流场永久预报图可知,在潮流场和水位场的分布变化中,潮运动是一个完整的运动整体,每个点的潮运动都是其整体运动场中的一个有机组成部分。也就是说,其自主潮的响应因子具有整体相关性。这也是海潮运动场永久预报图能够获得高度准确性的关键因素所在。

第六节　整体潮预报方法简介

海潮动力学的研究结果表明,现实海洋中的海潮运动是由两部分组成。一是在引潮力的直接策动作用下产生的天文潮。它决定了海潮运动的周期、类型和强弱。它为

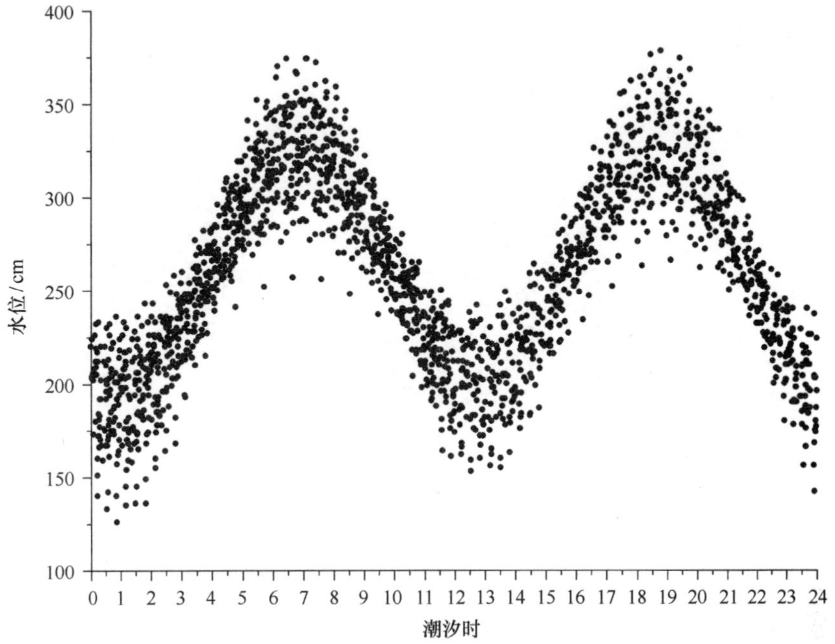

图 7.6　日本那巴实测水位同潮时化结果
I 型(1980 年 1—12 月)

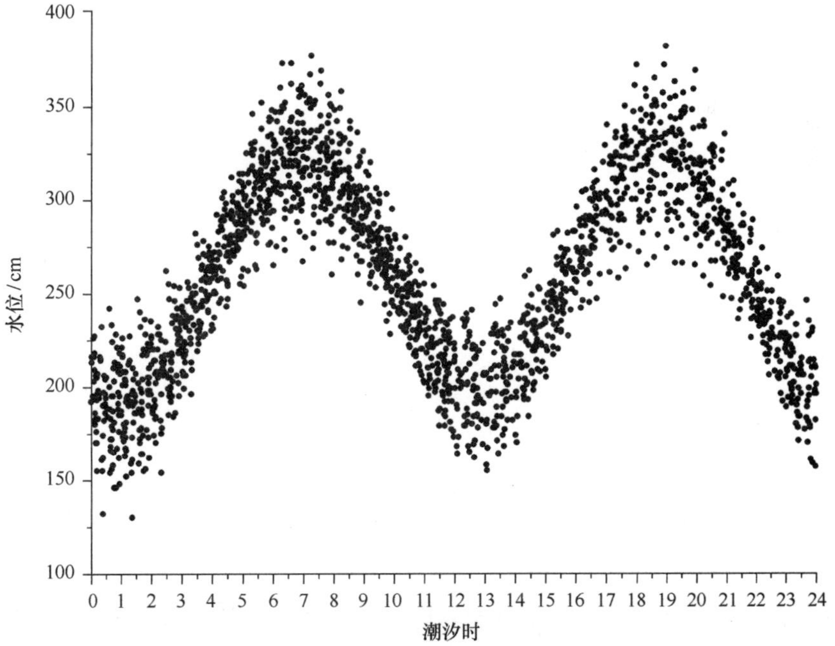

图 7.7　日本那巴实测水位同潮时化结果
I 型(1996 年 1—12 月)

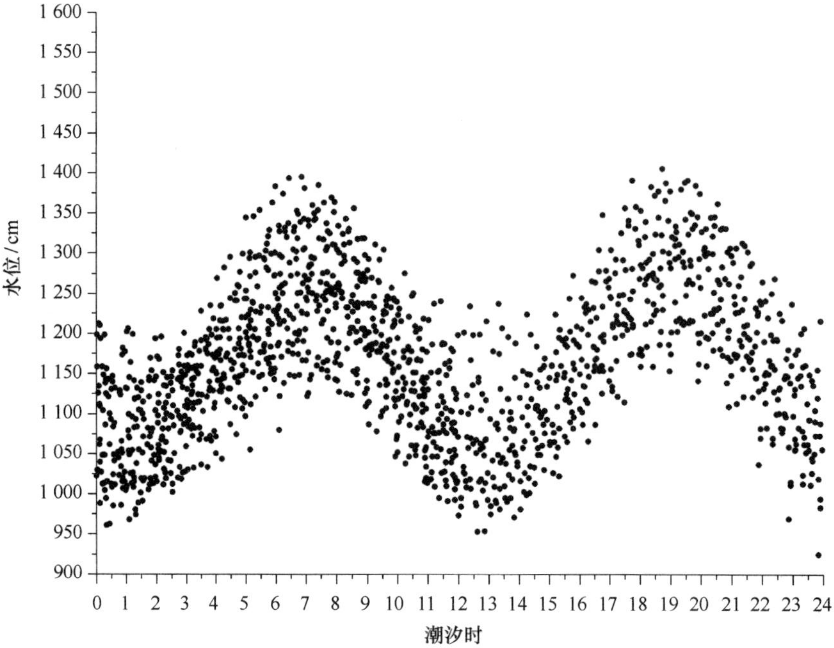

图 7.8　南太平洋社会群岛(法属)实测水位同潮时化结果

Ⅰ型(1991 年 1—12 月)

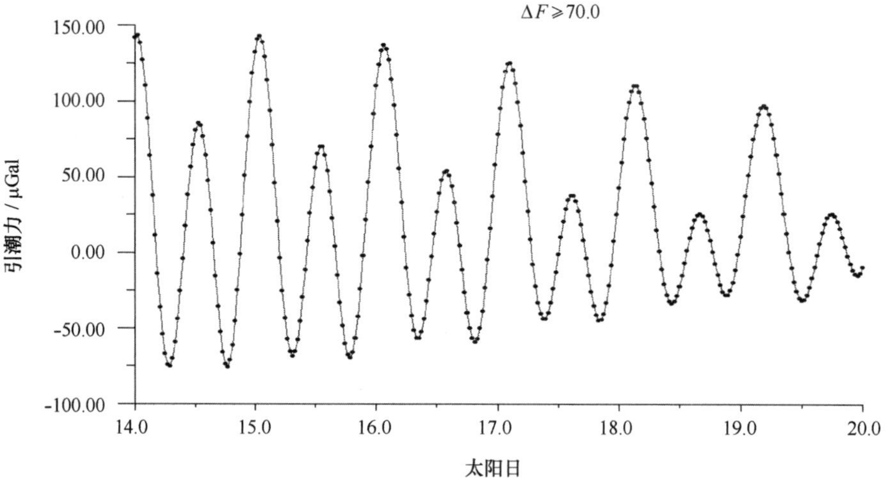

图 7.9　Ⅱ型引潮力周日变化曲线

全世界海洋的潮运动所共有。二是由有界海洋自己的环境条件所决定的自主潮。它决定了海潮运动的波长、波向、波速、增幅因子和相位因子,自主决定并形成了潮运动场:潮流场和潮位场。因为只有在潮汐时间系统里,引潮力与海潮运动之间才能有确定的因果关系,海潮运动才能成为一种“简单、确定、有序、可逆的”牛顿运动,因此,一种在潮

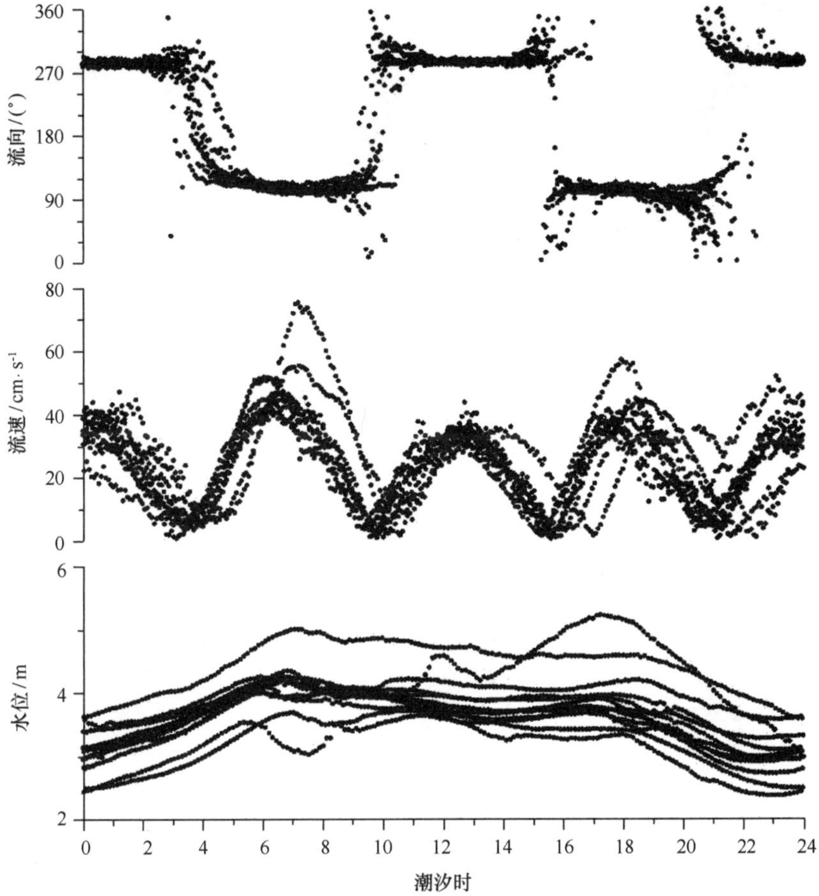

图 7.10 渤海 12A 站表层实测海流、水位同潮时化结果
Ⅱ型(1999 年 11 日 4 日至 12 月 6 日)

汐时间系统里直接用引潮力进行海潮预报的“整体潮预报方法”的问世,就是“水到渠成”的必然结果。下面就对整体潮预报方法作一简单介绍。

一、天文潮的计算和预报

(一)首先进行标志性引潮力的计算

依据式(7-3-1)和(7-3-2),完成月球星下点处引潮力的计算,依据式(7-3-3)完成太阳星下点处引潮力的计算,然后再用矢量和成的方法计算它们合力的最大值点所在地。该点就是本书中所说的引潮天体(月球和太阳合成体)的星下点,该点的引潮力就是引潮天体星下点处的引潮力,也是唯一正确的标志性引潮力。

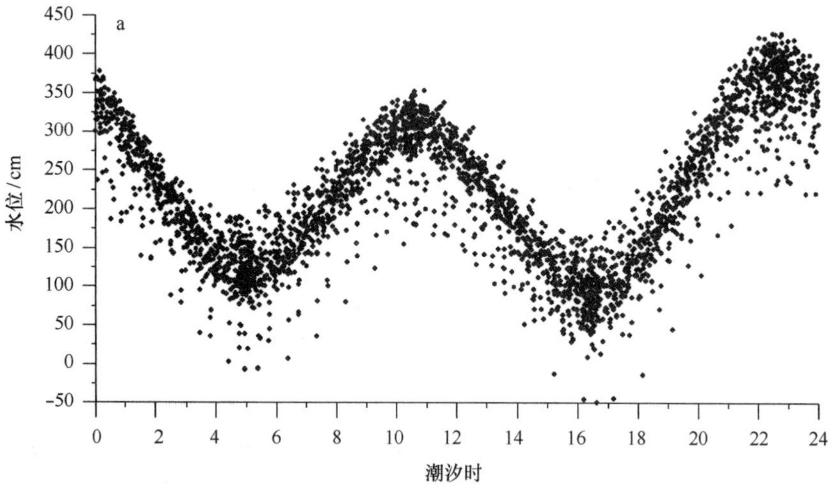

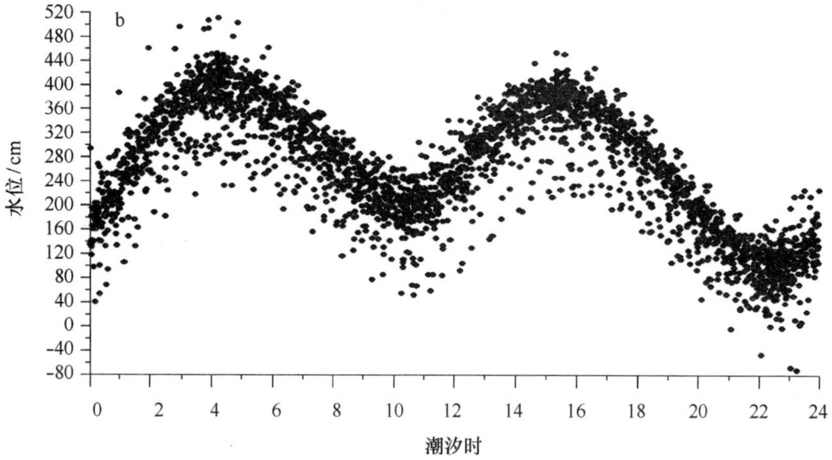

图 7.11　老虎滩(a)、塘沽(b)实测水位同潮时化结果
Ⅱ型(1996 年 1—12 月)

(二)天文潮的计算和预报

完成了标志性引潮力的计算之后,就可进行天文潮的计算和预报。引潮力的周期,就是天文潮的周期,也是世界上所有潮运动的周期。引潮力的类型,就是天文潮的类型,也是世界上所有的潮运动的类型。引潮力量值的大小,就决定了天文潮的强弱,亦决定了潮运动(场)的强弱。天文潮的内容为:每天的潮运动的周期、类型、强度、中天时刻、潮汐日、潮汐时。需强调指出,天文潮的计算和预报是由计算机完成的,计算非常准确,为 0 误差。通常是编制成天文潮永久预报表(附录 1),为全世界海洋所共用,也为大气潮、固体潮所共用。

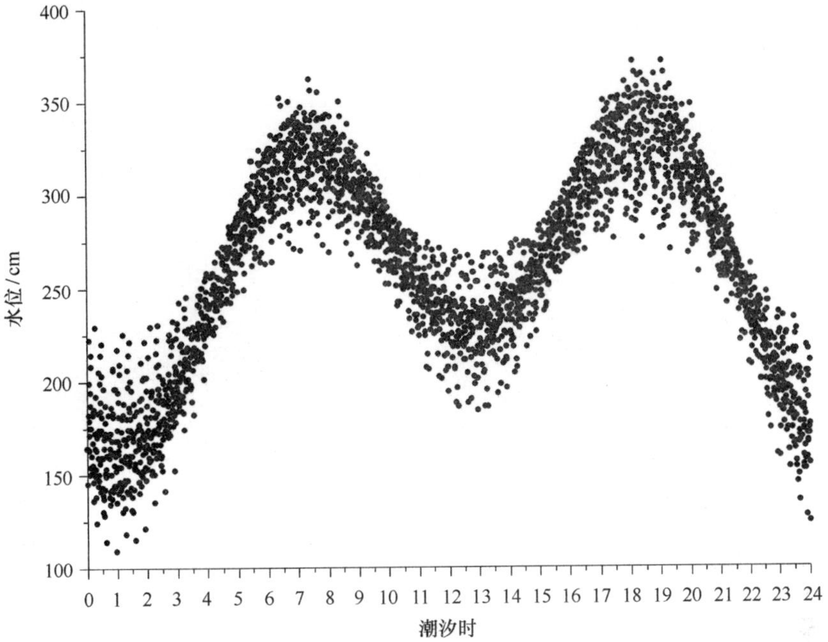

图 7.12　日本那巴实测水位同潮时化结果
Ⅱ型(1980 年 1—12 月)

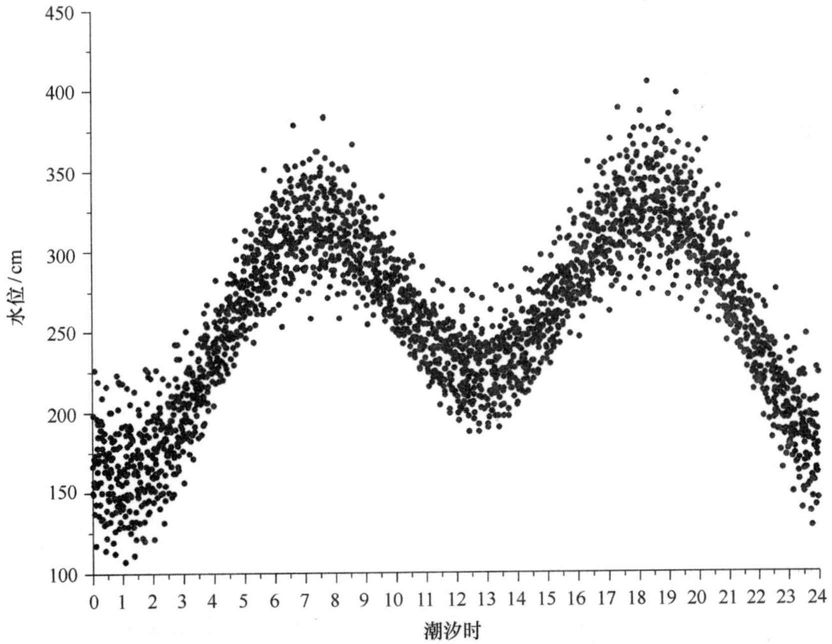

图 7.13　日本那巴实测水位同潮时化结果
Ⅱ型(1996 年 1—12 月)

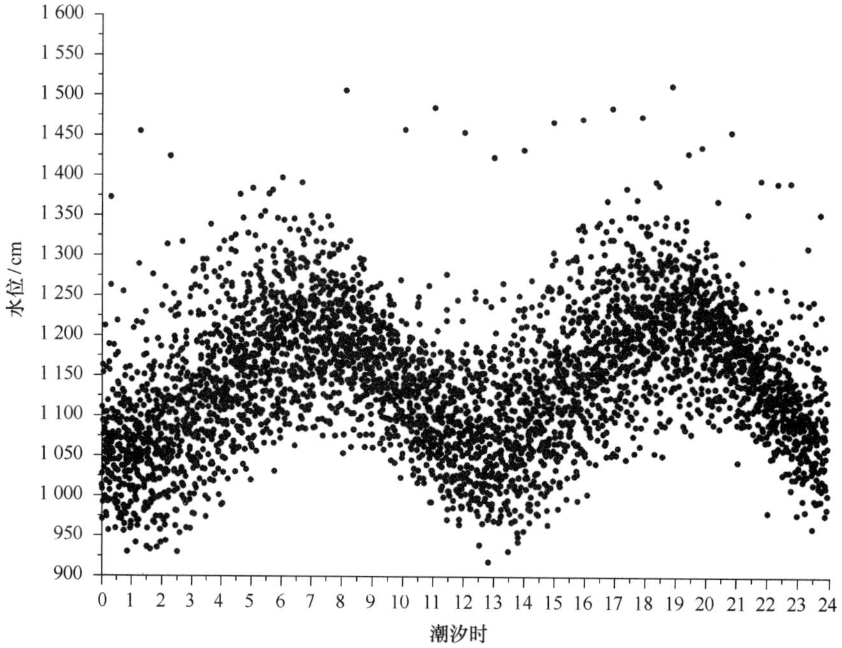

图 7.14　南太平洋社会群岛(法属)实测水位同潮时化结果
Ⅱ型(1991 年 1—12 月)

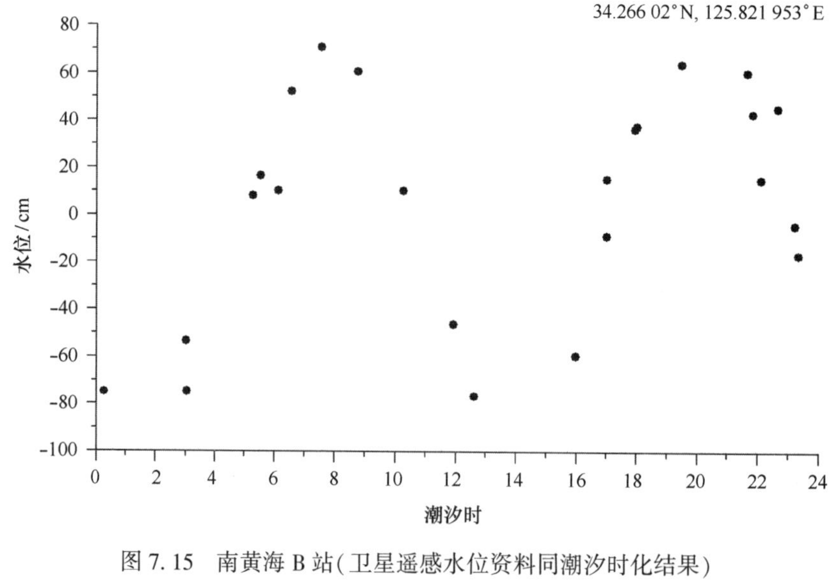

图 7.15　南黄海 B 站(卫星遥感水位资料同潮汐时化结果)
Ⅰ型(1992—2000 年)

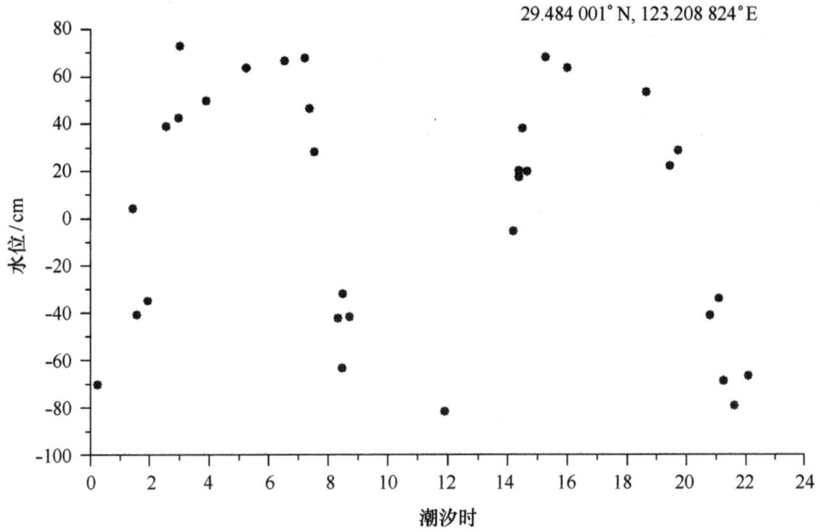

图 7.16　东海 D 站(卫星遥感水位资料同潮汐时化结果)
Ⅰ型(1992—2000 年)

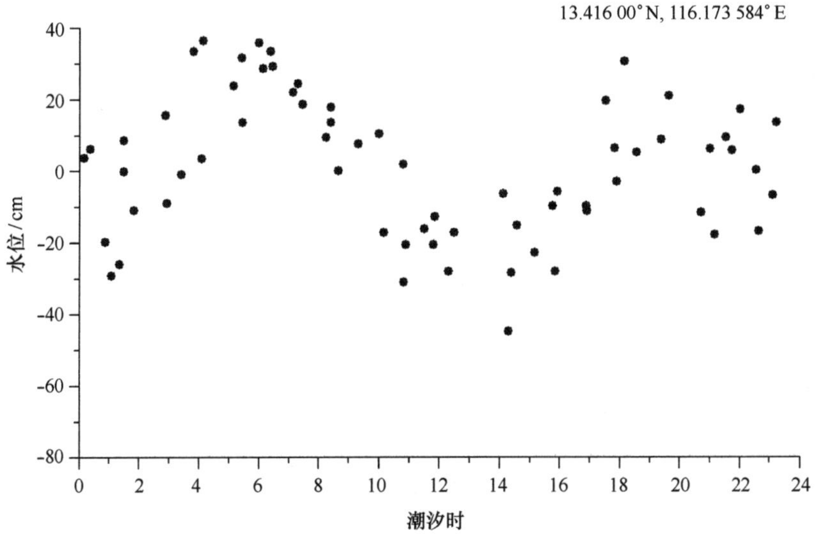

图 7.17　南海中部 NA 站(卫星遥感水位资料同潮汐时化结果)
Ⅰ型(1992—2000 年)

二、自主潮运动的计算和预报

在研究海潮运动机制时,本书假设了一种最理想化的矩形海域,采用了一种最简单

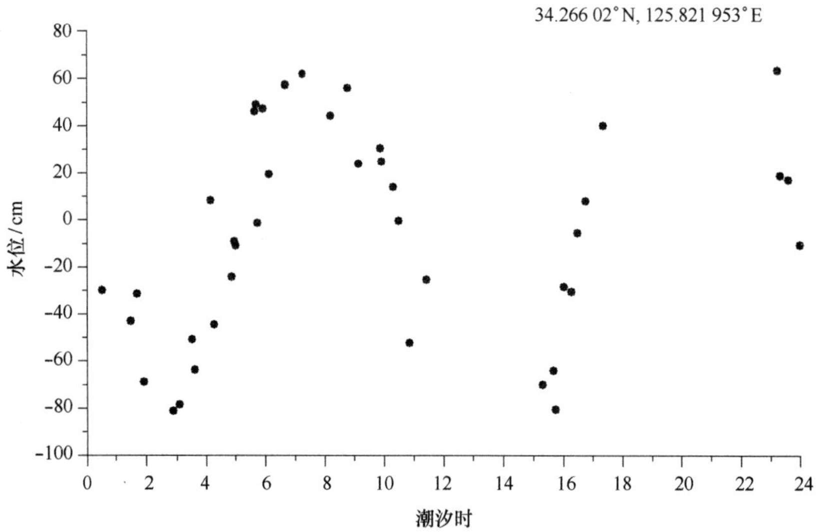

图 7.18　南黄海 B 站(卫星遥感水位资料同潮汐时化结果)
Ⅱ型(1992—2000 年)

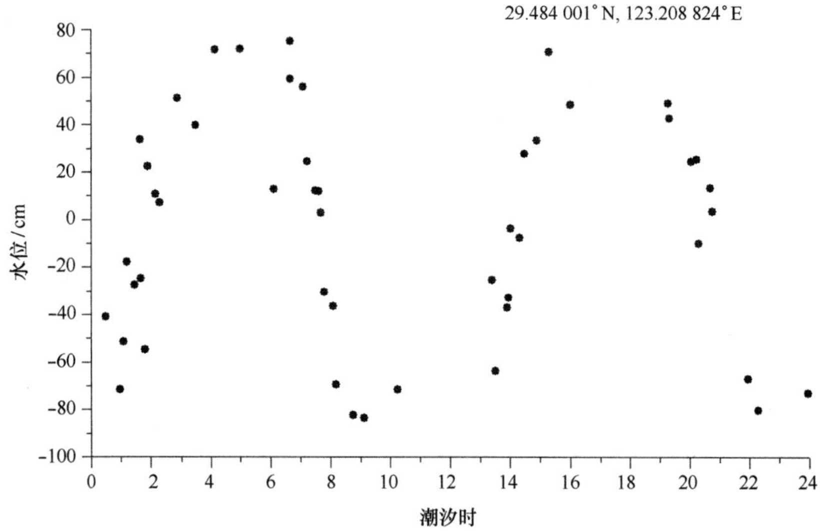

图 7.19　东海 D 站(卫星遥感水位资料同潮汐时化结果)
Ⅱ型(1992—2000 年)

的一维潮波运动数学模型,但其自主潮的运动形态却依然异常复杂,其波长、增幅因子、相位因子皆是由三角函数和双曲函数所组成的复杂的空间位置(x)函数。这表明,对于现实海洋中海潮运动的真实运动形态的获得,是无法依靠准确的解析解的方法获得,只能是一种以观测数据为主、数学工具为辅的方法获得。自主潮的增幅因子(常数)和相

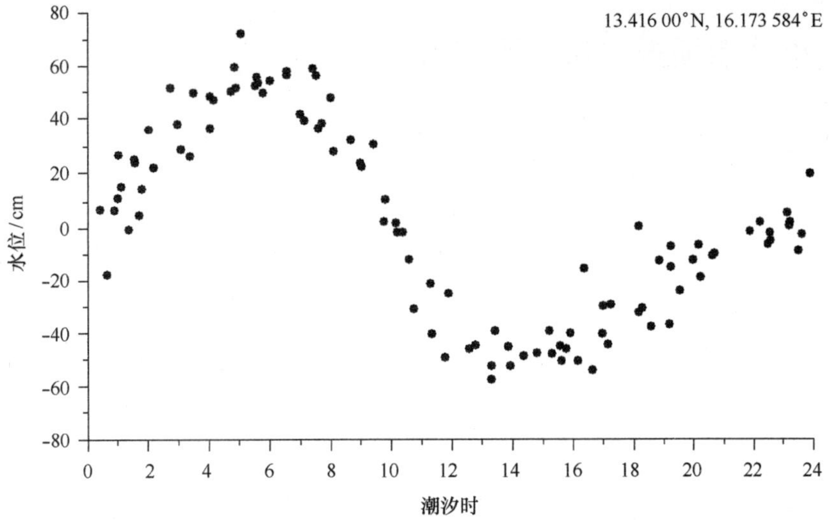

图 7.20　南海中部 NA 站(卫星遥感水位资料同潮汐时化结果)
Ⅱ型(1992—2000 年)

位因子(常数)的获得,主要是由海区中观测资料所确定。

(一)观测数据的潮汐时转换

由于在所有的海洋观测数据中,都是以太阳时的时间序列进行记录的,因此,必须首先进行时间系统转换,即把所有的以太阳时表述的观测数据都转换到潮汐时间系统中来。

(二)观测数据进行同潮汐时化整合

对所研究海区内所有的潮(海)流、水位的观测数据(不管是定点连续观测,或是走航大面观测,或是卫星的瞬时观测),首先进行同潮汐时化的整合处理,再把属于相同类型(Ⅰ型和Ⅱ型)的观测数据集中在一起,进行同潮汐化整合排序。

(三)自主潮的计算和预报

自主潮是海洋依据其自身的自然条件所自主决定并形成的潮运动部分。也就是说,海洋自主决定了潮运动的波长、波向、波速、增幅因子和相位因子这样一些特征物理量,形成了独自所有的海潮运动(潮位、潮流)场。由式(6-5-6)、(6-5-7)和式(6-6-6)、(6-6-7)可知,这些特征物理量都有着确定的复杂的空间位置(x)的函数表达式。从理论上讲,人们可以依据这些函数表达式对它们逐一进行计算。但在现实海洋中,人们根本无法求得准确的位置函数表达式。因此,在实际工作中,只能采用以现场观测数据为主、数学计算方法为辅的方法进行自主潮的计算和预报。

三、整体潮预报方法的预报误差

(一)整体潮周期的预报:0 误差

由于整体潮周期的预报是依据日、地、月三者的相互运动周期的计算所得,而依据目前的天文计算水平,对日、地、月三者的相互运动周期的计算是非常精确的。因此,整体潮周期的预报为 0 误差。这是其他方法无法做到的。

(二)潮流预报的误差:流向小于 10°,流速小于 15 cm

由于潮流场周期的预报是 0 误差,这就从整体上保证了潮流场预报的准确性,因此也就保证了每个点的潮流预报的准确性。

(三)潮位预报的误差:高、低潮时小于 15 min;潮差小于 15 cm

由于潮位场周期的预报是 0 误差,这就从整体上保证了潮位场预报的准确性,也就保证了每个点潮位预报的准确性。另外,潮位场与潮流场相互之间又是密切相关的,可以相互认证。所以潮位预报精度同样也是比较高的,是其他预报方法无法做到的。

(四)预报方法准确、简便、图式直观

众所周知,传统的调和方法及其他的预报方法,由于它们都没有进行天文潮的计算和预报的功能,只能对单点的潮位、潮流进行近似的计算和预报,所以就根本无法进行潮位场、潮流场的计算和预报,更不能把潮流场和潮位场整合在一起进行计算和预报。整体潮方法则不然,它不仅能进行单点的潮位、潮流进行计算和预报,更能把潮位场和潮流场整合在一起进行计算和预报,且提供的预报结果准确、简便、图式直观。每个单点潮位、潮流永久预报曲线图Ⅰ、Ⅱ型各 1 张。如图 7. 21 至图 7. 24 所示。每个海区的潮流场永久预报图为 48 张,同样,每个海区的潮位场永久预报图也为 48 张。可以把两者合并在一起。即,每个海区的整体潮潮流场、潮位场永久预报图共计 48 张。潮流场、潮位场永久预报表 1 本。使用简便,图式直观,更易实现数字化、智能化。特别适用于航海有关部门使用(参见附录 1 和附录 5、6)。

四、整体潮预报方法的优缺点

整体潮预报方法具有如下的优缺点。

(一)它采用的是牛顿时间系统

与其他所有的预报方法不同的是,整体法采用了一种新建立的牛顿时间系统—潮汐时间系统。因为只有在潮汐时间系统里,海潮运动才能成为一种真正的牛顿运动,即,引潮力与海潮运动之间才能有着确定的因果关系,海潮运动才能成为一种“简单、确

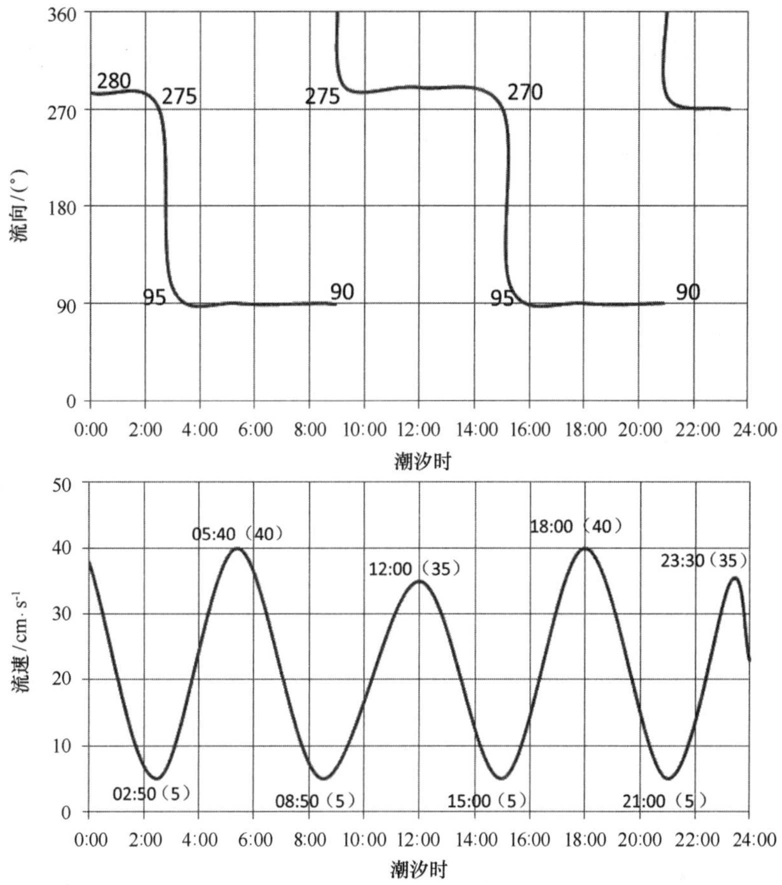

图 7.21 渤海 12A 站表层Ⅰ型潮流永久预报曲线图

定、有序、可逆的”牛顿运动，整体法的预报才能做到“准确、简便、图式直观”。

(二)它首先完成的是天文潮的计算和预报

整体法通过对引潮天体星下点处引潮力的精确计算，首先完成了对天文潮的计算和预报，如附录 1 所示，即完成对每天潮运动的周期、类型、强度、中天时刻、潮汐日、潮汐时等内容的计算和预报。由于对引潮力的计算和预报非常精确，0 误差，故天文潮的计算和预报也是 0 误差。

(三)对自主潮是进行整体场的计算和预报

由潮波运动方程的求解结果可知，自主潮中的波长、增幅因子和相位因子都是由空间位置(x)函数的关系表达式，它们与天文潮共同组成了一个完整的海潮运动场：潮流场和潮位场；且，不同的海域拥有不同的海潮运动场。因此，整体法对自主潮的计算和预报也是进行整体场(潮流场，潮位场)的计算和预报。

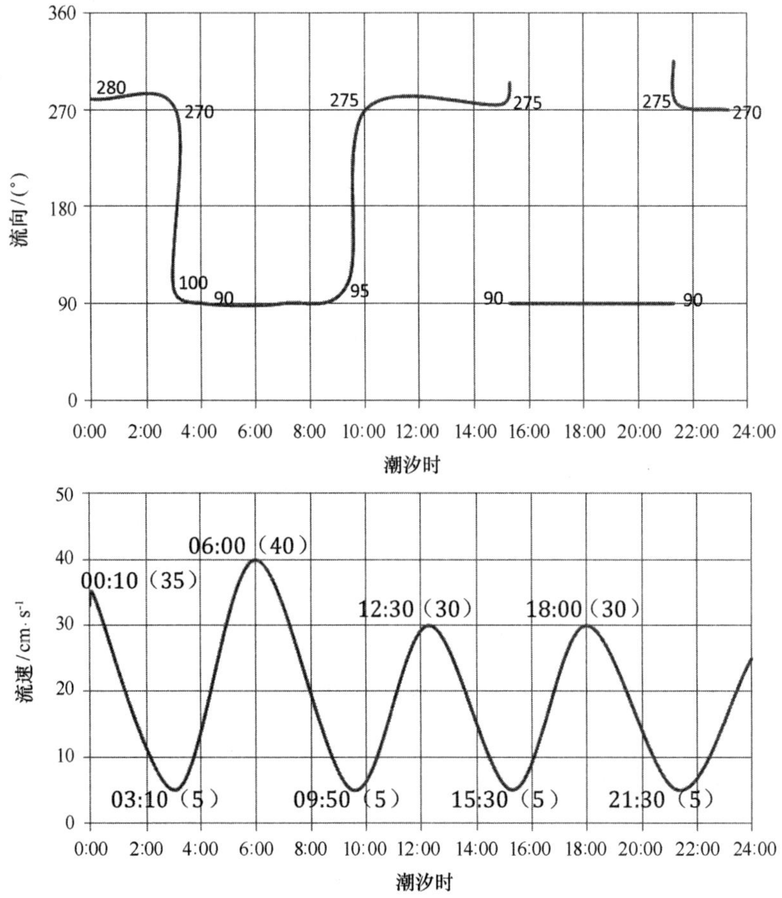

图 7.22　渤海 12A 站表层Ⅱ型潮流永久预报曲线图

(四)资料来源多种多样

整体法在绘制潮流场、潮位场分布图时,可供使用的观测资料是多种多样。在绘制潮流场分布时,除了传统使用的定点海流连续观测资料外,不仅可以使用大面海流的观测资料,还也可使用走航海流的观测资料。在绘制潮位场分布图时,除了传统的定点水位长期连续观测外,不仅可使用大面水位的观测资料,还可使用卫星测高资料(如图 7.15~7.20 所示)。由于在海潮运动中,潮流和潮位两者互为因果关系,因此,在绘制潮流场和潮场分布图时,可以相互认证,进一步提高它们的准确性。

(五)整体潮预报方法的缺点

由于整体法在绘制潮流场、潮位场分布图时,也需要拥有足够多的观测资料。否则,会影响潮流场和水位场分布图的计算和预报精度。由于整体法对观测资料的年限没有限制,无论什么时间的观测资料,只要符合Ⅰ型、Ⅱ型引潮力的条件都可进行同潮汐时化整合处理。据我们所知,我国所有海区现在所拥有的观测资料,已经能够满足需

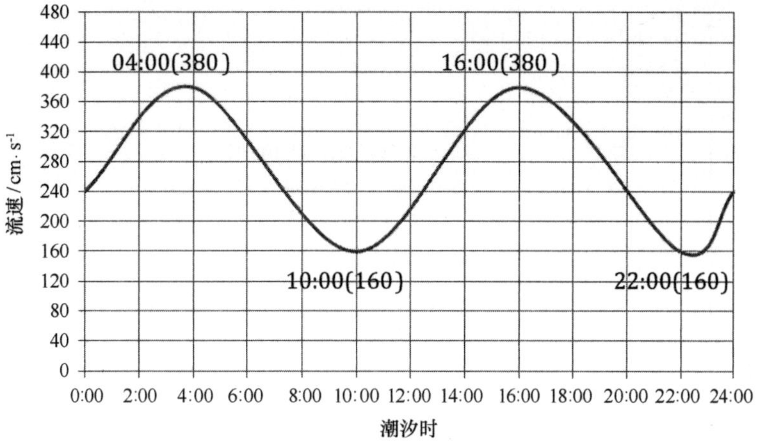

图 7.23　塘沽港Ⅰ型潮流永久预报曲线图

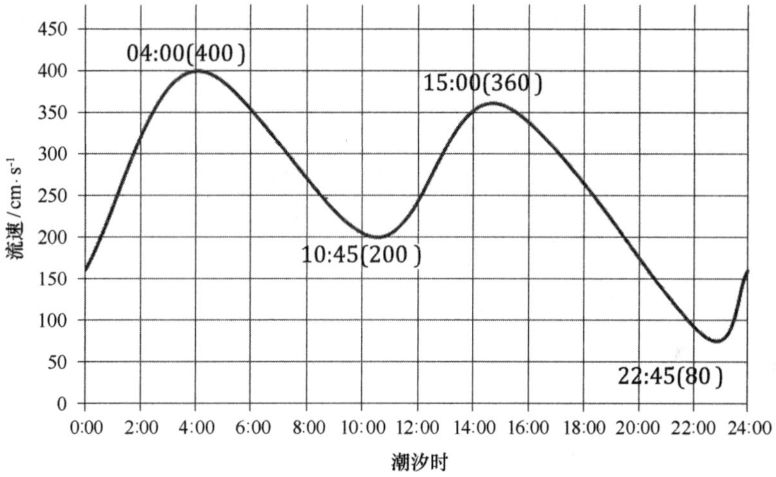

图 7.24　塘沽港Ⅱ型潮流永久预报曲线图

要了，利用已有的各种观测资料，就可绘制出准确的潮流场、潮位场分布图。

第七节　调和分析方法的局限性

迄今为止，在海潮的计算和预报中依然是采用调和分析方法，简称调和法。该方法是开尔文在 1868 年设计出来的。100 多年来，经过众多科学家的不懈努力，调和法已做到了极致。现在，海潮运动的观测资料已非常丰富、多样，数值计算的能力又几乎达到了“无所不能”的水平。但是，该方法却仍然只能局限于进行单站（点）的计算和预报，

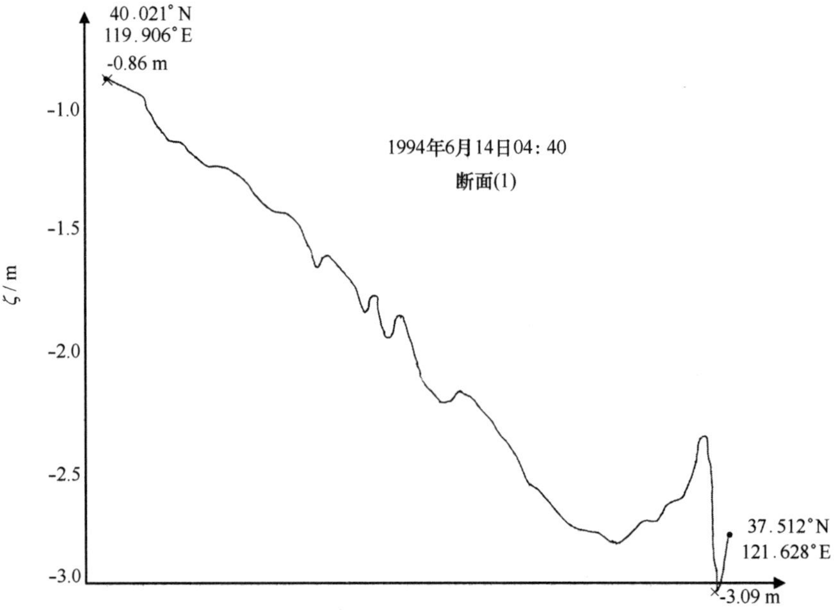

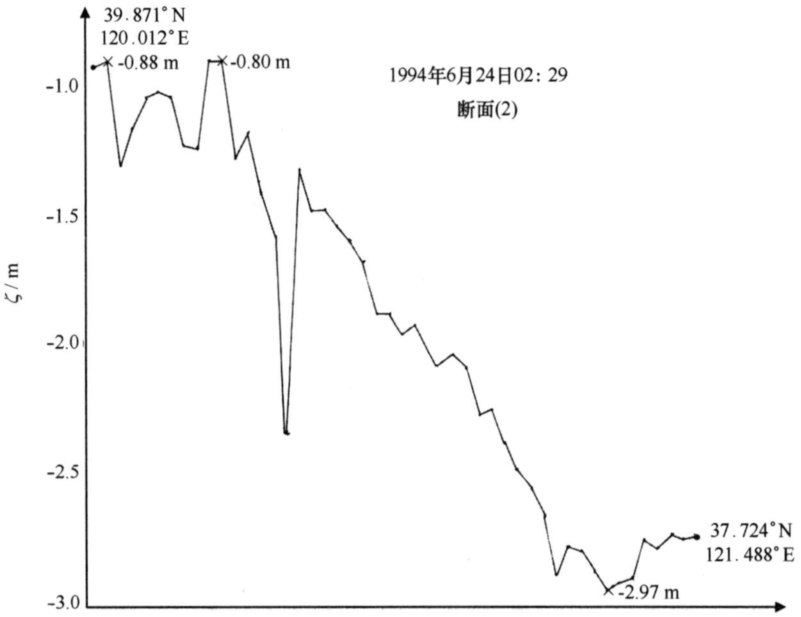

图 7.25　卫星测高资料图

根本无法进行真正的海潮运动(潮流和潮位)场的计算和预报。对单点潮流的计算和预报而言,短期预报尚可,其中长期的预报误差就很大,还经常发生预报的流向与实际流向相反的情况。究其原因,本文认为如下。

一、调和法没有计算、预报天文潮的功能

由于调和法只能局限于对单点潮流、潮位观测数据的周日变化过程曲线进行调和分析计算，寻找出最佳弥合曲线，获得相关分潮的调和常数，然后就以此为依据进行预报。由此可知，它根本就没有利用引潮力直接进行天文潮的计算和预报的功能。这样一来，调和法就失去了计算和预报海潮运动的运动周期、运动类型、运动强度（即大潮和小潮）的功能；也这就是说，调和法根本就没有进行真正的潮流场、潮位场的计算和预报的功能。调和法在单点潮流的中长期预报中，由于其预报周期不准确，必然导致其经常出现预报流向与实际流向相反的情况发生。

二、没有选用正确的标志性引潮力

理论和实践皆已证明，引潮天体星下点处的引潮力是唯一正确的标志性引潮力。在调和法中所使用的局地引潮力是不准确的。它不仅丢失了共计 85 项分潮，而且在其所有分潮的振幅中都含有地理纬度 ϕ 的正、余弦函数项。这种不准确的引潮力不但给调和法本身带来无法克服的误差，还使它失去利用引潮力进行天文潮的计算和预报的功能。

三、没有采用牛顿时间系统

由于太阳时和太阴时都不是海潮运动所需求的牛顿时间系统，都无法“做到相同的动力学原因在相同的时间内所产生的结果必定是相同的、恒定的；或者，等价的周期现象所持续的时间周期必定是相同的、恒定的。”因此，利用太阳时或太阴时的时间序列所描述出来的海潮运动，必然就变成了一种杂乱无章的毫无规律性可循的混乱性周期的运动（参见图 7.26、图 7.27）。不言而喻，在这样一种非牛顿时间里，运用包括调和法在内的任何一种数学方法来计算和预报海潮运动，其结果必然是很复杂，且还不准确。潮汐时间系统才是描述海潮运动的牛顿时间系统。如本书中的图 7.3 至图 7.14 所示，在潮汐时间系统里，潮流和潮位都与引潮力有着确定的因果关系，它们都成为一种“简单、确定、有序、可逆的”牛顿运动。由此可知，没有采用牛顿时间系统是调和法不能获得圆满成功的根本原因所在。

第八节　同潮汐时化方法的其他应用

一、其他水文要素观测数据的整合

同潮汐时化整合方法不仅适用于水位、海流观测数据的整合，它同样适用于水温、

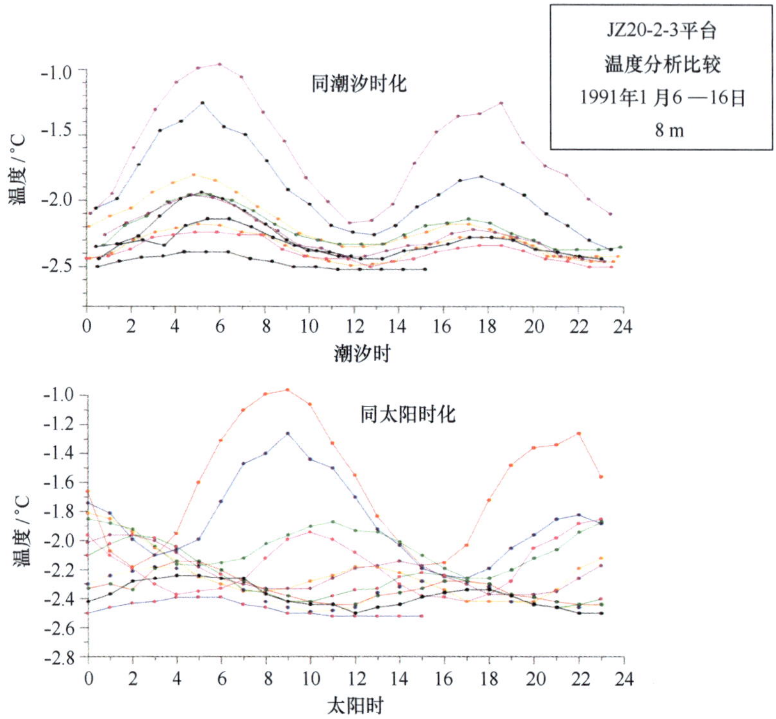

图 7.26　温度同潮汐时化和同太阳时化结果

盐度等其他水文要素的观测数据的整合(见图 7.26、图 7.27)。

对于某一海区,如果它的温度(T)场、盐度(S)场是稳定的,即 $\frac{\mathrm{d}(T,S)}{\mathrm{d}t}=0$,但是,由于潮流场的存在,以及 T、S 在空间分布上不均匀,那么,就有

$$\frac{\partial(T,S)}{\partial t}=-u\frac{\partial(T,S)}{\partial x}-v\frac{\partial(T,S)}{\partial y}-w\frac{\partial(T,S)}{\partial Z}\neq 0.$$

这样一来,在定点连续周日观测中,就会在 T 和 S 的周日变化过程曲线中表现出来(见图 7.26、图 7.27)。在我国近海,潮流占绝对优势,因此,只有以潮周期进行整合,才能消除潮流影响。对于 T、S 断面观测的观测数据,或是零散的、瞬时的观测数据,也应对它们进行同潮汐时化处理,以消除潮运动的影响。另外,还可能由此发现等 T、S 线的水平移动速度,进行水平环流的分析研究。

二、异常观测数据的识别

在水位、海流、水温、盐度等海洋要素的观测数据中,往往都会存在着许多的异常现象,特别是随着观测技术的进步,在观测数据中会发现有很多的异常现象,通常是把他们视之为“噪声”而舍弃不用。这种处理方法不太慎重,因为他们可能就是“捕捉”异常

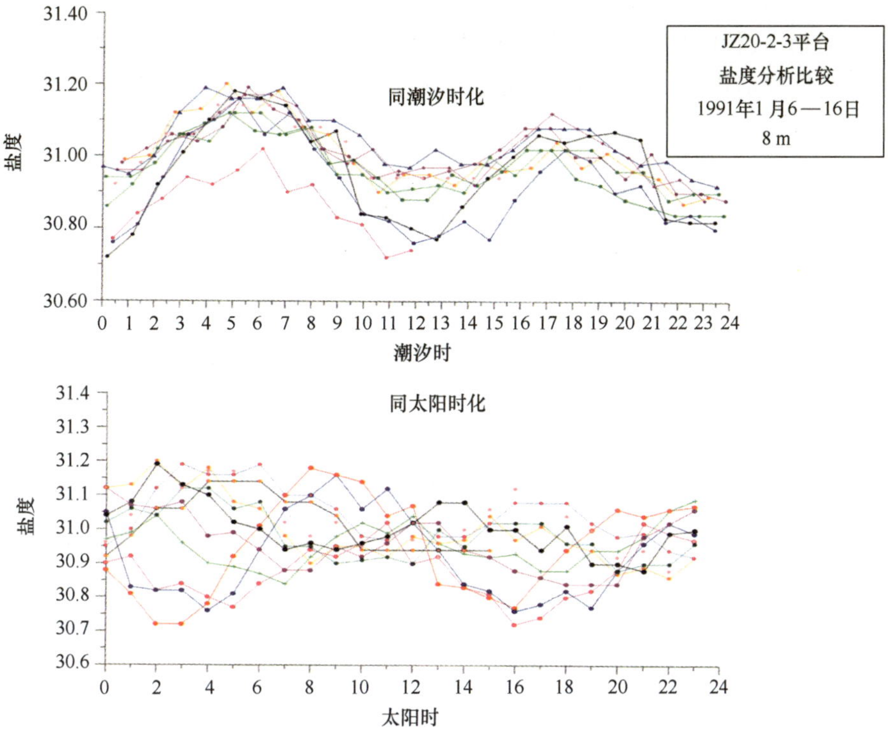

图 7.27　盐度同潮汐时化结果

的海洋运动现象的依据。如海洋中的激流，1995 年 4 月我们不仅在渤海已观测到高达 3.18 m/s 的海底激流，在 2001 年 6 月我们又在江苏省的苏北浅滩观测到高达 4.95 m/s 特大海底激流。这种强大的海底激流，必然会引发出海面陷落，形成“能够吞噬万物”的可怕“陷阱”，以及在岸边出现“一种空间范围狭小、持续时间短暂的突发性增(减)水现象”，即激潮。这些异常海洋运动现象，在卫星的测高记录中肯定会有反应的，如图 7.25 所示，如果结合海区的潮流场、潮位场的分布情况，就可得到正确的结论。

实际上，潮汐激流和激潮也都是通过对海流和水位观测数据进行同潮汐时化整合处理后才识别出来的。

三、海流观测数据中潮余流的分离

在海流观测数据中，如何实现潮余流的真正分离，至今仍然未能真正得到解决。因为以太阳时间系统所表述的观测数据，无论采用何种滤波方法，都无法把潮流的影响完全消除掉。只有在潮汐时间系统里，才能实现潮余流的完全分离，得到潮流以外的真正“余流”。

同样，对于水位的观测数据，如何消除非潮因子对潮位的影响。也需在潮汐时间系统内进行整合处理。

最后需指出,整体潮的理论和方法,对于大气潮和固体潮的研究也是适用的,潮汐时间系统也同样适用于大气潮和固体潮的研究工作。

第九节　结果与讨论

整体潮理论认为,现实海洋中的潮运动是在引潮力场的整体作用所为,与局地引潮力的作用无关。潮运动是由两部分组成:一是在引潮力的直接策动作用下所产生的天文潮。天文潮决定了潮运动的周期、类型、强弱,天文潮为世界上所有海洋共有。二是海洋依据自己的自然环境条件自主形成的独有的自主潮。即,海洋自主决定了潮运动场的运动形态,以及潮运动场内每个点的潮运动元素。

依据上述理论,我们就设计出了整体潮的计算和预报方法,简称“整体法”。现简介如下。

一、天文潮的计算和预报

(一)标志性引潮力的确立与计算

标志性引潮力必须具备的两个条件:一是它必须永远是地球表面上引潮力中的最大引潮力点;二是它的变化周期必须永远与引潮天体的运动周期保持完全相同。依据这两个条件,标志性引潮力就只能是引潮天体星下点处的引潮力。

(二)引潮天体星下点处引潮力的计算和预报

所谓引潮天体,就是月球和太阳两天体的合成体。所谓引潮天体星下点处引潮力的计算和预报,就是该合成天体星下点处引潮力的计算和预报。

(三)两种典型引潮力的划分与预报

由于引潮天体总是以赤道线为中心周期性地往返于赤道南、北两侧,其往返周期为回归月。这样,就必然拥有两种典型的引潮力:一种是引潮天体位于赤道及其附近的上空时,此时引潮力的周日不等现象最小,把引潮力的日差值 $\Delta F < 10.0\times10^{-5}$N 作为其定量判别指标,称为Ⅰ型引潮力。另一种是引潮天体偏离赤道足够远时,此时引潮力的周日不等现象最强烈,把引潮力的日差值 $\Delta F \geqslant 70.0\times10^{-5}$N 作为其定量判别指标,称为Ⅱ型引潮力。其他的引潮力则为过渡型的引潮力。

(四)潮运动强弱的确定

既然引潮力是潮运动唯一的动力来源,因此,就应该完全用引潮力量值的大小作为判断潮运动强弱的唯一标准。我们提供的潮运动强弱的判别标准式是:$Q = aF + b\Delta F$。

我们的实践经验表明:式中的经验系数 a 和 b 的量值大小在大潮和小潮期间是不相同的;另外,大潮和小潮的判别标准,Ⅰ型引潮力和Ⅱ型引潮力的标准也是不同的。在天文潮的计算和预报表中,我们共给出:特大潮、大潮、中潮、小潮、特小潮,共 5 个等级。

二、潮汐时间系统的建立

(一)建立潮汐时间系统的理由

由于牛顿力学定律只有在牛顿时间系统里才能成立,因此,只有在牛顿时间系统里,物体运动才能真正"做到相同的动力学原因在相同的时间内所产生的结果必定是相同的,恒定的;或者,等价的周期现象所持续的时间周期必定是相同的,恒定的。"简言之,牛顿力学的"$F=ma$"第二定律才能成立。也就是说,只有在牛顿时间系统里,引潮力与海潮运动之间才能有确定的因果关系。海潮运动才能真正成为一种名符其实的"简单、确定、有序、可逆的"牛顿运动。不言而喻,目前所使用的以地、月两者相互运动为周期而建立起来的太阴时间系统,和以地、日两者相互运动为周期而建立起来的太阳时间系统,都不是研究海潮运动的牛顿时间系统。因此,能否再新建立一种能够满足潮运动要求的牛顿时间系统,就成为研究一切潮运动能否成功的先决条件。

(二)潮汐时间系统的建立

既然海潮运动是在月球、太阳两个天体的引潮力的共同作用下所产生,因此,以地、月、日三体相互运动为周期而建立起来的潮汐时间系统,就是研究海潮运动的牛顿时间系统。在潮汐时间系统里,把地球相对于引潮天体(太阳、月球合成体)自转一周为时间的恒定单位:潮汐日。由于引潮天体的星下点处就是引潮力最大点的所在地,因此,只要计算出标准时区子午圈上最大引潮力点的所在地,也就得到了引潮天体星下点处的位置,该点最大引潮力的发生时刻也就是引潮天体经过该子午圈上空(上中天)的发生时刻。这样以来,就可把引潮天体两相邻的上中天之间的时间间隔,规定为潮汐日;潮汐日的 1/24 为潮汐时。然后,再把Ⅰ型引潮力期间所对应的潮汐时,规定为Ⅰ型潮汐时;再把Ⅱ型引潮力期间所对应的潮汐时,规定为Ⅱ型潮汐时。这样,在潮汐时间系统里,还拥有两种典型潮汐时。

三、自主潮的计算和预报

(一)观测数据的潮汐时转换

由于在所有的海洋观测数据中,都是以太阳时为时间序列进行记录的。因此,必须对它们进行潮汐时转换,即,把它们由太阳时间系统都转换到潮汐时间系统中来。

(二)观测数据的典型潮汐时化整合

对所研究海区内所有的潮流、潮位的观测数据，进行典型潮汐时的同潮汐时化整合，即，把属于相同类型（Ⅰ型，Ⅱ型）相同时刻的观测数据都集中在一起，按潮汐时间顺序把它们排列起来并表格化。

(三)自主潮的计算和预报

所谓自主潮，就是海洋自主决定了潮运动场的运动形态和其场中的每个点的增幅因子及相位因子，与引潮力无关。由于每个海区都有不同的环境条件（岸形、底形、水深），所以每个海区就拥有不同的潮运动场的运动形态以及场内每个点的增幅因子和相位因子。从理论上讲，潮运动场的运动形态以及场内每个点的增幅因子和相位因子都可以依据其“准确的”函数表达式用数值计算的方法求得。但实际上，如果拥有一定数量的观测数据，还是采用以观测数据为主、数学工具为辅的办法所获得的结果更准确些。对于渤、黄海区的潮流场，我们就是采用这种方法进行的。现简述如下。首先，依据观测数据绘制出每个点Ⅰ型和Ⅱ型标准曲线图。对于潮流，其标准曲线图如图7.21和图7.22所示。图中流速的标准曲线图上共有4组数字，分别是最大、最小流速的发生时刻（相位因子）和其流速值（增幅因子）。相位因子是恒量。由于增幅因子与引潮力量值大小有关，所以只能给出其平均值，即中等潮的增幅因子。对于潮位，其标准曲线图如图7.23和图7.24所示。其标准曲线图上也共有4组数字，分别是高、低潮位的发生时刻（相位因子）和其潮位值（增幅因子）。与潮流一样，其相位因子是恒量，增幅因子是平均值（中等潮位值）。需指出，潮流、潮位的每种类型的标准曲线图，就是它们的永久预报标准曲线图。

有了每个点的潮流Ⅰ型和Ⅱ型的标准曲线图，就可以此为依据绘制出海区的Ⅰ型和Ⅱ型的标准潮流场分布平面图。如果海区内某个局部区域没有观测数据，就可以用内插方法予以解决。由于潮流的运动是整体流场的运动，局部必须服从整体。因此，在绘制标准潮流场分布图时，可把那些由于受到其他非潮因子的干扰作用所产生的误差予以清除之。绘制标准潮位场分布图也是如此。

四、整体潮预报方法的预报误差

(一)天文潮的计算和预报误差

依据目前的天文计算水平，对日、地、月三天体相互之间的运动轨迹的计算精度，是非常精确的。对于引潮天体星下点处引潮力的运动周期、量值大小、运动类型的计算和预报都是很准确的；也就是说，天文潮的计算和预报是0误差。

(二)自主潮的计算和预报误差

(1)潮流的误差：流向小于10°，流速小于15 cm。

(2)潮位的误差:高低潮时小于 15 min,潮差小于 15 cm。

(三)预报方法准确、简便的原因

预报方法能够如此准确、简便的原因很简单。由于潮汐时间系统是一种牛顿时间系统,因此在潮汐时间系统里,潮运动就成为名符其实的牛顿运动,即潮运动就成为一种"简单、确定、有序、可逆的"运动,如图 7.3 至图 7.20 所示。其预报方法必然是既简便,又准确。且这是传统的调和法根本无法做到的。

五、调和分析方法的局限性

我们认为,在海潮的计算和预报中所广泛使用的由开尔文在 1868 年所设计的调和方法,由于它不是在人们对海潮运动的形成机制、运动特征在理论上有了正确认识的前提下才提出来的,而仅仅是一种数学计算方法在海潮运动学中的具体应用,由于海潮运动是一种特殊的牛顿运动,因此,就使得调和法的功能作用受到了很大限制。

(一)调和法没有计算、预报天文潮的功能

由于调和法只能局限于对单点的调流、潮位的观测数据进行计算和预报,它根本就没有利用引潮力直接进行天文潮的计算和预报的功能。这样以来,调和法也就失去了计算、预报海潮运动的运动周期、运动类型、运动强度的功能,也就失去了对海潮运动场(潮流场、潮位场)的计算和预报的功能。并且,也使得它在单点潮流的中长期预报中,也就会出现预报流向与实际流向完全相反的情况发生。

(二)没有选用正确的标志性引潮力

理论和实践皆已证明,引潮天体星下点处的引潮力是唯一正确的标志性引潮力。在调和法中所使用的局地引潮力是不准确的。它不仅丢失了共计 85 项分潮,而且在其所有分潮的振幅中都含有地理纬度 ϕ 的正、余弦函数项。这种不准确的引潮力不但给调和法本身带来无法克服的误差,还使它失去利用引潮力进行天文潮的计算和预报的功能。

(三)没有采用牛顿时间系统

由于现有的太阳时间系统和太阴时间系统都不是描述海潮运动的牛顿时间系统,因此,利用这两时间系统所描述出来的海潮运动,必然都是变成了一种杂乱无章的毫无规律可循的混乱性周期的运动(参见图 7.2.6、图 7.2.7)。不言而喻,在这样一种非牛顿时间里,运用包括调和法在内的任何一种数学方法来计算和预报海潮运动,其结果必然是很复杂,且还不准确。潮汐时间系统才是描述海潮运动的牛顿时间系统。如本书中的图 7.3 至图 7.14 所示,在潮汐时间系统里,潮流和潮位都与引潮力有着确定的因果关系,它们都成为一种"简单、确定、有序、可逆的"牛顿运动。由此可知,没有采用牛顿时间系统是调和法不能获得圆满成功的根本原因所在。

六、同潮汐时化方法的其他应用

(一)其他水文要素观测数据的整合

同潮汐时化整合方法不仅适用于水位、海流观测数据的整合处理,它同样也适用于水温、盐度等其他水文要素观测数据的整合处理。

(二)异常观测数据的识别

在水位、潮流、水温、盐度等海洋水文要素的观测数据中,往往都会存在着许多的异常现象,通常都认为它们是“噪声”而舍弃之。这种处理方法欠慎重,因为它们可能就是“捕捉”异常的海洋运动现象的依据。

(三)海流观测数据中潮余流的分离

在海流的观测数据中,如何实现潮余流的真正分离,至今仍然未能真正解决。因为用太阳时间系统所表述出来的观测数据,无论采用何种滤波方法都无法把非潮流的影响完全消除。只有在潮汐时间系统里,才能实现潮余流的真正分离。

同样,对于水位的观测数据中如何消除非潮因子对潮位的影响,也需在潮汐时间系统里进行整合处理。

最后需指出,整体潮的理论和方法,对于大气潮和固体潮的研究也是适用的,潮汐时间系统也同样是必须采用的牛顿时间系统。

第八章　海洋中的混沌运动

第一节　引　言

一、混沌的涵义

“混沌”或“浑沌”一词最早是在中国和希腊故事中出现的。在古代，混沌主要是用来描述一种自然状态及其演化，用来描述宇宙起源开天辟地之前的万物浑然一体的状态，也是用来描述人类认识发展过程中条理分明的认识阶段之前所处的浑浑噩噩的朦胧状态，或是用来描述势均力敌针锋相对无法预测形势将如何演变的状态。

在古代，人们虽然对混沌一词没有给出一个统一的严格的定义，但在东西方一般都是将混沌视为一种自然状态，一种演化形态，一种思维方式。在现代，在人们的日常生活和一般科学用语中所说的混沌，一般是指错综复杂、杂乱无章、不可预知结果的一种状态。但在混沌学中，它作为一门现代学科，对混沌一词的含义已经作出了严格的界定，虽然这些界定目前尚未能完全统一，没有给出一个通用的确切的定义，但却已经使它成为了一种精确的科学概念，限定了它的使用范围。

二、混沌运动的涵义

众所周知，自牛顿力学定律问世以来，人们对客观世界运动的认识就完全处在牛顿力学确定论的支配之下，认为物体运动都是一种遵从牛顿力学定律的确定性运动，即所有的运动都是一种简单、有序、可逆、可预测的确定性运动。正如 Laplace 所言，只要给我宇宙中所有质点的初始条件，我就能计算出将来的一切。爱因斯坦是第一个对牛顿的绝对时空观提出了挑战，他发现牛顿力学定律只适用于客观物体的常速运动，不适用于星际间的高速物体运动，创立了相对论力学。但是，他对牛顿的“钟表模式”的确定性运动理论并没有提出异议。后来，统计物理和量子力学的创立，揭示了大数运动现象和群体运动效应的随机性，特别是揭示了微观粒子运动的随机性，这些运动所遵从的是统计力学定律，即它们是一种复杂、无序、部分可逆、不可(准确)预测的随机性运动。这样以来，自然界中的运动就分为截然不同的两大类型：一是遵从牛顿力学定律的确定性运动,可称为牛顿运动,描述这类运动的系统就称为确定性运动系统。另是遵从统计力学定律的随机性运动,描述这类运动的系统就称为随机性运动系统。而且这两种系统是泾渭分明、相互对立的,即确定性运动系统只能产生确定性运动,随机性运动系统只能产生随机性运动,且也不再存在第三种运动。

公认的真正发现混沌运动现象的第一位学者,是法国数学、物理学家 Poincare(彭加勒)。在 20 世纪初,他发现太阳系的三体引力能够产生出惊人的复杂行为,确定性动力学方程的某些解有不可预见性,这就是现在人们所说的动力学混沌现象。但他当时并没有意识到这一点。在混沌学文献中最早引入"混沌"(chaos)这一概念的是华人学者李天岩和他的导师美国数学家 Yorke。1975 年他们首次在论文中对混沌的含义用数学语言进行了严密的表述。1963 年,美国气象学家 Lorenz(洛伦兹)发现,一个确定的含有 3 个变量的自洽方程,却能导出混沌解,首次在耗散系统中发现了混沌运动,并明确指出天气从原则上讲是不可能作出精确预报的。从此,就拉开了研究混沌运动的序幕。开始于 70 年代初的混沌学研究,正以其雄伟的广度和深度揭开了物理学、数学乃至整个现代科学发展的新篇章。有人曾作过统计,仅从 70 年代开始起算的短短 20 多年期间,关于研究混沌运动的论文就已发表了 7 000 多篇,出版的专著和文集就近 300 部。

随着对混沌运动研究的深入发展,人们的认识不断深入。现在,人们已认识到混沌运动是属于确定性运动系统内部自发产生出的一种随机性运动行为,且广泛存在于非线性运动学系统之中,是能把确定性运动与随机性运动联系在一起的第三种运动形态。这样,在对混沌运动给出一个明确的定义时,就应对确定性运动(牛顿运动)、随机性运动先给出一个明确的定义。

牛顿运动——凡是遵从牛顿力学定律的运动,称为牛顿运动。它是一种简单、确定、有序、可逆的运动。

随机运动——凡是遵从统计力学定律的运动,称为随机运动。它是一种复杂、随机、无序、部分可逆的运动。

既然混沌运动是把牛顿运动和随机运动两者联结在一起的桥梁,对它的定义就应该是:

混沌运动——它既不是完全遵从牛顿力学定律,也不是完全遵从统计力学定律,而是两者运动性质兼而有之的一种异常运动。即,它是一种简单与复杂一体、有序与无序并存、确定性与随机性辩证统一的异常运动。由此可见,混沌运动又可称为是一种异常运动:如果它是由确定性的运动系统中所产生出来的异常运动,就可把它称之为异常的牛顿运动;如果它是由随机性运动系统中产生出来的异常运动,就可把它称之为异常的随机运动。混沌运动是无序动能的突然释放,无序动能则来自于无序位能的适时转换。无序位能的积累过程,是正常运动的量变阶段;无序位能向无序动能的适时转换,是正常运动性质由量变到质变,即由正常运动演变成混沌运动。简言之,混沌运动就是一种异常的牛顿运动,或异常的随机运动;它对应的不是作用力,而是无序位能;它的发生具有突然性、随机性、激烈性。

第二节　海洋激流是一种混沌运动

依据混沌学理论,在海洋中也必然存在着混沌运动。本书认为,海洋激流就是海洋中的一种小尺度混沌运动。因此,本书就以海洋激流为例,说明海洋中混沌运动的形成机理及其基本特征。

一、海洋激流的认识过程

在国外,最早指出海洋中存在激流者是美国 Woods Hole 海洋研究所海洋地质学家 Hollister。他早年在分析研究大洋海底岩心时发现有波状结构,他认为这种波状结构是由于在远古时代的高速水流的作用所致,于是他提出了一个大胆假说,认为在大洋海底必定存在着 deep-sea storm(海底激流),并于 1963 年在美国旧金山召开的 IUGG(国际大地测量与地球物理学联合会)会议上提出了这个假说。但遗憾的是在这次会议上并没有得到人们的认可。进入 20 世纪 80 年代后,人们发现当大西洋飓风袭击美国东海岸时,安放在深水中的科学仪器和海底电缆往往被冲毁。另外,人们在分析拍摄的海底照片时,发现有些海底竟然有大片地区是光秃秃的岩石或小沟壑。此时人们才相信大洋海底确实存在着海底激流(deep-sea storm)。

在我国,在 1958 年全国海洋普查时,就曾多次观测到在底层或其他层次中存在着突发性的异常高速的流动。由于当时使用的是人工操作的 Ekman 海流计,每当观测到这种异常海流记录时,就按要求重测一次,但在重新观测时,海水流动又恢复了正常状态。因此,人们就怀疑这是由于观测人员操作不当或仪器有误所致。1978 年,修日晨对这种异常海流观测记录进行了系统的分析研究,又依据渔民和海军航海部门所反映的海水异常流动情况,在《海中妖流》(修日晨,1978)一文中就明确指出不论在大洋或在近海都会产生一种渔民称之为“妖流”的急流。这种急流的范围不大,流速却很大,在我国近海可达 4~5 kn,有的甚至可达 7~8 kn,但存在的时间短暂,只有 10~20 min 左右。这是我国关于海洋激流最早的文字介绍。后来,随着调查技术的进步和研究工作深入发展,修日晨在 1998 年就把这种急流改称为激流,并明确指出海洋激流是一种混沌运动。

二、海洋激流的观测记录

(一)海洋激流的历史记录

除了 1958 年海洋普查所保留的那些异常海流记录外,我们特别又整理分析了渤海区 4 个测站的长期海流观测记录。它们是:位于东辽湾顶的 L 站(40°27′N,121°17′E),

水深 18 m,观测时间是 1989 年 1—4 月,共计 120 d;位于莱州湾的 K 站(37°43′N,119°44′E),水深 15 m,观测时间是 1989 年 3—5 月,共计 92 d;位于渤海中央区的 H 站(38°20′N,119°43′E),水深 22 m,观测时间是 1989 年 5—7 月,共计 92 d;位于渤海湾与辽东湾交界处的 B 站(39°09′N,119°42′E),水深 27 m,观测时间是 1986 年 10 月—1987 年 9 月,共进行 8 个月连续观测。这 4 个测站都进行了表、中、底 3 个层次的海流同步观测,都是每 15 min 取 1 次记录。上述 4 个观测站的海流观测记录结果表明:只有位于潮流场辐合区内的 B 站观测到了海洋激流(图 8.1),其他位于非潮流场辐合区 3 个观测站竟然没有观测到 1 次海洋激流。B 站在长达 8 个月中,共观测到 49 次海洋激流,虽然每个月都观测到了激流,但每个月激流发生的次数、层次都有很大差别,见表 8.1。

表 8.1　B 站海洋激流统计表

海区 39°09′N,119°42′E　　　　水深:27 m　　　　1986 年 10 月—1987 年 9 月

激流发生日期	持续时间/min	最大激流/$cm \cdot s^{-1}$	激流流向/(°)	激流发生前流速/$cm \cdot s^{-1}$	激流与发生前流速之比	层次
1987-01-04	15	53	90	17	3.1	中层
1987-01-08	30	96	* 359	23	4.2	中层
1987-01-14	15	44	100	17	2.6	表层
	15	38	90	12	3.2	表层
1987-01-15	45	39	* 240	3	13.0	表层
1987-01-18	15	65	130	13	5.0	表层
1987-04-07	15	34	93	11	3.1	表层
1987-04-09	30	35	190	7	5.0	底层
1987-04-17	15	54	* 345	16	3.4	底层
	30	46	* 300	17	2.7	底层
1987-04-18	15	56	200	17	3.3	表层
	30	94	260	15	6.3	表层
1987-04-19	45	73	330	11	6.6	表层
1987-04-21	30	82	* 310	39	2.1	表层
	15	66	* 270	22	3.0	表层
1987-04-22	45	71	130	20	3.6	表层
1987-04-27	30	82	* 40	32	2.6	表层
	60	56	30	25	2.2	中层
1987-04-28	45	63	40	16	3.9	表层
1987-05-06	15	102	* 20	23	4.4	表层
	15	29	105	10	7.9	表层
1987-05-09	75	93	140	20	5.2	表层
1987-05-11	30	64	300	19	3.4	表层

续表

激流发生日期	持续时间/min	最大激流/cm·s^{-1}	激流流向/(°)	激流发生前流速/cm·s^{-1}	激流与发生前流速之比	层次
1987-05-29	15	41	40	8	5.1	表层
1987-06-01	45	66	60	9	7.3	表层
1987-06-02	75	51	10	24	2.1	表层
	15	56	60	24	2.3	底层
1987-06-03	15	47	75	17	2.8	底层
1987-06-04	15	48	350	19	2.5	表层
	15	50	* 195	18	2.8	表层
1987-06-05	15	50	165	19	2.6	中层
1987-06-09	15	30	* 165	4	7.5	表层
	15	77	105	9	8.6	中层
1987-06-17	60	62	* 90	30	2.1	中层
1987-08-17	75	35	200	14	2.5	表层
1987-08-26	75	60	110	12	5.0	表层
1989-08-28	15	85	75	21	4.0	表层
1987-09-11	15	49	* 270	25	2.0	表层
1987-09-12	15	115	135	19	6.1	底层
1987-09-20	15	52	* 40	22	2.4	表层
1986-10-01	45	66	* 65	19	3.5	底层
1986-10-02	15	51	350	24	2.1	底层
1986-10-04	15	48	* 350	19	2.5	底层
	15	50	200	18	2.8	底层
1986-10-09	15	30	165	3	10.0	底层
1986-11-06	60	72	* 210	5	14.4	底层
1986-11-10	45	66	140	23	2.9	底层
1986-11-20	45	123	* 40	19	6.5	底层
1986-11-23	45	92	* 290	16	5.8	表层

* 发生在非潮流辐合期的激流。

由表 8.1 可知，B 站共观测到海洋激流 49 次，共中发生在潮流场辐合期者为 31 次，为总数的 63%。其中，表层 19 次，为 61%；中层 4 次，为 13%；底层 8 次，为 26%。发生在非潮流场辐合期者 18 次，为总激流数的 37%。其中表层 10 次，为 56%；中层 2 次，为 11%；底层 6 次，为 33%。

另外，在 1985 年，为了检验新引进的安德拉 RCM 海流计的性能，5 月 6 日在渤海滦河口海区的 D 站(29°25′N，119°17′E)，水深 5 m，进行了观测试验，每 30 s 取 1 次记录。

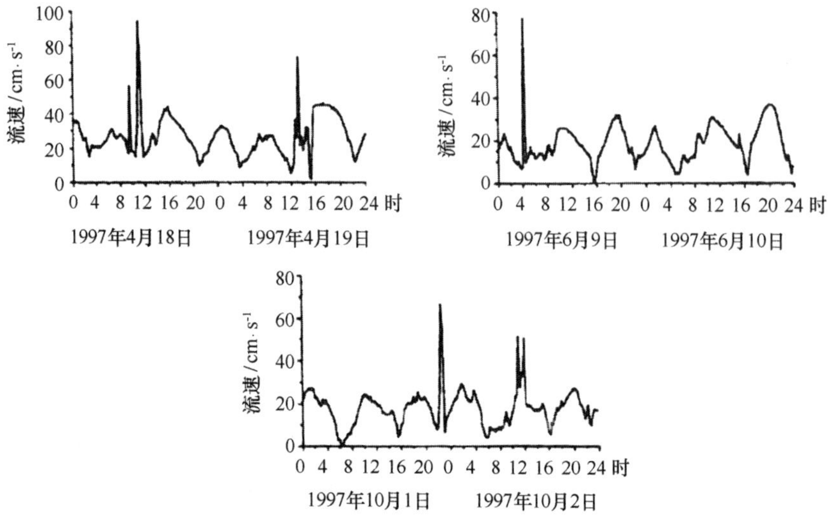

图 8.1　B 站海流观测记录

从 8 时到 11 时这 3 h 内,共观测到 4 次激流,每次激流持续时间短暂,最长者不足 10 min,最短者不足 5 min。需指出,从 7 时至 11 时长达 4 h 内,该海区完全处于潮流场的辐合之中,11 时之后辐合区消失,也再未观测到激流(图 8.2)。

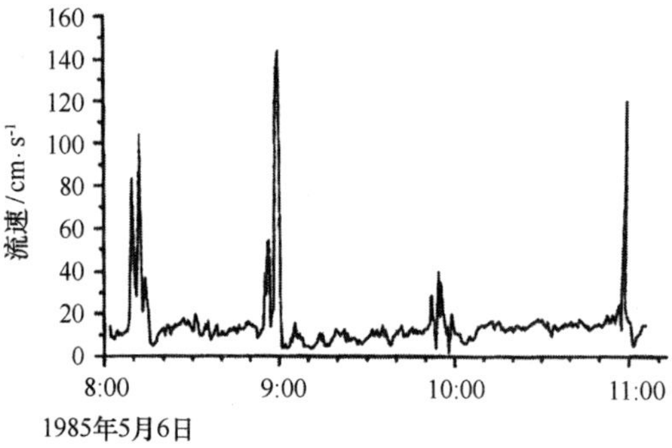

图 8.2　D 站实测流速

通过上述 5 个海流长期观测站的观测结果,我们可以得出这样的结论:海洋激流的发生是流场的辐合作用的结果。流场辐合的产生原因,在渤海区只能有两种情况:一是潮流场的辐合作用,另是风场与潮流场两者共同作用所为。对于前者,我们称之为潮汐激流;后者则称为风生激流。

(二)黄河口 S 站的观测实验

为了证明潮汐激流确实是由潮流场的辐合作用所为,我们又选择了黄河口海区的 S 站(38°13′36″N,118°48′06″E),水深 10.5 m,利用石油平台在 1995 年 4 月 15 日—5 月 9 日,使用自记海流计 S_4,在距海底 0.2 m 处进行海流观测,每 5 min 取 1 次记录。S 站位于渤海湾和莱州湾落潮流所形成的潮流场辐合区内的西部区,在这长达 24 d 的连续观测中,共观测到 23 次激流,其中有 21 次激流发生在潮流场辐合期。特别是,有 5 d 是每天 2 次激流,而且这两次激流都分别出现在两次的潮流场辐合期内。这充分证明潮汐激流与潮流辐合之间有着确定的因果关系。但是,为什么有 5 d(其中包括大潮在内)竟然连一次激流也未观测到? 这表明,S 站决不是该潮流场辐合区唯一的激流诞生地。激流发生地点的不确定性,也是混沌运动不确性的特征之一(图 8.3)。由表 8.2 可知,激流的流向较稳定,它们大致都与海底等深线平行,与落潮流向相反,指向渤海湾顶。但其流速变化很大:最大者为 3.18 m/s,2 m/s 以上者 3 次,1 m/s 以上者 15 次。另外,每次激流所持续的时间相差也很大,最长者达 150 min,最短者仅为 5 min。另外,在非潮流场辐合期所发生的两次激流,不仅其流速最弱,其所持续的时间也很短。

表 8.2 S 站底层激流统计表

海区:38°13′36″N,118°48′06″E　　水深:10.5 m　　1995 年 4 月 15 日—1995 年 5 月 9 日

激流发生日期	持续时间/min	最大激流/cm·s^{-1}	激流流向/(°)	激流发生前流速/cm·s^{-1}	激流与发生前流速之比
1995-04-18	150	318	290	29	11.0
1995-04-19	75	104	320	35	3.0
1995-04-20	45	69	320	23	3.0
1995-04-21	5	85	320	8	10.6
	25	66	300	18	3.7
1995-04-22	25	140	330	35	4.0
1995-04-23	25	96	330	23	4.2
1995-04-24	15	45	* 270	19	2.4
1995-04-25	40	77	300	25	3.1
1995-04-26	50	161	320	30	5.4
1995-04-27	20	75	330	5	15.0
1995-04-28	105	130	320	22	5.9
	105	83	310	21	4.0
1995-04-29	20	64	* 280	3	21.3
1995-04-30	90	153	320	37	4.1
1995-05-01	60	100	330	16	6.3
1995-05-02	35	88	320	25	3.5
	110	115	300	30	3.8
1995-05-03	90	266	320	25	6.7
	85	213	310	36	5.9
1995-05-04	45	94	300	22	4.3
	60	89	280	39	2.3
1995-05-05	55	122	310	25	4.9

* 为非潮流场辐合期。

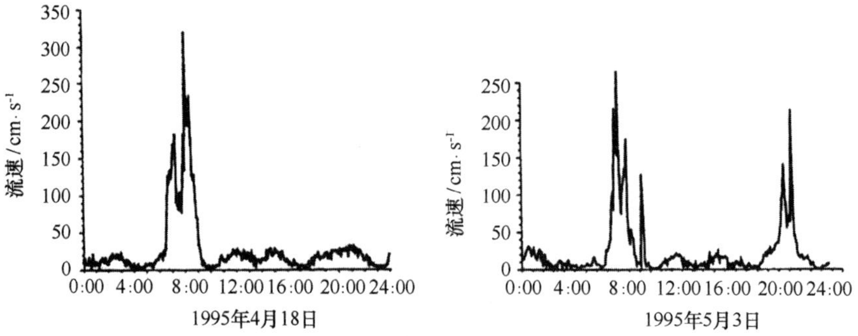

图 8.3　S 站海流观测记录

（三）苏北浅滩的激流观测实验

我们的海洋激流的文章发表之后，引起了人们的很大兴趣和讨论。但是，也有人对于 3.18 m/s 海底激流的观测记录的可靠性提出了质疑，认为石油平台对于 S_4 自记海流计的影响难以避免；也有人对于流场辐合与激流之间的因果关系表示异议。为了对这项研究成果做出客观、公正的评价，最佳的办法就是再进行一次现场观测实验予以检验。为此，我们于 2001 年 6 月在江苏省的苏北浅滩又进行了一次实验。

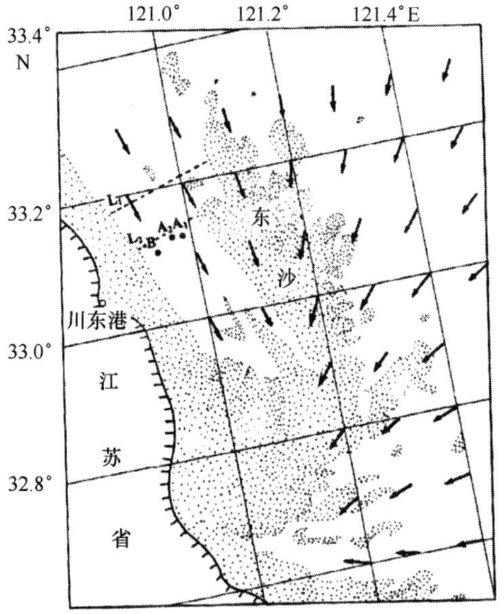

图 8.4　试验区涨潮流场和沙洲地形分布示意图

由于经费所限，这次海上实验只能单船进行，海上观测时间也不能超过 3 d。由此可见，这次海上观测实验具有很大的风险。为了确保这次实验的成功，我们选择了川东港水道的潮流强辐合区，在 L_2 截面上共选了 B、A_1 和 A_2 3 个观测站，进行连续 3 d 的现场观测(见图8.4)。在2001年6月20—22日3 d的大潮期,我们采用安德拉的RCM海流计对A_1、A_2和B站皆进行了底层流观测。令人高兴的是,在A_2站我们又观测到了流速4.95 m/s的特大海底激流。这次激流共持续了35 min,其中流速4 m/s的记录就有3个(见表8.3和图8.5,以及表8.4和图8.6)。这次海上观测实验获得了圆满成功,再次证明了激流与流场辐合之间的因果关系。

表8.3 A_2站海底激流观测记录

项目	6月21日	6月21日	6月21日	6月22日	6月22日	6月22日	6月22日
	23:45	23:50	23:55	00:00	00:05	00:10	00:15
流向/(°)	337	156	2	161	160	156	122
流速/cm·s^{-1}	273	493	139	495	212	224	476

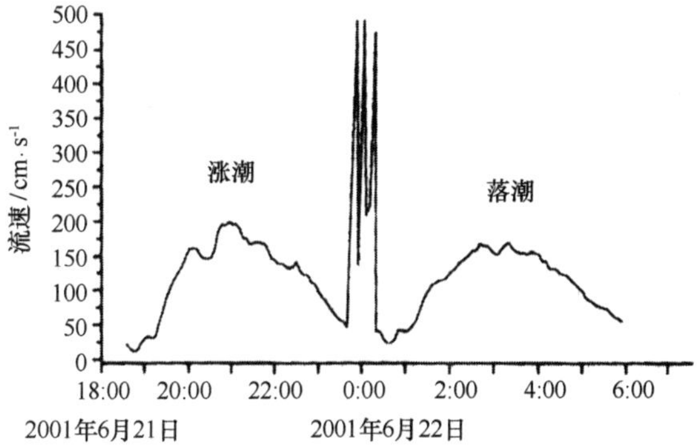

图8.5 A_2站实测流速

表8.4 A_1站海底激流观测记录

项目	6月20日	6月20日	6月20日	6月21日	6月21日	6月21日	6月21日	6月21日
	08:15	08:20	08:25	08:30	08:40	08:45	08:50	08:55
流向/(°)	162	149	167	180	171	155	159	168
流速/cm·s^{-1}	173.9	211.5	213.2	175.0	204.1	230.2	231.4	214.9

三、海洋激流的运动特征

以我们已获取的有关海洋激流的观测资料来看,海洋激流具有以下基本特征。

(一)流速特别大

我们所说的海洋激流的流速特别大,有两方面的含义:一是指其流速的绝对值特别

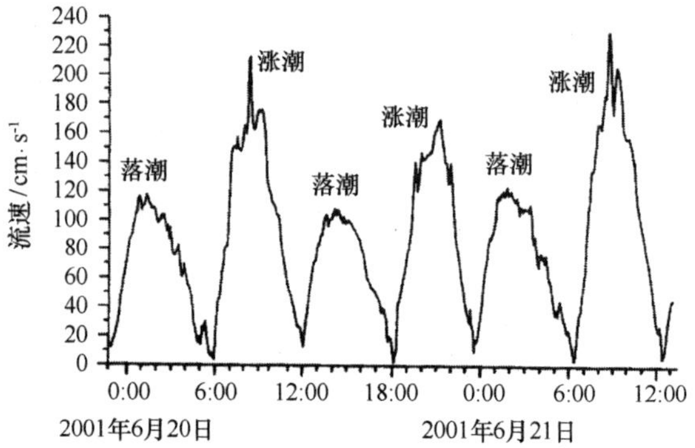

图 8.6 A_1站实测流速图

大;另是指其流速的绝对值并不特别大,但其相对值却特别大(有的可达 10 倍以上)。从我们已有的观测记录可知,最大者可达 4.95 m/s。

(二)持续时间短暂

海洋激流所持续的时间是短暂的,一般只能持续 20 min 左右,激流持续时间的长短,完全取决于辐合区中所提供的无序位能数量的多少。我们的观测记录表明,激流所持续的最长时间为 2.5 h,最短者不足 5 min。

(三)空间范围狭小

由表 8.1 可知,B 站的水深 27 m,表、中、底 3 层进行的同步海流观测中,每层都发生过激流,但没有观测到两个层次同时发生激流。这表明,在渤海这样的浅海区,激流发生的厚度不足 10 m,由此可推测激流的水平尺寸也局限在 10 m 的范围之内。由此可推知,激流是一种厚度不大、宽度狭窄的小尺度海水的高速运动。

(四)具有很大的随机性

从已有的观测资料看,海洋激流的发生在地点、空间、时间、强度、尺度上皆具有很大的随机性。

激流必定发生在流场辐合区,但它在辐合区中何地发生,则有很大的随机性,就以渤海黄河口流场辐合区而言,实际上我们先后曾选择了 3 个石油平台进行了底层激流观测,只有 S 站才成功的观测到海底激流。对苏北浅滩的激流观测中,我们曾选了 3 个观测点(A_1、A_2、B)进行观测,也只有在 A_2站才观测到了流速 4.95 m/s 的特大海底激流。另外,在空间层次上也是如此,如在 B 站所统计的 8 个月中,表、中、底 3 个层次中皆有激流发生。总体看,出现在表层居多,但在 1986 年 10 月中所观测到的 5 次激流,却都出现在底层;而在 1987 年 5 月所观测到的 5 次激流,却又皆出现在表层。在激流发生的时间上也是如此。一是激流每次所发生的时间不固定,二是激流每次所持续的时间长短也不固定。如在 S 站,在长达 24 d 的观测中,有时 1 d 发生两次激流,有时连续几天也不发生激流。另外,激流每次所持续的长短、尺度和强度的大小亦不固定,皆具有很大的随机性。如:在一次工程环境的评审会中,一位评委对我说:他有一位朋友在滦河口海水浴场游泳时,有一次他突然被一股水冲出100多米远,他不解这是怎么一回事。我告诉他,这是一种微小尺度的表层激流所为。由此可知,滦河口海区确是海洋激流的频发区域。

四、海洋激流的成因

关于大洋海底激流的成因,国外已有不少学者进行了探讨,认为是大洋表层涡旋的动能向下传递达数千米的大洋底层所致。对此,我们不能认同。因为在探讨包括海底激流在内的所有海洋激流的成因时,必须首先回答的问题是:海洋激流在短暂的时间里所释放出来的巨额无序动能是哪儿来的?我们认为,它只能是来自于由流场辐合所积聚起来的巨额无序位能的适时转换。现以滦河口外D站的观测结果为例予以说明。

由图8.2可知,在1985年5月6日8时到11时这3 h内,D站共观测到4次激流。当日从7时至11时长达4 h内,渤海湾为自西向东的落潮流,辽东湾为自东北向西南的落潮流,这两支落潮流在滦河口海区形成了大范围的潮流场辐合区,D站位于该辐合区内。当时滦河口港水位的记录表明:其水位从7时的0.27 m缓慢上升至11时的0.85 m。在这长达4 h内,该水位仅上升了0.58 m,平均每小时上升不足0.15 m。这表明,该辐合区所积聚起来的位能,仅有一部分是有序位能,使该海区的水位缓慢上升;另有相当多的一部分位能是无序位能,适时转换为无序动能,形成激流。在该流场辐合区存在的4 h内,仅D站就观测到了4次激流。在当日11时之后,渤海湾就转为自东向西的涨潮流,该辐合区消失,此后在D站就再也未观测到激流。实际上,在该辐合区存在期间,D站决不是激流的唯一发生地,因为B站也是位于该辐合区内的,如上所述,B站也是激流的发生地。

总之,流场的辐合作用是海洋激流形成的唯一原因,形成流场辐合的原因有二:一是流场自身所形成的辐合。如在大洋中冷、暖两支海流的汇合;地形的原因也能使流场形成辐合。二是外部原因,如风场对流场的作用所形成的流场辐合。对于以潮流居优势地位的陆架海区而言,激流的形成原因主要是潮流场自身的辐合作用,称为潮汐激流;其次是风场与潮流场共同作用所形成的激流,称为风生激流。

第三节　激流与灾害

尽管海洋激流是一种小尺度的运动现象,但它的破坏作用还是很大的,海洋中的一些灾害现象与它密切相关。

一、冲击作用

海洋激流是一种高速流动，在我国苏北，已多次观测到 4.9 m/s 的海底激流。不难想象，如此高速的激流，对水中的工程设施、仪器设备、海底电缆等的破坏力将很大。况且，深海大洋中的海底激流的流速会更大。因此我们推测，2003 年 5 月 29 日日本“海沟号”缆控式无人驾驶潜艇在日本南部太平洋海域 2.9 英里深处观察时，这重达 5 t 多的潜艇突然挣断了控制栓链而神秘失踪。在失踪前，它虽然向母船发出了求救信号，但仅仅持续了 12 s，母船还未来得及反应就神秘失踪。而且至今也未能查找到“海沟号”的踪影，更未查找出“海沟号”失事的原因。我们认为，“海沟号”很可能被高速的海底激流冲断了栓链并被冲到别处，然后又被激流所冲击起来的泥沙掩埋。

二、海洋激潮

如果海洋激流发生在近岸区，必将导致岸边水位暴涨造成灾害。这种由激流所引起的岸边水位的涨落，称之为激潮。由于激流的发生具有很大的随机性，无法对之进行准确预报。因此，激潮的发生必然也具有很大的随机性，也无法对之进行准确预报。所以强烈的海洋激潮就对人们的生命财产带来很大伤害。我国苏北浅滩是海洋激流的频发区，因此苏北海岸一带也是海洋激潮的频发区，是海洋激潮的重灾区。以南通地区为例，在 1998 年至 2008 年的 10 年期间，海洋激潮就发生 53 起，造成 149 人死亡。为此，当地有关单位还对此进行了专题调查研究，寻找对策。

三、海洋陷阱（海水密度断崖）

如前所述，我们在渤海湾与莱州湾潮流场辐合区的水深仅 10.5 m 的 S 站，已观测到流速 3.18 m/s 的海底激流，可以推想，在水深为几百米、几千米的深海大洋中的流场辐合区所形成的海底激流，其流速将会更加强大。对于流场辐合区而言，其底层水一旦被强大的激流输送出去，其上面的海水必将急速下落而形成能够“吞噬万物”的可怕陷阱，也被称之为海水密度断崖。不难想象，无论船、舰多么先进，一旦遇上陷阱（断崖），就必然无法向外界发出求救信就沉入海底。对此，我们虽然没有现场观测资料，但我国“361”潜艇的不幸失事可以予以佐证。据报道，“361”潜艇是在 2003 年 4 月 16 日在北黄海神秘失事。该艇完好无损，艇内人员皆因缺氧“窒息而死”。令人不解的是，为什么“361”潜艇在我国领海区内进行水下半潜航，又在没有受到任何危险侵犯的情况下，竟然会下达“紧急上浮”这一错误指令，使该艇在不到 2 min 内就把艇内氧气全部耗尽导致艇内人员全部遇难？对此，我们提出的解释是：依据“361”潜艇失事的地点、时间，该艇当时正处于北黄海的潮流辐合区内，当日又是天文大潮，完全具备了海底激流发生的条件。海底激流一旦发生,就必然会形成“陷阱”。此时“361”潜艇恰好航行至此,随即下落海底。由于艇长对此毫无思想准备,于是就下达了“紧急上浮”的错误指令。可以想象,如果北黄海是数千米的深海和大洋,“361”潜艇必然会沉入海底而粉身碎骨。由此还可以推测,美国的核潜艇“鞭尾鱼”号 1963 年 4 月在英格兰近海失踪;核潜艇“蝎子”号 1968 年 5 月在大西洋亚速尔群岛附近失踪;以色列潜艇“达卡尔”号 1968 年 4 月在地中海失踪;同期法国潜艇“智慧女神”号也在地中海失踪。这些失事潜艇的共同点是在失事前都未发出任何求救信号而神秘失踪,它们很可能也同“361”潜艇一样,皆为海洋陷阱所为,只不过它们在深海一旦下沉到海底,就粉身碎骨,无法上浮海面。另外,德国超级油轮“明兴”号的神秘失踪,我们认为也同样是“海洋陷阱”所为。“明兴”号的长度超过两个半足球场,被誉为“不沉之轮”。但这艘凝聚德国海运界全部骄傲的现代化货轮,在驶往美国途中于 1978 年 12 月 7 日突然神秘消失。在随之展开的世界航海史最大的搜救行动中,只找到了 1 艘救生艇,26 名船员也无影无踪。如果海洋激流不是发生在大洋海底,而是发生在其中间某层,如果又能及时采取正确的自救措施,遇事潜艇就可能避免遭受毁灭性灾难。

第四节 风生激浪

一、海洋中的惊天巨浪

看过美国电影《完美风暴》的人都对片中所描述的那种具有摧毁一切的惊天巨浪震撼不已。实际上,早在 2000 年前人们就已经发现了海洋中存在着这种灾害性的惊天巨浪,只不过那时人们把这种巨浪视为是海神发怒的一种表现,并把这种巨浪称为杀人浪。长期以来,在主流科学界也都把这种巨浪视为一种迷信传说而不予理会。后来,虽然世界各地的不幸沉船事件时有发生,每月都至少有一艘海轮神秘沉没并造成至少数十人死亡,但人们却认为这是由于船体维护欠佳或是航行人员操作失误所致。直到 1995 年,挪威石油公司的一座钻塔在北海遭遇到一场暴风雨的袭击,其巨浪高达 85 英尺(26 m),其宽度有半个足球场那宽,它以 45 英里的时速(20 m/s)横扫钻塔的甲板,摧毁钻塔。这可能是人们所测量过的最大的巨浪。另外,在 2000 年,英国超级游轮“奥里亚娜”号也遭遇到了高达 70 英尺(21 m)的巨浪的狂袭;游轮的窗户全部被粉碎,10 层游轮竟有 6 层进水。至此,人们才真正认识到传说中的“杀人巨浪”是确实存在的,它们是无数海难事件制造者的真正凶手。为了验证“杀人浪”的存在,欧洲宇航局于 2000 年 12 月启动了“大海浪计划”。用两颗卫星进行海浪观测。令人意想不到的是,仅进行了 3 周的海浪观测,卫星数据就显示了“杀人浪”的存在。卫星观测到了海上的 10 个巨大的波浪,每个波高都超过了 25 m,其中最大的一个波高竟高达近 30 m。现已获知,早在

1933年,在北太平洋上曾有高达112英尺(34 m)的“巨浪”袭击了海军“拉马波”号油轮,那个巨浪是如此之高,以至于达到了该船的桅顶瞭望台。1942年,在苏格兰以西700英里的海面上,高达75英尺(23 m)的“巨浪”袭击了载有1 500名士兵的“玛丽女王”号游轮。1976年,“克雷顿之星”号油轮在发出求救信号:“巨浪横扫甲板,将船摧毁”之后,这艘油轮便杳无音信。

二、惊天巨浪的基本特征

从已有的资料情况看,惊天巨浪有以下独有的特征。

(1)巨浪的高度超群。在一般情况下,该巨浪的波高是其周围波高的3~5倍,已有记载的波高达112英尺。这种巨浪,如同一道快速移动的高高的水墙从天而降。因此,该巨浪又称为水墙巨浪,或称水墙巨波。

(2)巨浪拥有惊人的动量。对于12 m高的风暴大浪而言,它对船舶所造成的冲击力仅为每平方米6 t,但对水墙巨浪而言,它对船舶所造成的冲击力可高达每平方米100 t。由此可见,水墙巨浪拥有多么惊人的冲击力。

(3)巨浪的行为独特。高高竖立在风暴波浪场中的水墙巨浪,它移动的速度、方向不仅与其周围的波浪完全不同步,也与局地风向无关。也就是说,水墙巨浪的形成和行为与其周围的波浪毫无关联,也与局地的风向、风速无关。正因如此,迄今为止,不仅现有的风浪理论无法对水墙巨浪给出合理的解释,也未能在波浪水槽中把水墙巨浪模拟出来。

三、水墙巨浪是一种混沌运动

在20世纪80年代就有人对水墙巨浪这种罕见的灾害现象进行了专题研究,但至今未果。为什么?欲想解答这个问题,首先要弄清楚水墙巨浪所拥有的巨额动能是有序动能,还是无序动能?这些巨额动能又是从哪儿来的?对此,现有的波浪理论都无法回答。本书认为,水墙巨浪所拥有的巨额动能是无序动能,这些无序动能只能是来自于风浪场中无序位能的适时转换。也就是说,水墙巨浪是一种混沌运动,应把它称为风生激浪。对于这种混沌运动,不仅传统的风浪理论无法给出合理的解释,而且,传统的波浪水槽也很难把它模拟出来。因为风生激浪是一种混沌运动,它是一种在随机性运动系统中的局部区域所出现的一种非随机性的异常水波运动,所以传统的风浪理论很难给出合理的解释;另外,风生激浪所拥有的巨额无序动能,是在风场和流场共同作用下整体行为所积蓄起来的无序位能在局部区域的适时转换,因此,不仅在实验水槽中也很难把它模拟出来,现有的风浪理论模型也不能把它描述出来。对此,作者把自己在海上的一次大风经历写出来,供读者思考。在1976年9月,笔者在渤海海峡老铁山水道中央区(水深50多米)进行了一次定点7 d的周日连续观测期间,突然遭遇到一次风力达

12 级、阵风达 13 级的狂风袭击。在风暴的初始阶段,海面上还是风逐浪高的壮观景象。但是,当风力达 12 级、阵风 13 级时,海面上的波浪反而不见了。因为,波浪一旦出现,其波峰就被大风吹掉,变成一团白色水沫。所以,此时海水和空气的界面完全变成了一层厚厚的水气混合层。场面非常恐怖。此时如果有人落水,不管你有多好的水性,穿上多么好的救生衣,也无法逃脱死亡的命运。此时的风应力反而变成了波浪成长的压制力。作者认为,压制波浪成长的这部分风应力的动能,除一部分将转化为水质点产生水平运动的动能外,其余的动能将转化为无序位能而储存起来。当这些无序位能积聚到一定数量之后,就将适时转换为无序动能,即形成水墙巨浪而释放出来。

第五节　海洋混沌运动的形成机理及特点

关于混沌运动的形成机理及特征,混沌学中已有全面的论述,特别是在非线性动力学中,对混沌运动的研究最为系统、严格。在本书中,又用海洋激流的观测实例生动地展示出海洋混沌运动的形成机理及特征。现总结如下:

一、非线性是孕育混沌运动的摇篮

数学上已证明:一是混沌运动是系统的一种整体行为,二是混沌运动是来自于系统中的非线性。对此,潮汐激流的观测结果也完全予以证实。首先,如果没有海区的整体潮流场,也就没有潮流场的辐合区,因此可以说潮汐激流确实是潮流场的一种整体行为。但是,潮汐激流却只能发生潮流场的辐合区里,决不会在其他区域发生。为什么?我们知道,遵从牛顿力学的确定性运动所拥有的动能是来自于作用力所做的功,它与作用力之间有着确定性的“一一对应”关系;遵从统计力学的随机性运动所拥有的动能也是来自于作用力所做的功,它与作用力之间有着“多一对应”的关系。而遵从混沌力学的混沌运动所拥有的无序动能,则是来自于系统中的非线性(流场中的辐合区)所积储起来的无序位能的即时转换,它与“无序位能”之间有着确定的对应关系,与具体作用力之间不存在直接的对应关系。也就是说,运动系统中的非线性是孕育产生混沌运动的摇篮。这也是混沌运动与确定性运动、随机性运动的最大区别所在。

另外,观测结果表明,潮汐激流只发生在大、中潮期间,在小潮期间未观测到潮汐激流,这证明混沌学关于“非线性是产生混沌运动的必要条件而非充分条件”的论断是完全正确的。

流场辐合区的产生原因有二:一是运动系统自身所形成的局部辐合,如潮流场的局部辐合,大洋环流所形成的局部辐合(如冷、暖交汇)。二是风场与流场共同作用所产生的局部辐合。需指出,风场与流场的共同作用既可能产生风生激流,也可能产生风生激浪(水墙巨浪)。

二、混沌运动的特点

非线性动力学指出:混沌运动的特点是其对初始条件极其微小变化的高度敏感性及不稳定性。混沌运动的这种特点是完全由其自身的性质所决定的。既然混沌运动所拥有的无序动能是来源于无序位能的即时转换,因此,混沌运动就必然具有形成和发生两个不同阶段。现以海洋潮流为例加以说明。

(一)混沌运动的形成阶段

所谓混沌运动的形成阶段,就是无序位能的产生与积累阶段,就是流场中辐合区的产生与发展阶段,在数学上就是所谓的非线性的产生与发展阶段。由于流场辐合区的产生与发展通常是由多种因子的共同作用所致,这些因子就称为海洋潮流的形成因子。也就是说,混动运动中无序位能的产生与积累是由多种因子的共同作用所致,这些作用因子就称为混沌运动的形成因子。这是一个混沌运动的形成阶段,也是运动性质由量变到质变的阶段,也是所有混沌运动都必须要经历的一个阶段。

(二)混沌运动的发生阶段

当无序位能的积累达到了平衡态所能承担的临界极限值时,该无序位能就会在某种扰动因子作用下被突然即时转换为无序动能而释放出来,就发生了异常运动。这种异常的运动就称为混沌运动,该异常运动的发生阶段,就称混沌运动的发生阶段。能够引起无序位能即时转换为无序动能的扰动因子通常是各种各样的,这些多种扰动因子就称为混动运动的诱发因子,或称促发因子。气象学中所谓的"蝴蝶效应"就是诱(促)发因子。但需指出,对某些混沌运动而言,同样的一种扰动因子,它既可以诱发混沌运动发生,也可能不诱发混沌发生,甚至可能诱使混沌运动消失,成为诱消因子。在数学上讲,混沌运动的特点就是其对初始条件极其微小变化的高度敏感性及不确定性。对潮汐激流而言,它的发生对风场扰动力作用的响应就具有高度的敏感性和不确定性。

第六节　结果与讨论

现在人们已认识到,混沌运动是自然界中普遍存在着的一种运动现象,海洋当然也不能例外。虽然混沌运动理论主要是属于物理学,但混沌运动的发现、知识的积累却主要依靠的是数学。我们对海洋混沌运动的认识,就是从整理分析海流的异常观测记录开始。在分析研究其形成原因时,发现这些异常海流既不完全遵从牛顿力学定律,也不完全遵从统计力学定律。在百思而不得其解时,接触到混沌学理论,才认识到这种异常海流就是属于海洋中的混沌运动的范畴。

众所周知,在海洋中存在着大、中、小 3 种不同时间尺度的正常运动,与之相相对应,必然也存在着大、中、小 3 种不同空间尺度的混沌运动。本书仅对小尺度的混沌运动(海洋激流)进行了初步的研究。对海洋激流的研究结果表明,海洋激流是一种流速特别大、持续时间短暂、空间范围狭小,其发生具有很大随机性的混沌运动。它所拥有的无序动能是来自于流场辐合区所积累起来的无序位能的即时转换。因此,海洋激流必然发生在流场辐合区内,且流场辐合所积累的无序位能的多少就决定了激流的强度和持续时间的多少,这是激流的确定性。但是,无序位能向无序动能的即时转换,无论在海洋激流发生的时间、地点、层次及方向皆具有很大的随机性。因此,对海洋激流的准确预报是不可能的。只能对其发生的空间范围(流场辐合区)、时间范围(流场辐合期间)做出预报。

流场辐合的原因有二:一是流场自身所形成的局部辐合,如潮流场的局部辐合;或是不同海流交汇(冷、暖流)区所形成的局部辐合。另是风场与流场共同作用所形成的局部流场辐合。需指出,在风场与流场共同作用所产生的辐合区内所积蓄起来的无序位能,既可能"即时"转换为风生激流,也可能"即时"转换为风生激浪(水墙巨浪),也可能两者都"即时"转换之。

最后需说明,本书仅对潮汐激流进行了初步的分析研究,对海洋混沌运动的研究仅能起到一个抛砖引玉的作用。我们相信,对于海洋中的一些异常运动现象,如厄尔尼诺、黑潮大弯曲等,如果能用混沌运动的观点重新进行考察,就会发现新现象,提出新问题,找出新的研究方法,甚至能形成新的学科分支。

参考文献

陈则实,李坤平.1999.山东半岛沿岸的大振幅假潮.黄渤海海洋,17(4):1-12.
陈宗镛.1980.潮汐学.北京:科学出版社.
戴文赛,等.1962.天文学教程.上海:上海科技出版社.
方国洪,郑文振,陈宗镛,等.1986.潮汐和潮流的分析和预报.北京:海洋出版社.
冯士筰,李凤岐,李少菁.2007.海洋科学导论.北京:高等教育出版社.
福里斯 C Э,季莫列娃 A B.1954.普通物理(第一卷).梁洪宝,译.北京:商务出版社.
顾玉荷,修日晨.1996.渤海海流概况及其输沙作用初析.黄渤海海洋,14(1):1-5.
郭敦仁.1978.数学物理方法.北京:人民教育出版社.
郭晓岚讲授,朱伯承整理.1981.大气动力学.南京:江苏科学技术出版社.
黄瑞新.2012.大洋环流.乐肯堂,史久新,译.北京:高等教育出版社.
海洋科技名词审定委员会.2007.海洋科技名词,第 2 版.北京:科学出版社.
韩树栋,吴佩智.1983.工科大学物理学(上册).北京:北京理工大学出版社.
景振华.1976.海流原理.北京:科学出版社.
李心铭.1996.流体动力学.青岛:青岛海洋大学出版社.
列昂诺夫 A K.1961.区域海洋学和海流动力学的若干问题.山东海洋学院水文气象系,译.北京:科学出版社.
刘爱菊,修日晨,张自历,等.2002.江苏近海的激流.海洋学报,24(6):120-126.
吕庆华.2012.物理海洋学基础.北京:海洋出版社.
普劳德曼 J.1956.动力海洋学.毛汉礼,译.北京:科学出版社.
Ramage C S.1986.厄尔尼诺现象.Science(中译本),10:29-37.
任美锷.1986.江苏省海岸带和海涂资源综合调查.北京:海洋出版社.
Sears F W,等.1979.大学物理学(第一册).郭泰运等,译.北京:人民教育出版社.
山东省科学技术委员会.1991.黄河口调查区综合调查报告.北京:科学出版社.
侍茂崇.2004.物理海洋学.济南:山东教育出版社.
侍茂崇,赵进平.1985.黄河三角洲半日潮无潮区与水文特征分析.山东海洋学院学报,15(1):127-136.
舒列金 B B.1963.海洋物理学.尤芳湖等,译.北京:科学出版社.
王斌,翁衡毅编译.1981.地球物理流体动力学导论.北京:海洋出版社.
王慧中,编译.1993.深海流暴及地质意义.海洋地质译丛(2):71.
吴荣生,等.1983.动力气象.上海:上海科学技术出版社.
吴望一.1983.流体力学.北京:北京大学出版社.
吴祥兴,陈忠.2001.混沌学导论.上海:上海科学技术文献出版社.
修日晨.1978.海中妖流.海洋战线(1):14.

修日晨.1979.陆架海区实际流场预报方法研究(一)——对潮汐运动机制的认识.海洋研究,11(3):22-28.

修日晨,叶和松,孙洪亮.1979.陆架海区实际流场预报方法研究(二)——星下点引潮力的计算及应用.海洋研究,11(3):29-33.

修日晨,叶和松,孙洪亮.1979.陆架海区实际流场预报方法研究(三)——渤海区基本流场的初步探讨.海洋研究,11(3):34-42.

修日晨.1982.无界海洋对引潮力反应的初步研究.海洋研究,20(1):1-7.

修日晨.1982.有界海洋对引潮力反应的初步研究.海洋研究,20(1):8-15.

修日晨.1982.海洋对引潮力反应的初步探讨.海洋与湖沼,13(5):395-405.

修日晨.1983.关于协振潮的共振问题.海洋湖沼通报(2):16-18.

修日晨.1983.潮波在截面积变化水域传播的探讨.海洋学报,6(6):687-693.

修日晨.1984.关于陆架海区潮流运动方向旋转的研究.海洋湖沼通报(4):16-18.

修日晨.1987.潮流场永久预报方法及应用.山东海洋学院学报,17(3):23-28.

修日晨.1991.El Niño 事件成因初析.海洋通报,10(5):91-97.

修日晨,顾玉荷.1993.黄河流路长期稳定可能变成现实.海岸工程,12(2),51-55.

修日晨,顾玉荷.1994.稳定黄河入海流路必须进行海上治理.海洋通报,13(4):92-96.

修日晨,顾玉荷,刘爱菊,等.2000.海洋激流的若干观测结果.海洋学报,22(4):118-124.

修日晨,顾玉荷.2008.潮汐和潮流预报的整体潮方法.海洋科学进展,26(4):436-446.

叶安乐,李凤岐.1992.物理海洋学.青岛:青岛海洋大学出版社.

中国大百科全书编辑委员会.1987.中国大百科全书·大气科学海洋科学水文科学.北京:中国大百科全书出版社.

Cross M G.1972.Oceanography.Printed in the United States of America.

Defant A.1961.Physical Oceanography.Vol.1, Ⅱ.Pergamon Press.

Ekman V W.1905.On the influence of the earth's rotation on ocean-currents.Arkiv Mat Astron Fysik,2(11):1-53.

Gross T F,Nowell A R M.1988.A deep-sea sediment storm.Nature,1988,331(6156):518-521.

Kagami H,Suk B C.1986.Abyssal bedforms and sediment drifts effected by deep-sea flows.Benthic storm and silt mode concentration.J Oceanogr Soc Japan,1986,42(4):308-318.

Klein H.1987.Bethic storm,vortices and particle distribution in the deep west European Basin.Dtsch Hydrogr.Z,1987,40(3):87-102.

Knauss J K.1978.Introduction to Physical Oceanography.Printed in the Untied States of America.

Kontar E A,Sokov A V.1994.A benthic storm in the northeastern torpical pacific over the field of manganese nodules.Deep-Sea Res,1994,41(7):1069-1089.

Munk W H.1950.On the wind-driven ocean circulation.J Meteor,7(2):79-93.

Pedlosky J.1979.Geophysical Fluid Dynamics.Springer-Verlag,New York.

Pickard G L.1979.Descriptive Physical Oceanography.3ed.Pergamon Press.

Rossby C G.1939.Relation between variations in the intensity of the zonal circulation of the atmosphere and the displacements of the semi-permanent centers of action. Ⅱ.J Mar Res I:38-55.

附录 1：

潮流场永久预报表
(天文潮永久预报表)

(1992—1994 年)

山 东 省 科 学 技 术 委 员 会
国家海洋局第一海洋研究所

(附录 1 内容已于 1992 年由海洋出版社出版)

预报表使用说明

本表是依据引潮天体星下点处引潮力的精确计算而制作的。表中给出每天流场的类型、流场强度、上、下中天发生时刻及引潮日和引潮时的时间长度。

Ⅰ型、Ⅱ型流场为两种典型流场，余者则为这种流场相互转换的过渡型流场：Ⅱ→Ⅰ表示流场是由Ⅱ型流场向Ⅰ型流场过渡，Ⅰ→Ⅱ则表示流场是由Ⅰ型向Ⅱ型过渡。其相互转换的周期为半个回归月。

流场强度分为：特大，大，中，小，特小 5 个等级，特大是指大潮的流速值再加上该大潮值的 10%，特小则是指小潮流速值再减去该值的 10%。大、中、小则分别表示大潮、中潮和小潮期间的流速值。

引潮力在每（潮汐日）天中皆有两个极大值，其中最大的引潮力的发生时刻为上中天时刻，另外一个较小的极大值的发生时刻为下中天时刻。两相邻上中天的时间间隔为潮汐日，每潮汐日的 1/24 为潮汐时。表中所给出的时间皆为北京时，当引潮天体跨越赤道时，必然会发生在半个潮汐日内出现两个上中天时刻，此时的潮汐日实际上仅为半潮汐日，表中以（ ）表示，以便区别。潮汐日、潮汐时的排列次序如下：

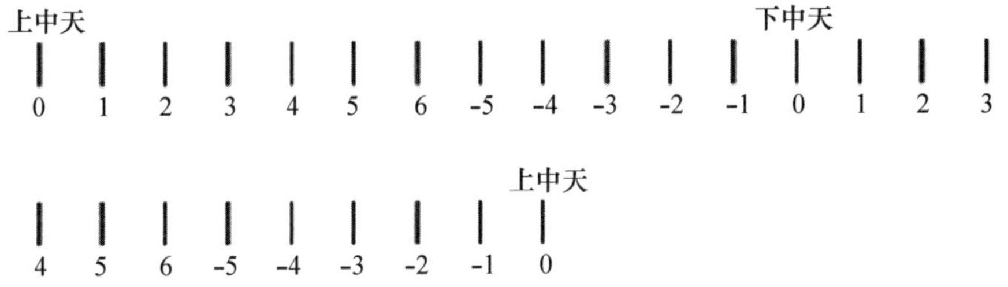

在使用本表时，一定要遵循这个时间序列。由于潮汐日并非定值，因此，在进行潮汐时与北京时的转换时需根据该潮汐时所含有的北京时间值而进行之。如，欲查算 1992 年 7 月 7 日 20 时的流速值。由表可查知，7 日的上中天时刻为 16 时 37 分，8 日的上中天时刻为 5 时 28 分，这个潮汐日实际上仅为半潮汐日，其时间间隔为 12 小时零 51 分钟，其潮汐时为 64.3 分钟。7 日 20 时为上中天以后 3 小时 23 分钟，转换为潮汐时则为 3 小时零 7 分钟，即为上中天后 3 时零 7 分钟。由表还知，该日的流场类型是Ⅰ型，流场强度为小潮。这样，先查找Ⅰ型流场上中天（后）3 时的流场分布图，再查看其上中天 4 时的流场分布图，从两者的变化中进行 7 分钟的订正。

1 月

1992 年

日期		类型	强度	上中天时刻	下中天时刻	潮汐日	潮汐时
公历	农历			(时:分)	(时:分)	(h min)	(min)
1	十一月廿七	Ⅱ	中	21:38		24 39	61.6
2	廿八	Ⅱ	中	22:17	09:58	24 35	61.5
3	廿九	Ⅱ	中	22:52	10:35	24 33	61.4
4	三十	Ⅱ	中	23:25	11:09	24 30	61.3
5	十二月一	Ⅱ	中	23:55	11:40	24 30	61.3
6	二	Ⅱ	中		12:10		
7	三	Ⅱ	中	00:25	12:40	24 29	61.2
8	四	Ⅱ	中	00:54	13:08	24 28	61.2
9	五	Ⅱ→Ⅰ	中	01:22	13:38	24 31	61.3
10	六	Ⅱ→Ⅰ	中	01:53	14:11	24 35	61.5
11	七	Ⅱ→Ⅰ	中	02:28	14:48	24 39	61.6
12	八	Ⅰ	小	03:07		(12 35)	62.9
		Ⅰ	小	15:42		25 07	62.8
13	九	Ⅰ→Ⅱ	小	16:49	04:6	25 25	63.5
14	十	Ⅰ→Ⅱ	小	18:14	05:32	25 24	63.5
15	十一	Ⅱ	中	19:38	06:56	25 06	62.8
16	十二	Ⅱ	中	20:44	07:11	24 55	62.3
17	十三	Ⅱ	中	21:39	09:12	24 49	62.0
18	十四	Ⅱ	大	22:28	10:04	24 47	62.0
19	十五	Ⅱ	特大	23:15	10:52	24 44	61.8
20	十六	Ⅱ	特大	23:59	11:7	24 43	61.8
21	十七	Ⅱ	特大		12:21	61.8	
22	十八	Ⅱ	特大	00:42	13:03	24 41	61.7
23	十九	Ⅱ→Ⅰ	大	01:23	13:44	24 42	61.8
24	二十	Ⅱ→Ⅰ	中	02:05	14:26	24 41	61.7
25	廿一	Ⅱ→Ⅰ	中	02:46	15:05	24 37	61.5
26	廿二	Ⅰ	中	03:23		(12 41)	63.4
		Ⅰ→Ⅱ	小	16:04		25 19	63.3
27	廿三	Ⅰ→Ⅱ	小	17:23	04:44	25 44	64.3
28	廿四	Ⅱ	小	19:07	06:15	25 24	63.5
29	廿五	Ⅱ	小	20:31	07:49	24 55	62.3
30	廿六	Ⅱ	小	21:6	08:59	24 41	61.7
31	廿七	Ⅱ	中	22:07	09:47	24 35	61.5

2 月

1992 年

日期		类型	强度	上中天时刻 (时:分)	下中天时刻 (时:分)	潮汐日 (h min)	潮汐时 (min)
公历	农历						
1	十二月廿八	Ⅱ	中	22:42	10:25	24　30	61.3
2	廿九	Ⅱ	中	23:12	10:57	24　29	61.2
3	三十	Ⅱ→Ⅰ	中	23:41	11:27	24　27	61.1
4	一月一	Ⅱ→Ⅰ	中		11:55		
5	二	Ⅱ→Ⅰ	中	00:08	12:22	24　27	61.1
6	三	Ⅱ→Ⅰ	中	00:35	12:48	24　26	61.1
7	四	Ⅱ→Ⅰ	中	01:01	13:16	24　29	61.2
8	五	Ⅰ	中	01:30	13:44	24　27	61.1
9	六	Ⅰ	中	01:57	14:12	24　29	61.2
10	七	Ⅰ	中	02:26		(12　39)	63.3
		Ⅰ→Ⅱ	中	15:05		24　58	62.4
11	八	Ⅰ→Ⅱ	小	16:03	03:34	25　22	63.4
12	九	Ⅱ	小	17:25	04:44	25　39	64.1
13	十	Ⅱ	中	19:04	06:15	25　21	63.4
14	十一	Ⅱ	中	20:25	07:45	25　01	62.5
15	十二	Ⅱ	中	21:26	08:56	24　51	62.1
16	十三	Ⅱ	大	22:17	09:52	24　45	61.9
17	十四	Ⅱ→Ⅰ	大	23:02	10:40	24　42	61.8
18	十五	Ⅱ→Ⅰ	大	23:44	11:23	24　38	61.6
19	十六	Ⅱ→Ⅰ	大		12:03		
20	十七	Ⅱ→Ⅰ	大	00:22	12:41	24　38	61.6
21	十八	Ⅱ→Ⅰ	大	01:00	13:18	24　35	61.5
22	十九	Ⅱ→Ⅰ	中	01:35	13:51	24　32	61.3
23	二十	Ⅰ	中	02:07		(12　27)	62.3
		Ⅰ→Ⅱ	中	14:34		24　27	62.0
24	廿一	Ⅰ→Ⅱ	中	15:21	02:58	25　03	62.6
25	廿二	Ⅰ→Ⅱ	小	16:24	03:53	25　42	64.3
26	廿三	Ⅱ	小	18:06	05:15	25　49	64.5
27	廿四	Ⅱ	小	19:55	07:01	25　26	62.8
28	廿五	Ⅱ→Ⅰ	小	21:01	08:28	24　45	61.9
29	廿六	Ⅱ→Ⅰ	中	21:46	09:24	24　35	61.5

3　月

1992 年

日期		类型	强度	上中天时刻	下中天时刻	潮汐日	潮汐时
公历	农历			（时:分）	（时:分）	（h　min）	（min）
1	一月廿七	Ⅱ→Ⅰ	中	22:21	10:04	24　30	61.3
2	廿八	Ⅱ→Ⅰ	中	22:51	10:36	24　26	61.1
3	廿九	Ⅰ	中	23:17	11:04	24　27	61.1
4	二月一	Ⅰ	中	23:44	11:31	（12　13）	61.0
5	二	Ⅰ	中	11:57		24　26	61.1
6	三	Ⅰ	中	12:23	00:10	24　29	61.2
7	四	Ⅰ→Ⅱ	中	12:52	00:38	24　30	61.3
8	五	Ⅰ→Ⅱ	中	13:22	01:07	24　36	61.5
9	六	Ⅰ→Ⅱ	中	13:58	01:40	24　43	61.8
10	七	Ⅰ→Ⅱ	中	14:41	02:20	24　55	62.3
11	八	Ⅱ	中	15:36	03:09	25　19	63.3
12	九	Ⅱ	小	16:55	04:16	25　42	64.3
13	十	Ⅱ	中	18:37	05:46	25　28	63.7
14	十一	Ⅱ	中	20:05	07:21	25　04	62.7
15	十二	Ⅱ→Ⅰ	中	21:09	08:37	24　51	62.1
16	十三	Ⅱ→Ⅰ	中	22:00	09:35	24　43	61.8
17	十四	Ⅰ	大	22:43	10:22	24　38	61.6
18	十五	Ⅰ	大	23:21	11:02	24　37	61.5
19	十六	Ⅰ	大	23:58	11:40	（12　18）	61.5
20	十七	Ⅰ→Ⅱ	大	12:16		24　35	61.5
21	十八	Ⅰ→Ⅱ	中	12:51	00:34	24　35	61.5
22	十九	Ⅰ→Ⅱ	中	13:26	01:09	24　38	61.6
23	二十	Ⅰ→Ⅱ	中	14:04	01:45	24　42	61.8
24	廿一	Ⅱ	中	14:46	02:25	24　51	63.1
25	廿二	Ⅱ	小	15:37	03:12	25　15	64.8
26	廿三	Ⅱ	小	16:52	04:15	25　54	63.7
27	廿四	Ⅱ→Ⅰ	特小	18:46	05:49	25　28	62.3
28	廿五	Ⅱ→Ⅰ	小	20:14	07:30	24　54	61.6
29	廿六	Ⅱ→Ⅰ	小	21:08	08:41	24　39	61.3
30	廿七	Ⅰ	中	21:47	09:28	24　31	61.2
31	廿八	Ⅰ	中	22:18	10:03	（12　14）	61.5

4　月

1992 年

日期		类型	强度	上中天时刻	下中天时刻	潮汐日	潮汐时
公历	农历			(时:分)	(时:分)	(h min)	(min)
1	二月廿九	Ⅰ	中	10:32	22:46	24　27	61.1
2	三十	Ⅰ	中	10:59	23:13	24　28	61.2
3	三月一	Ⅰ→Ⅱ	中	11:27	23:42	24　29	61.2
4	二	Ⅰ→Ⅱ	中	11:56		24　31	61.3
5	三	Ⅰ→Ⅱ	中	12:27	00:12	24　35	61.5
6	四	Ⅰ→Ⅱ	中	13:02	00:45	24　39	61.6
7	五	Ⅱ	中	13:41	01:22	24　45	61.9
8	六	Ⅱ	中	14:26	02:04	24　56	62.3
9	七	Ⅱ	中	15:22	02:54	25　14	63.1
10	八	Ⅱ	中	16:38	03:59	25　35	64.0
11	九	Ⅱ→Ⅰ	中	18:13	05:26	25　28	63.7
12	十	Ⅰ	中	19:41	06:57	25　06	62.8
13	十一	Ⅰ	中	20:47	07:14	24　50	62.1
14	十二	Ⅰ	中	21:37	09:12	24　41	61.7
15	十三	Ⅰ	中	22:18	09:58	(12　24)	62.0
16	十四	Ⅰ	中	10:40	23:00	24　35	61.5
17	十五	Ⅰ→Ⅱ	中	11:17	23:35	24　36	61.5
18	十六	Ⅰ→Ⅱ	中	11:53		24　35	61.5
19	十七	Ⅰ→Ⅱ	中	12:28	00:11	24　35	61.5
20	十八	Ⅱ	中	13:03	00:46	24　37	61.5
21	十九	Ⅱ	中	13:40	01:22	24　38	61.6
22	二十	Ⅱ	中	14:18	01:59	24　44	61.8
23	廿一	Ⅱ	中	15:02	02:40	24　56	62.3
24	廿二	Ⅱ	小	15:58	03:30	25　25	63.5
25	廿三	Ⅱ→Ⅰ	特小	17:23	04:41	25　40	64.2
26	廿四	Ⅰ	特小	19:03	06:13	25　11	63.0
27	廿五	Ⅰ	小	20:14	07:39	24　49	62.0
28	廿六	Ⅰ	小	21:03	08:39	(12　16)	61.3
29	廿七	Ⅰ	中	09:19	21:36	24　34	61.4
30	廿八	Ⅰ→Ⅱ	中	09:53	22:00	24　33	61.4

5 月

1992 年

日期		类型	强度	上中天时刻（时:分）	下中天时刻（时:分）	潮汐日（h min）	潮汐时（min）
公历	农历						
1	三月廿九	Ⅰ→Ⅱ	中	10:26	22:43	24 33	61.4
2	三十	Ⅰ→Ⅱ	中	10:59	23:16	24 34	61.4
3	四月一	Ⅱ	大	11:33	23:51	24 36	61.5
4	二	Ⅱ	大	12:09		24 39	61.6
5	三	Ⅱ	大	12:48	00:29	24 44	61.8
6	四	Ⅱ	大	13:32	01:10	24 48	62.0
7	五	Ⅱ	中	14:20	01:56	24 57	62.4
8	六	Ⅱ	中	15:17	02:49	25 09	62.9
9	七	Ⅱ→Ⅰ	中	16:26	03:52	25 24	63.5
10	八	Ⅱ→Ⅰ	中	17:50	05:08	25 23	63.5
11	九	Ⅰ	中	19:13	06:32	25 07	62.8
12	十	Ⅰ	中	20:20	07:47	(12 33)	62.8
13	十一	Ⅰ	中	08:53	21:17	24 47	62.0
14	十二	Ⅰ→Ⅱ	中	09:40	22:01	24 41	61.7
15	十三	Ⅰ→Ⅱ	中	10:21	22:40	24 38	61.6
16	十四	Ⅱ	中	10:59	23:18	24 37	61.5
17	十五	Ⅱ	大	11:36	23:54	24 35	61.5
18	十六	Ⅱ	大	12:11		24 35	61.5
19	十七	Ⅱ	中	12:46	00:29	24 35	61.5
20	十八	Ⅱ	中	13:21	01:04	24 36	61.5
21	十九	Ⅱ	中	13:57	01:39	24 38	61.6
22	二十	Ⅱ	中	14:35	02:16	24 45	61.9
23	廿一	Ⅱ→Ⅰ	小	15:20	02:58	25 01	62.5
24	廿二	Ⅱ→Ⅰ	小	16:21	03:51	25 23	63.5
25	廿三	Ⅰ	特小	17:44	05:03	(12 55)	64.6
26	廿四	Ⅰ	特小	06:39	19:08	24 58	62.4
27	廿五	Ⅰ	小	07:37	20:05	24 55	62.3
28	廿六	Ⅰ→Ⅱ	小	08:32	20:54	24 44	61.8
29	廿七	Ⅰ→Ⅱ	中	09:16	21:36	24 40	61.7
30	廿八	Ⅱ	中	09:56	22:16	24 39	61.6
31	廿九	Ⅱ	中	10:35	22:55	24 40	61.7

6 月

1992 年

日期		类型	强度	上中天时刻（时:分）	下中天时刻（时:分）	潮汐日（h min）	潮汐时（min）
公历	农历						
1	五月一	Ⅱ	大	11:15	23:36	24 42	61.8
2	二	Ⅱ	大	11:57		24 44	61.8
3	三	Ⅱ	大	12:41	00:17	24 46	61.9
4	四	Ⅱ	大	13:27	01:04	24 48	62.0
5	五	Ⅱ	中	14:15	01:51	24 53	62.2
6	六	Ⅱ→Ⅰ	中	15:08	02:42	25 02	62.6
7	七	Ⅱ→Ⅰ	中	16:10	03:39	25 13	62.2
8	八	Ⅰ	小	17:23	04:47	25 13	63.0
9	九	Ⅰ	小	18:36	06:00	(12 48)	63.0
10	十	Ⅰ→Ⅱ	小	07:24	19:58	25 07	64.0
11	十一	Ⅰ→Ⅱ	中	08:31	20:57	24 52	62.8
12	十二	Ⅱ	中	09:23	21:45	24 44	62.2
13	十三	Ⅱ	中	10:07	22:27	24 40	61.8
14	十四	Ⅱ	中	10:47	23:06	24 37	61.7
15	十五	Ⅱ	中	11:24	23:41	24 37	61.5
16	十六	Ⅱ	中	11:58		24 34	61.4
17	十七	Ⅱ	中	12:32	00:15	24 32	61.4
18	十八	Ⅱ	中	13:04	00:48	24 33	61.3
19	十九	Ⅱ	中	13:37	01:21	24 34	61.4
20	二十	Ⅱ→Ⅰ	中	14:11	01:54	24 38	61.4
21	廿一	Ⅱ→Ⅰ	小	14:49	02:30	24 47	61.6
22	廿二	Ⅰ	小	15:36	03:13	(12 38)	62.0
23	廿三	Ⅰ	特小	04:14	16:47	25 05	62.2
24	廿四	Ⅰ	特小	05:19	17:58	25 18	62.7
25	廿五	Ⅰ→Ⅱ	小	06:37	19:12	24 10	63.3
26	廿六	Ⅰ→Ⅱ	小	07:47	20:16	24 57	62.9
27	廿七	Ⅱ	中	08:44	21:08	24 48	62.4
28	廿八	Ⅱ	中	09:32	21:55	24 46	62.0
29	廿九	Ⅱ	大	10:18	22:41	24 45	61.9
30	六月一	Ⅱ	大	11:03	23:26	24 45	61.9

7 月

1992 年

日期		类型	强度	上中天时刻（时:分）	下中天时刻（时:分）	潮汐日（h min）	潮汐时（min）
公历	农历						
1	六月二	Ⅱ	特大	11:48		24 45	61.9
2	三	Ⅱ	特大	12:33	00:11	24 44	61.8
3	四	Ⅱ	大	13:17	00:55	24 46	61.9
4	五	Ⅱ→Ⅰ	大	14:03	01:40	24 48	62.0
5	六	Ⅱ→Ⅰ	中	14:51	02:27	24 54	62.3
6	七	Ⅱ→Ⅰ	中	15:45	03:08	24 52	62.2
7	八	Ⅰ	小	16:37	04:11	(12 51)	64.3
8	九	Ⅰ→Ⅱ	小	05:28	18:12	25 28	63.7
9	十	Ⅰ→Ⅱ	小	06:56	19:35	25 17	63.2
10	十一	Ⅱ	中	08:13	20:43	24 59	62.5
11	十二	Ⅱ	中	09:12	21:35	24 46	61.9
12	十三	Ⅱ	中	09:58	22:18	24 40	61.7
13	十四	Ⅱ	中	10:38	22:56	24 35	61.5
14	十五	Ⅱ	中	11:13	23:29	24 32	61.3
15	十六	Ⅱ	中	11:45		24 30	61.3
16	十七	Ⅱ	中	12:15	00:00	24 30	61.3
17	十八	Ⅱ→Ⅰ	中	12:45	00:30	24 29	61.2
18	十九	Ⅱ→Ⅰ	中	13:14	01:00	24 30	61.3
19	二十	Ⅱ→Ⅰ	中	13:44	01:29	24 33	61.4
20	廿一	Ⅰ	中	14:17	02:01	(12 23)	61.9
21	廿二	Ⅰ	中	02:40	15:03	24 45	61.9
22	廿三	Ⅰ→Ⅱ	小	03:25	15:55	24 59	62.5
23	廿四	Ⅰ→Ⅱ	小	04:24	17:03	25 18	63.3
24	廿五	Ⅰ→Ⅱ	小	05:42	18:24	25 24	63.5
25	廿六	Ⅱ	小	07:06	19:42	25 11	63.0
26	廿七	Ⅱ	中	08:17	20:46	24 57	62.4
27	廿八	Ⅱ	中	09:14	21:39	24 50	62.1
28	廿九	Ⅱ	大	10:04	22:28	24 47	62.0
29	三十	Ⅱ	大	10:51	23:14	24 45	61.9
30	七月一	Ⅱ	特大	11:36	23:57	24 42	61.8
31	二	Ⅱ→Ⅰ	大	12:18		24 42	61.8

8 月

1992 年

日期		类型	强度	上中天时刻	下中天时刻	潮汐日	潮汐时
公历	农历			(时:分)	(时:分)	(h min)	(min)
1	七月三	Ⅱ→Ⅰ	大	13:00	00:39	24 42	61.8
2	四	Ⅱ→Ⅰ	中	13:42	01:21	(12 19)	61.6
3	五	Ⅰ	中	02:01	14:24	24 45	61.9
4	六	Ⅰ→Ⅱ	中	02:46	15:13	24 54	62.3
5	七	Ⅰ→Ⅱ	中	03:40	16:16	25 11	63.0
6	八	Ⅰ→Ⅱ	小	04:51	17:38	25 34	63.9
7	九	Ⅱ	小	06:25	19:11	25 31	63.8
8	十	Ⅱ	小	07:56	20:28	25 04	62.7
9	十一	Ⅱ	中	09:00	21:24	24 47	62.0
10	十二	Ⅱ	中	09:47	22:06	24 37	61.5
11	十三	Ⅱ	中	10:24	22:41	24 33	61.4
12	十四	Ⅱ→Ⅰ	中	10:57	23:12	24 29	61.2
13	十五	Ⅱ→Ⅰ	中	11:26	23:40	24 28	61.2
14	十六	Ⅱ→Ⅰ	中	11:54		24 26	61.1
15	十七	Ⅱ→Ⅰ	中	12:20	00:07	24 27	61.1
16	十八	Ⅰ	中	12:47	00:34	(12 16)	61.3
17	十九	Ⅰ→Ⅱ	中	01:03	13:18	24 30	61.3
18	二十	Ⅰ→Ⅱ	中	01:33	13:50	24 33	61.4
19	廿一	Ⅰ→Ⅱ	中	02:06	14:27	24 41	61.7
20	廿二	Ⅰ→Ⅱ	中	02:47	15:14	24 54	62.3
21	廿三	Ⅰ→Ⅱ	小	03:41	16:19	25 15	63.1
22	廿四	Ⅱ	小	04:56	17:04	25 35	64.0
23	廿五	Ⅱ	小	06:31	19:13	25 24	63.5
24	廿六	Ⅱ	中	07:55	20:27	25 03	62.6
25	廿七	Ⅱ	中	08:58	21:24	24 52	62.2
26	廿八	Ⅱ	中	09:50	22:13	24 46	61.9
27	廿九	Ⅱ→Ⅰ	大	10:36	22:57	24 41	61.7
28	八月一	Ⅱ→Ⅰ	大	11:17	23:38	24 41	61.7
29	二	Ⅱ→Ⅰ	大	11:58		24 39	61.6
30	三	Ⅱ→Ⅰ	大	12:37	00:18	(12 18)	61.5
31	四	Ⅰ	大	00:55	13:15	24 39	61.6

9　月

1992 年

日　期		类型	强度	上中天时刻（时:分）	下中天时刻（时:分）	潮汐日（h min）	潮汐时（min）
公历	农历						
1	八月五	Ⅰ→Ⅱ	中	01:34	13:55	24　42	61.8
2	六	Ⅰ→Ⅱ	中	02:16	14:41	24　49	62.0
3	七	Ⅰ→Ⅱ	中	03:05	15:37	25　03	62.6
4	八	Ⅱ	小	04:08	16:55	25　33	63.9
5	九	Ⅱ	小	05:41	18:4	25　45	64.4
6	十	Ⅱ	小	07:26	20:02	25　12	63.0
7	十一	Ⅱ→Ⅰ	小	28:38	21:02	24　47	62.0
8	十二	Ⅱ→Ⅰ	中	09:25	21:44	24　37	61.5
9	十三	Ⅱ→Ⅰ	中	10:02	22:18	24　31	61.3
10	十四	Ⅱ→Ⅰ	中	10:33	22:47	24　27	61.1
11	十五	Ⅰ	中	11:00	23:14	24　27	61.1
12	十六	Ⅰ	中	11:27		(12　13)	61.1
		Ⅰ	中	23:40		24　26	61.1
13	十七	Ⅰ	中		11:53		
14	十八	Ⅰ	中	00:06	12:20	24　28	61.2
15	十九	Ⅰ→Ⅱ	中	00:34	12:49	24　30	61.3
16	二十	Ⅰ→Ⅱ	中	01:04	13:21	24　34	61.4
17	廿一	Ⅰ→Ⅱ	中	01:38	13:58	24　40	61.7
18	廿二	Ⅰ→Ⅱ	中	02:18	14:44	24　52	62.2
19	廿三	Ⅱ	中	03:10	15:47	25　13	63.0
20	廿四	Ⅱ	小	04:23	17:12	25　37	64.0
21	廿五	Ⅱ	小	06:00	18:46	25　32	63.8
22	廿六	Ⅱ→Ⅰ	中	07:32	20:6	25　07	62.8
23	廿七	Ⅱ→Ⅰ	中	08:39	21:05	24　51	62.1
24	廿八	Ⅱ→Ⅰ	中	09:30	21:52	24　44	61.8
25	廿九	Ⅰ	中	10:14	22:35	24　41	61.7
26	九月一	Ⅰ	中	10:55	22:59	24　08	60.3
27	二	Ⅰ	中	10:33	23:51	24　36	61.5
28	三	Ⅰ	中	12:09		(12　21)	61.8
29	四	Ⅰ→Ⅱ	中	00:30	12:49	24　38	61.6
30	五	Ⅰ→Ⅱ	中	01:08	13:28	24　40	61.7

10 月

1992 年

日期		类型	强度	上中天时刻 (时:分)	下中天时刻 (时:分)	潮汐日 (h min)	潮汐时 (min)
公历	农历						
1	九月六	Ⅱ	中	01:48	14:10	24 43	61.8
2	七	Ⅱ	中	02:31	14:58	24 53	62.2
3	八	Ⅱ	小	03:24	16:03	25 17	63.2
4	九	Ⅱ	小	04:41	17:36	25 49	64.5
5	十	Ⅱ→Ⅰ	特小	06:30	19:14	25 27	63.6
6	十一	Ⅱ→Ⅰ	小	07:57	20:24	24 54	62.3
7	十二	Ⅰ	小	08:51	21:11	24 40	61.7
8	十三	Ⅰ	中	09:31	21:47	24 31	61.3
9	十四	Ⅰ	中	10:02	22:17	27 29	61.2
10	十五	Ⅰ	中	10:31		(12 11)	60.9
		Ⅰ	中	22:42	10:28	24 28	61.2
11	十六	Ⅰ→Ⅱ	中	23:10	10:56	24 29	61.2
12	十七	Ⅰ→Ⅱ	中	23:39	11:25	24 30	61.3
13	十八	Ⅰ→Ⅱ	中		11:54		
14	十九	Ⅱ	中	00:09	12:26	24 33	61.4
15	二十	Ⅱ	中	00:42	13:00	24 36	61.5
16	廿一	Ⅱ	中	01:18	13:40	24 43	61.8
17	廿二	Ⅱ	中	02:01	14:27	25 52	62.2
18	廿三	Ⅱ	中	02:53	15:27	25 08	62.8
19	廿四	Ⅱ	中	04:01	16:47	25 32	63.8
20	廿五	Ⅱ→Ⅰ	小	05:33	18:19	25 31	63.8
21	廿六	Ⅱ→Ⅰ	中	07:04	19:39	25 10	62.9
22	廿七	Ⅰ	中	08:14	20:41	24 53	62.2
23	廿八	Ⅰ	中	09:07	21:29	24 44	61.8
24	廿九	Ⅰ	中	09:51		(12 25)	62.1
		Ⅰ→Ⅱ	中	22:16		24 38	61.6
25	三十	Ⅰ→Ⅱ	大	22:54	10:35	24 38	61.6
26	十月一	Ⅱ	大	23:32	11:13	24 37	61.5
27	二	Ⅱ	大		11:51		
28	三	Ⅱ	大	00:09	12:28	24 37	61.5
29	四	Ⅱ	大	00:46	13:05	24 38	61.6
30	五	Ⅱ	中	01:24	13:44	24 40	61.7
31	六	Ⅱ	中	02:04	14:26	24 44	61.8

11 月

1992 年

日期		类型	强度	上中天时刻（时:分）	下中天时刻（时:分）	潮汐日（h min）	潮汐时（min）
公历	农历						
1	十月七	Ⅱ	中	02:48	15:16	24 45	62.3
2	八	Ⅱ→Ⅰ	小	03:43	16:25	25 24	63.5
3	九	Ⅱ→Ⅰ	特小	05:07	17:57	25 43	64.3
4	十	Ⅰ	特小	06:50	19:25	25 12	63.0
5	十一	Ⅰ	小	08:02	20:27	24 49	62.0
6	十二	Ⅰ	小	08:51		(12 13)	61.1
		Ⅰ	中	21:04		24 37	61.5
7	十三	Ⅰ→Ⅱ	中	21:41	09:23	24 31	61.3
8	十四	Ⅰ→Ⅱ	中	22:12	09:57	24 32	61.3
9	十五	Ⅰ→Ⅱ	中	22:44	10:28	24 22	60.9
10	十六	Ⅱ	大	23:16	10:55	24 35	61.5
11	十七	Ⅱ	大	23:51	11:34	24 36	61.5
12	十八	Ⅱ	大		12:09		
13	十九	Ⅱ	大	00:27	12:48	24 41	61.7
14	二十	Ⅱ	大	01:08	13:30	24 44	61.8
15	廿一	Ⅱ	中	01:52	14:18	24 52	62.2
16	廿二	Ⅱ	中	02:44	15:16	25 03	62.6
17	廿三	Ⅱ→Ⅰ	中	03:47	16:27	25 19	63.3
18	廿四	Ⅱ→Ⅰ	中	05:06	17:50	25 28	63.7
19	廿五	Ⅰ	小	06:34	19:11	25 14	63.1
20	廿六	Ⅰ	中	07:48		(12 36)	63.0
		Ⅰ	中	20:4		24 51	62.1
21	廿七	Ⅰ→Ⅱ	中	21:15	08:50	24 44	61.8
22	廿八	Ⅱ	中	21:59	09:37	24 41	61.7
23	廿九	Ⅱ	大	22:40	10:20	24 38	61.6
24	十一月一	Ⅱ	大	23:18	10:59	24 37	61.5
25	二	Ⅱ	大	23:55	11:37	24 36	61.5
26	三	Ⅱ	大		12:13		
27	四	Ⅱ	大	00:1	13:49	24 36	61.5
28	五	Ⅱ	中	01:07	13:25	24 35	61.5
29	六	Ⅱ	中	01:42	14:01	24 37	61.6
30	七	Ⅱ	中	02:19	14:41	2443	61.8

12 月

1992 年

日期		类型	强度	上中天时刻	下中天时刻	潮汐日	潮汐时
公历	农历			(时:分)	(时:分)	(h min)	(min)
1	十一月八	Ⅱ→Ⅰ	小	03:02	15:30	24 56	62.3
2	九	Ⅱ→Ⅰ	小	03:58	16:39	25 22	63.4
3	十	Ⅰ	特小	05:20		(12 54)	64.5
		Ⅰ	特小	18:14		25 20	63.3
4	十一	Ⅰ→Ⅱ	小	19:24	06:44	24 58	62.4
5	十二	Ⅰ→Ⅱ	小	20:22	07:53	24 45	61.8
6	十三	Ⅰ→Ⅱ	中	21:07	08:45	24 39	61.6
7	十四	Ⅱ	中	21:46	09:27	24 37	61.5
8	十五	Ⅱ	中	22:23	10:05	24 38	61.6
9	十六	Ⅱ	大	23:01	10:42	24 39	61.6
10	十七	Ⅱ	大	23:40	11:21	24 40	61.7
11	十八	Ⅱ	大		12:00		
12	十九	Ⅱ	大	00:20	12:41	24 42	61.8
13	二十	Ⅱ	大	01:02	13:25	24 45	61.9
14	廿一	Ⅱ	大	01:47	14:11	24 48	62.0
15	廿二	Ⅱ→Ⅰ	中	02:35	15:03	24 55	62.3
16	廿三	Ⅱ→Ⅰ	中	03:30	16:04	25 08	62.8
17	廿四	Ⅱ→Ⅰ	中	04:38	17:15	25 13	63.0
18	廿五	Ⅰ	小	05:51		(12 54)	64.5
		Ⅰ→Ⅱ	小	18:45		25 18	63.3
19	廿六	Ⅰ→Ⅱ	中	20:03	07:27	25 00	62.5
20	廿七	Ⅱ	中	21:03	08:33	24 48	62.0
21	廿八	Ⅱ	中	21:51	09:27	24 42	61.8
22	廿九	Ⅱ	中	22:33	10:12	24 37	61.5
23	三十	Ⅱ	大	23:10	10:52	24 36	61.5
24	十二月一	Ⅱ	大	23:46	11:28	24 34	61.4
25	二	Ⅱ	中		12:03		
26	三	Ⅱ	中	00:20	12:36	24 32	61.3
27	四	Ⅱ	中	00:52	13:08	24 31	61.3
28	五	Ⅱ→Ⅰ	中	01:23	13:39	24 32	61.3
29	六	Ⅱ→Ⅰ	中	01:55	14:12	24 34	61.4
30	七	Ⅱ→Ⅰ	中	02:29	14:50	24 41	61.7
31	八	Ⅱ→Ⅰ	小	03:10	15:34	2448	62.0

1 月

1993 年

日期		类型	强度	上中天时刻	下中天时刻	潮汐日	潮汐时
公历	农历			(时:分)	(时:分)	(h min)	(min)
1	九	Ⅰ	特小	03:58		(12 50)	64.2
		Ⅰ→Ⅱ	特小	16:48		25 23	63.5
2	十	Ⅰ→Ⅱ	特小	18:11	05:30	25 21	63.4
3	十一	Ⅰ→Ⅱ	小	19:32	06:52	25 02	62.6
4	十二	Ⅱ	中	20:34	08:03	24 49	62.0
5	十三	Ⅱ	中	21:23	08:59	24 43	61.8
6	十四	Ⅱ	中	22:06	09:45	24 43	61.8
7	十五	Ⅱ	大	22:49	10:25	24 41	61.7
8	十六	Ⅱ	大	23:30	11:10	24 41	61.7
9	十七	Ⅱ	大		11:51		
10	十八	Ⅱ	特大	00:11	12:32	24 42	61.8
11	十九	Ⅱ	大	00:53	13:15	24 43	61.8
12	二十	Ⅱ→Ⅰ	大	01:36	13:58	24 43	61.8
13	廿一	Ⅱ→Ⅰ	中	02:19	14:44	24 49	62.0
14	廿二	Ⅱ→Ⅰ	中	03:08		(12 24)	62.0
		Ⅰ	中	15:32		25 08	62.8
15	廿三	Ⅰ→Ⅱ	小	16:40	04:06	25 31	63.8
16	廿四	Ⅰ→Ⅱ	小	18:11	05:26	25 34	63.9
17	廿五	Ⅱ	小	19:45	06:53	25 10	62.9
18	廿六	Ⅱ	中	20:55	08:20	24 51	62.1
19	廿七	Ⅱ	中	21:46	09:21	24 42	61.8
20	廿八	Ⅱ	中	22:28	10:07	24 36	61.5
21	廿九	Ⅱ	中	23:04	10:46	24 32	61.3
22	三十	Ⅱ	中	23:36	11:20	24 30	61.3
23	一月一	Ⅱ	中		11:51		
24	二	Ⅱ→Ⅰ	中	00:06	12:21	24 29	61.2
25	三	Ⅱ→Ⅰ	中	00:35	12:49	24 27	61.1
26	四	Ⅱ→Ⅰ	中	01:02	13:16	24 28	61.2
27	五	Ⅱ→Ⅰ	中	01:30	13:45	24 30	61.3
28	六	Ⅰ	中	02:00	14:14	24 27	61.1
29	七	Ⅰ	中	02:27	14:42	24 30	61.3
30	八	Ⅰ	小	02:57		(12 52)	62.3
		Ⅰ→Ⅱ	小	15:49		25 10	62.9
31	九	Ⅰ→Ⅱ	小	16:59	04:24	25 34	63.9

2 月

1993 年

日期		类型	强度	上中天时刻	下中天时刻	潮汐日	潮汐时
公历	农历			(时:分)	(时:分)	(h min)	(min)
1	一月十	Ⅱ	小	18:33	05:06	25 24	63.5
2	十一	Ⅱ	中	19:57	07:15	25 02	62.6
3	十二	Ⅱ	中	20:59	08:28	24 50	62.1
4	十三	Ⅱ	中	21:49	09:24	24 45	61.9
5	十四	Ⅱ	大	22:34	10:12	24 42	61.8
6	十五	Ⅱ	大	23:16	10:55	24 41	61.7
7	十六	Ⅱ→Ⅰ	特大	23:57	11:37	24 40	61.7
8	十七	Ⅱ→Ⅰ	特大		12:20		
9	十八	Ⅱ→Ⅰ	大	00:37	12:57	24 40	61.7
10	十九	Ⅱ→Ⅰ	大	01:17		(12 18)	61.5
		Ⅰ	大	13:35		24 42	61.8
11	二十	Ⅰ→Ⅱ	中	14:17	01:56	24 47	62.0
12	廿一	Ⅰ→Ⅱ	中	15:04	02:41	25 00	62.5
13	廿二	Ⅰ→Ⅱ	中	16:04	03:34	25 26	63.6
14	廿三	Ⅱ	小	17:30	04:47	25 49	64.5
15	廿四	Ⅱ	小	19:19	07:25	25 22	63.4
16	廿五	Ⅱ	小	20:41	08:00	24 54	62.3
17	廿六	Ⅱ	中	21:35	09:28	24 40	61.7
18	廿七	Ⅱ→Ⅰ	中	22:15	09:55	24 34	61.4
19	廿八	Ⅱ→Ⅰ	中	22:49	10:32	24 40	61.8
20	廿九	Ⅱ→Ⅰ	中	23:19	10:59	24 37	61.5
21	二月一	Ⅱ→Ⅰ	中	23:46	11:28	24 26	61.1
22	二	Ⅱ→Ⅰ	中		11:59		
23	三	Ⅰ	中	00:12	12:25	24 26	61.1
24	四	Ⅰ	中	00:38		(12 14)	61.2
		Ⅰ	中	12:52		24 27	61.1
25	五	Ⅰ	中	13:19	01:06	24 31	61.3
26	六	Ⅰ→Ⅱ	中	13:50	01:35	24 34	61.4
27	七	Ⅰ→Ⅱ	中	14:24	02:07	24 44	61.8
28	八	Ⅰ→Ⅱ	小	15:08	02:46	25 00	62.5

3 月

1993 年

日期		类型	强度	上中天时刻（时:分）	下中天时刻（时:分）	潮汐日（h min）	潮汐时（min）
公历	农历						
1	二月九	Ⅰ→Ⅱ	小	16:08	03:38	25　28	63.7
2	十	Ⅱ	小	17:36	04:52	25　39	64.1
3	十一	Ⅱ	小	19:15	06:26	25　16	63.2
4	十二	Ⅱ→Ⅰ	中	20:31	07:53	24　56	62.3
5	十三	Ⅱ→Ⅰ	中	21:27	08:59	24　46	61.9
6	十四	Ⅱ→Ⅰ	中	22:13	09:50	24　43	61.8
7	十五	Ⅱ→Ⅰ	大	22:56	10:35	24　40	61.7
8	十六	Ⅰ	大	23:36	11:16	24　38	61.6
9	十七	Ⅰ	大		11:55		
10	十八	Ⅰ	大	00:14	12:33	24　38	61.6
11	十九	Ⅰ	大	00:52		(12　20)	61.7
		Ⅰ→Ⅱ	大	13:12		24　51	62.1
12	二十	Ⅰ→Ⅱ	中	13:53	01:28	24　45	61.9
13	廿一	Ⅰ→Ⅱ	中	14:38	02:16	24　53	62.2
14	廿二	Ⅱ	中	15:31	03:05	25　14	63.1
15	廿三	Ⅱ	小	16:45	04:08	25　47	64.5
16	廿四	Ⅱ→Ⅰ	小	18:32	05:39	25　36	64.0
17	廿五	Ⅱ→Ⅰ	小	20:08	07:20	25　01	62.5
18	廿六	Ⅱ→Ⅰ	小	21:09	08:39	24　42	61.8
19	廿七	Ⅱ→Ⅰ	中	21:51	09:30	24　33	61.4
20	廿八	Ⅰ	中	22:24	10:08	24　29	61.2
21	廿九	Ⅰ	中	22:53	10:39	(12　12)	61.0
22	三十	Ⅰ	中	11:05	23:18	24　26	61.1
23	三月一	Ⅰ	中	11:31	23:45	24　27	61.1
24	二	Ⅰ→Ⅱ	中	11:58		24　46	61.1
25	三	Ⅰ→Ⅱ	中	12:24	00:11	24　29	61.2
26	四	Ⅰ→Ⅱ	中	12:53	00:39	24　31	61.3
27	五	Ⅰ→Ⅱ	中	13:24	01:09	24　36	61.5
28	六	Ⅰ→Ⅱ	中	14:00	01:42	24　42	61.8
29	七	Ⅱ	中	14:42	02:21	24　56	62.3
30	八	Ⅱ	中	15:38	03:10	25　19	63.3
31	九	Ⅱ	小	16:57	04:18	25　38	64.1

4 月

1993 年

日期		类型	强度	上中天时刻	下中天时刻	潮汐日	潮汐时
公历	农历			(时:分)	(时:分)	(h min)	(min)
1	三月十	Ⅱ→Ⅰ	小	18:35	05:46	25 23	63.5
2	十一	Ⅱ→Ⅰ	中	19:58	07:17	25 01	62.5
3	十二	Ⅰ	中	20:59	08:29	24 50	62.1
4	十三	Ⅰ	中	21:49	09:24	24 43	61.8
5	十四	Ⅰ	大	22:32	10:11	24 29	61.2
6	十五	Ⅰ	大	23:11	10:47	(12 22)	61.8
7	十六	Ⅰ→Ⅱ	大	11:33	22:53	24 40	61.7
8	十七	Ⅰ→Ⅱ	大	12:12		24 38	61.6
9	十八	Ⅰ→Ⅱ	大	12:51	00:32	24 41	61.7
10	十九	Ⅱ	中	13:32	01:12	24 43	61.8
11	二十	Ⅱ	中	14:15	01:54	24 48	62.0
12	廿一	Ⅱ	中	15:03	02:39	24 59	62.5
13	廿二	Ⅱ	小	16:02	03:33	25 27	63.6
14	廿三	Ⅱ→Ⅰ	小	17:29	04:46	25 42	64.3
15	廿四	Ⅱ→Ⅰ	特小	19:11	06:20	25 14	63.1
16	廿五	Ⅰ	小	20:25	07:48	24 49	62.0
17	廿六	Ⅰ	小	21:14	08:50	24 37	61.6
18	廿七	Ⅰ	中	21:51	09:33	(12 12)	61.1
19	廿八	Ⅰ	中	10:03	22:18	24 30	61.3
20	廿九	Ⅰ→Ⅱ	中	10:33	22:48	24 29	61.2
21	三十	Ⅰ→Ⅱ	中	11:02	23:17	24 29	61.2
22	闰三月一	Ⅰ→Ⅱ	中	11:31	23:46	24 29	61.2
23	二	Ⅰ→Ⅱ	中	12:00		24 32	61.3
24	三	Ⅰ→Ⅱ	中	12:32	00:16	24 34	61.4
25	四	Ⅱ	中	13:06	00:49	24 38	61.6
26	五	Ⅱ	中	13:44	01:25	24 44	61.8
27	六	Ⅱ	中	14:28	02:06	24 54	62.3
28	七	Ⅱ	中	15:22	02:55	25 12	63.0
29	八	Ⅱ→Ⅰ	中	16:34	03:58	25 28	63.7
30	九	Ⅱ→Ⅰ	中	18:02	05:18	25 24	63.5

5 月

1993 年

日期		类型	强度	上中天时刻	下中天时刻	潮汐日	潮汐时
公历	农历			(时:分)	(时:分)	(h min)	(min)
1	闰三月十	Ⅰ	中	19:26	06:44	25 05	62.7
2	十一	Ⅰ	中	20:31	07:59	24 50	62.1
3	十二	Ⅰ	中	21:21	08:56	(12 29)	62.4
4	十三	Ⅰ→Ⅱ	中	09:50	22:12	24 43	61.8
5	十四	Ⅰ→Ⅱ	大	10:33	22:54	24 41	61.7
6	十五	Ⅱ	大	11:14	23:34	24 40	61.7
7	十六	Ⅱ	大	11:54		24 41	61.7
8	十七	Ⅱ	大	12:35	00:15	24 40	61.7
9	十八	Ⅱ	大	13:15	00:55	24 41	61.7
10	十九	Ⅱ	中	13:56	01:36	24 43	61.8
11	二十	Ⅱ	中	14:39	02:18	24 48	62.0
12	廿一	Ⅱ→Ⅰ	小	15:27	03:03	25 04	62.7
13	廿二	Ⅱ→Ⅰ	小	16:31	03:59	25 27	63.6
14	廿三	Ⅰ	特小	17:58	05:15	25 27	63.6
15	廿四	Ⅰ	特小	19:25	06:02	(12 33)	62.8
16	廿五	Ⅰ	小	07:58	20:22	24 47	62.0
17	廿六	Ⅰ→Ⅱ	小	08:45	21:06	24 41	61.7
18	廿七	Ⅰ→Ⅱ	中	09:26	21:44	24 35	61.5
19	廿八	Ⅰ→Ⅱ	中	10:01	22:18	24 33	61.4
20	廿九	Ⅱ	中	10:34	22:51	24 33	61.4
21	四月一	Ⅱ	中	11:07	23:24	24 34	61.4
22	二	Ⅱ	大	11:41	23:59	24 35	61.5
23	三	Ⅱ	大	12:16		24 38	61.6
24	四	Ⅱ	大	12:54	00:35	24 41	61.7
25	五	Ⅱ	中	13:35	01:15	24 45	61.9
26	六	Ⅱ	中	14:20	01:58	24 53	62.2
27	七	Ⅱ→Ⅰ	中	15:13	02:47	25 04	62.7
28	八	Ⅱ→Ⅰ	中	16:17	03:45	25 18	63.3
29	九	Ⅰ	中	17:35	04:56	25 20	63.3
30	十	Ⅰ	中	18:55	06:15	(12 42)	63.5
31	十一	Ⅰ	中	07:37	20:09	25 03	62.6

6 月

1993 年

日期		类型	强度	上中天时刻（时:分）	下中天时刻（时:分）	潮汐日（h min）	潮汐时（min）
公历	农历						
1	四月十二	Ⅰ→Ⅱ	中	08:40	21:07	24 53	62.2
2	十三	Ⅰ→Ⅱ	中	09:33	21:56	24 45	61.9
3	十四	Ⅱ	大	10:18	22:40	24 43	61.8
4	十五	Ⅱ	大	11:01	23:22	24 42	61.8
5	十六	Ⅱ	大	11:43		24 39	61.6
6	十七	Ⅱ	大	12:22	00:03	24 38	61.6
7	十八	Ⅱ	中	13:00	00:41	24 37	61.5
8	十九	Ⅱ	中	13:37	01:19	24 38	61.6
9	二十	Ⅱ→Ⅰ	中	14:15	01:56	24 41	61.7
10	廿一	Ⅱ→Ⅰ	中	14:56	02:36	24 49	62.0
11	廿二	Ⅱ→Ⅰ	小	15:45	03:21	25 05	62.7
12	廿三	Ⅰ	特小	16:50	04:18	(12 43)	63.6
13	廿四	Ⅰ	特小	05:33	18:12	25 17	63.2
14	廿五	Ⅰ→Ⅱ	特小	06:50	19:24	25 07	62.8
15	廿六	Ⅰ→Ⅱ	小	07:57	20:23	24 52	62.2
16	廿七	Ⅰ→Ⅱ	中	08:49	21:11	24 43	61.8
17	廿八	Ⅱ	中	09:32	21:51	24 38	61.6
18	廿九	Ⅱ	中	10:10	22:29	24 38	61.6
19	三十	Ⅱ	中	10:48	23:07	24 38	61.6
20	五月一	Ⅱ	大	11:26	23:46	24 39	61.6
21	二	Ⅱ	大	12:05		24 40	61.7
22	三	Ⅱ	大	12:45	00:25	24 41	61.7
23	四	Ⅱ	大	13:26	01:06	24 45	61.9
24	五	Ⅱ→Ⅰ	中	14:11	01:49	24 49	62.0
25	六	Ⅱ→Ⅰ	中	15:00	02:36	24 58	62.4
26	七	Ⅱ→Ⅰ	中	15:58	03:29	25 03	62.6
27	八	Ⅰ	中	17:01	04:30	(12 47)	63.9
28	九	Ⅰ→Ⅱ	小	05:48	18:31	25 25	63.5
29	十	Ⅰ→Ⅱ	中	07:13	19:49	25 12	63.0
30	十一	Ⅱ	中	08:25	20:54	24 58	62.4

7 月

1993 年

日期		类型	强度	上中天时刻	下中天时刻	潮汐日	潮汐时
公历	农历			(时:分)	(时:分)	(h min)	(min)
1	五月十二	Ⅱ	中	09:23	21:47	24 48	62.0
2	十三	Ⅱ	中	10:11	22:33	24 43	61.8
3	十四	Ⅱ	中	10:54	23:14	24 39	61.6
4	十五	Ⅱ	大	11:33	23:51	24 36	61.5
5	十六	Ⅱ	中	12:09		24 35	61.5
6	十七	Ⅱ	中	12:44	00:27	24 32	61.3
7	十八	Ⅱ→Ⅰ	中	13:16	01:00	24 33	61.4
8	十九	Ⅱ→Ⅰ	中	13:49	01:33	24 34	61.4
9	二十	Ⅱ→Ⅰ	中	14:23	02:06	24 40	61.7
10	廿一	Ⅰ	小	15:03	02:43	(12 28)	62.3
11	廿二	Ⅰ	小	03:31	16:00	24 58	62.4
12	廿三	Ⅰ→Ⅱ	小	04:29	17:07	25 15	63.1
13	廿四	Ⅰ→Ⅱ	特小	05:44	18:25	25 21	63.4
14	廿五	Ⅰ→Ⅱ	小	07:05	19:39	25 07	62.8
15	廿六	Ⅱ	小	08:12	20:39	24 54	62.2
16	廿七	Ⅱ	中	09:05	21:28	24 45	61.9
17	廿八	Ⅱ	中	09:50	22:11	24 41	61.7
18	廿九	Ⅱ	中	10:31	22:51	24 40	61.7
19	六月一	Ⅱ	大	11:11	23:32	24 41	61.7
20	二	Ⅱ	大	11:52		24 40	61.7
21	三	Ⅱ→Ⅰ	大	12:32	00:12	24 40	61.7
22	四	Ⅱ→Ⅰ	大	13:12	00:52	24 43	61.8
23	五	Ⅱ→Ⅰ	中	13:55	01:34	24 46	61.9
24	六	Ⅱ→Ⅰ	中	14:41	02:18	(12 22)	61.8
25	七	Ⅰ	中	03:03	15:33	25 00	62.5
26	八	Ⅰ→Ⅱ	中	04:03	16:42	25 18	63.3
27	九	Ⅰ→Ⅱ	小	05:21	18:08	25 34	63.9
28	十	Ⅱ	小	06:55	19:36	25 21	63.4
29	十一	Ⅱ	中	08:16	20:47	25 01	62.5
30	十二	Ⅱ	中	09:17	21:41	24 47	62.0
31	十三	Ⅱ	中	10:04	22:25	24 41	61.7

8 月

1993 年

日期		类型	强度	上中天时刻（时:分）	下中天时刻（时:分）	潮汐日（h min）	潮汐时（min）
公历	农历						
1	六月十四	Ⅱ	中	10:45	23:03	24 35	61.5
2	十五	Ⅱ→Ⅰ	中	11:20	23:36	24 32	61.3
3	十六	Ⅱ→Ⅰ	中	11:52		24 30	61.3
4	十七	Ⅱ→Ⅰ	中	12:22	00:07	24 29	61.3
5	十八	Ⅱ→Ⅰ	中	12:51	00:38	24 28	61.2
6	十九	Ⅰ	中	13:19	01:05	(12 18)	61.5
7	二十	Ⅰ	中	01:37	13:54	24 33	61.4
8	廿一	Ⅰ	中	02:10	14:29	24 38	61.6
9	廿二	Ⅰ→Ⅱ	小	02:48	15:12	24 48	62.0
10	廿三	Ⅰ→Ⅱ	小	03:36	16:09	25 06	62.8
11	廿四	Ⅰ→Ⅱ	小	04:42	17:26	25 27	63.6
12	廿五	Ⅱ	小	06:09	18:52	25 25	63.5
13	廿六	Ⅱ	小	07:34	20:06	25 04	62.7
14	廿七	Ⅱ	中	08:38	21:04	24 51	62.1
15	廿八	Ⅱ	中	09:29	21:51	24 43	61.8
16	廿九	Ⅱ	中	10:12	22:33	24 42	61.8
17	三十	Ⅱ→Ⅰ	大	10:54	23:14	24 39	61.6
18	七月一	Ⅱ→Ⅰ	大	11:33	23:53	24 39	61.6
19	二	Ⅱ→Ⅰ	大	12:12		24 41	61.7
20	三	Ⅱ→Ⅰ	大	12:53	00:33	(12 18)	61.5
21	四	Ⅰ	大	01:11	13:32	24 42	61.8
22	五	Ⅰ→Ⅱ	中	01:53	14:17	24 47	62.0
23	六	Ⅰ→Ⅱ	中	02:40	15:09	24 57	62.4
24	七	Ⅰ→Ⅱ	中	03:37	16:16	25 17	63.2
25	八	Ⅱ	小	04:54	17:05	25 42	64.3
26	九	Ⅱ	小	06:36	19:21	25 29	63.7
27	十	Ⅱ	小	08:05	20:36	25 01	62.5
28	十一	Ⅱ→Ⅰ	中	09:06	21:29	24 46	61.9
29	十二	Ⅱ→Ⅰ	中	09:52	22:11	24 37	61.5
30	十三	Ⅱ→Ⅰ	中	10:29	22:45	24 31	61.3
31	十四	Ⅱ→Ⅰ	中	11:00	23:15	24 29	61.2

9　月

1993 年

日期		类型	强度	上中天时刻（时:分）	下中天时刻（时:分）	潮汐日（h min）	潮汐时（min）
公历	农历						
1	七月十五	Ⅰ	中	11:29	23:43	24　27	61.1
2	十六	Ⅰ	中	11:56		（12　14）	61.2
3	十七	Ⅰ	中	00:10	12:24	24　27	61.1
4	十八	Ⅰ	中	00:37	12:51	24　28	61.2
5	十九	Ⅰ→Ⅱ	中	01:05	13:21	24　31	61.3
6	二十	Ⅰ→Ⅱ	中	01:36	13:53	24　34	61.4
7	廿一	Ⅰ→Ⅱ	中	02:10	14:32	24　43	61.8
8	廿二	Ⅰ→Ⅱ	小	02:53	15:22	24　58	62.4
9	廿三	Ⅰ→Ⅱ	小	03:51	16:33	25　23	63.5
10	廿四	Ⅱ	小	05:14	18:03	25　37	64.0
11	廿五	Ⅱ	小	06:51	19:29	25　16	63.2
12	廿六	Ⅱ→Ⅰ	中	08:07	20:35	24　56	62.3
13	廿七	Ⅱ→Ⅰ	中	09:03	21:06	24　46	61.9
14	廿八	Ⅱ→Ⅰ	中	09:49	22:10	24　42	61.8
15	廿九	Ⅰ	大	10:31	22:51	24　39	61.6
16	八月一	Ⅰ	大	11:10	23:30	24　40	61.7
17	二	Ⅰ	大	10:50		12　19	61.6
18	三	Ⅰ	大	00:09	12:29	24　40	61.7
19	四	Ⅰ→Ⅱ	大	00:49	13:10	24　41	61.7
20	五	Ⅰ→Ⅱ	中	01:30	13:53	24　46	61.9
21	六	Ⅱ	中	02:16	14:43	24　54	62.3
22	七	Ⅱ	中	03:10	15:46	25　11	63.0
23	八	Ⅱ	小	04:21	17:11	25　40	64.2
24	九	Ⅱ→Ⅰ	小	06:01	18:51	25　39	64.1
25	十	Ⅱ→Ⅰ	小	07:40	20:12	25　04	62.7
26	十一	Ⅱ→Ⅰ	小	08:44	21:07	24　45	61.9
27	十二	Ⅰ	中	09:29	21:47	24　35	61.5
28	十三	Ⅰ	中	10:04	22:20	24　31	61.3
29	十四	Ⅰ	中	10:35		（12　12）	61.0
		Ⅰ	中	22:47		24　27	61.1
30	十五	Ⅰ	中	23:14	11:01	24　28	61.2

10月

1993年

日期		类型	强度	上中天时刻（时:分）	下中天时刻（时:分）	潮汐日（h min）	潮汐时（min）
公历	农历						
1	八月十六	Ⅰ→Ⅱ	中	23:42	11:28	24 26	61.1
2	十七	Ⅰ→Ⅱ	中		11:55		
3	十八	Ⅰ→Ⅱ	中	00:08	12:23	24 29	61.2
4	十九	Ⅰ→Ⅱ	中	00:37	12:52	24 0	61.3
5	二十	Ⅰ→Ⅱ	中	01:07	13:25	24 35	61.5
6	廿一	Ⅰ→Ⅱ	中	01:42	14:02	24 40	61.7
7	廿二	Ⅱ	中	02:22	14:48	24 52	62.2
8	廿三	Ⅱ	小	03:14	15:51	25 14	63.1
9	廿四	Ⅱ	小	04:28	17:17	25 37	64.0
10	廿五	Ⅱ→Ⅰ	小	06:05	18:48	25 26	63.6
11	廿六	Ⅱ→Ⅰ	中	07:31	20:03	25 03	62.6
12	廿七	Ⅰ	中	08:34	20:58	24 48	62.0
13	廿八	Ⅰ	中	09:22	21:44	24 44	61.8
14	廿九	Ⅰ	中	10:06	22:26	24 40	61.7
15	九月一	Ⅰ	大	10:46		(12 22)	
		Ⅰ→Ⅱ	大	23:08		24 40	61.8
16	二	Ⅰ→Ⅱ	大	23:48	11:28	24 41	61.9
17	三	Ⅱ	大		12:09		62.0
18	四	Ⅱ	大	00:29	12:50	24 42	62.5
19	五	Ⅱ	大	01:11	13:34	24 45	63.5
20	六	Ⅱ	中	01:56	14:20	24 48	64.3
21	七	Ⅱ	中	02:44	15:14	25 00	63.2
22	八	Ⅱ	小	03:44	16:26	25 24	62.1
23	九	Ⅱ→Ⅰ	小	05:08	17:59	25 42	61.5
24	十	Ⅰ	特小	06:50	19:28	25 16	61.4
25	十一	Ⅰ	小	08:06	20:32	24 51	61.3
26	十二	Ⅰ	小	08:57		(12 18)	61.3
		Ⅰ	中	21:15		24 33	61.2
27	十三	Ⅰ	中	21:48	09:32	24 30	61.2
28	十四	Ⅰ→Ⅱ	中	22:18	10:03	24 30	61.3
29	十五	Ⅰ→Ⅱ	中	22:48	10:33	24 28	
30	十六	Ⅰ→Ⅱ	中	23:16	11:02	24 29	
31	十七	Ⅰ→Ⅱ	中	23:45	11:31	24 30	

11 月

1993 年

日期		类型	强度	上中天时刻（时:分）	下中天时刻（时:分）	潮汐日（h min）	潮汐时（min）
公历	农历						
1	九月十八	Ⅰ→Ⅱ	中		12:00		
2	十九	Ⅱ	中	00:15	12:32	24　33	61.4
3	二十	Ⅱ	中	00:48	13:06	24　35	61.5
4	廿一	Ⅱ	中	01:23	13:44	24　41	61.7
5	廿二	Ⅱ	中	02:04	14:29	24　49	62.0
6	廿三	Ⅱ	中	02:53	15:26	25　05	62.7
7	廿四	Ⅱ→Ⅰ	小	03:58	16:41	25　26	63.6
8	廿五	Ⅱ→Ⅰ	小	05:24	18:08	25　28	63.7
9	廿六	Ⅰ	小	06:52	19:27	25　10	62.9
10	廿七	Ⅰ	中	08:02	20:28	24　52	62.2
11	廿八	Ⅰ	中	08:54		(12　31)	62.6
		Ⅰ→Ⅱ	中	21:25		24　44	61.8
12	廿九	Ⅰ→Ⅱ	大	22:09	09:47	24　42	61.8
13	三十	Ⅱ	大	22:51	10:30	24　42	61.8
14	十月一	Ⅱ	特大	23:33	11:12	24　41	61.7
15	二	Ⅱ	特大		11:54		
16	三	Ⅱ	大	00:14	12:35	24　42	61.8
17	四	Ⅱ	大	00:56	13:17	24　42	61.8
18	五	Ⅱ	中	01:38	13:59	24　42	61.8
19	六	Ⅱ	中	02:20	14:44	24　48	62.0
20	七	Ⅱ→Ⅰ	中	03:08	15:39	25　02	62.6
21	八	Ⅱ→Ⅰ	小	04:10	16:54	25　28	63.7
22	九	Ⅰ	特小	05:38		(13　02)	65.2
		Ⅰ	特小	18:40		25　01	62.5
23	十	Ⅰ	小	19:41	07:11	24　54	62.3
24	十一	Ⅰ→Ⅱ	小	20:35	08:08	24　41	61.7
25	十二	Ⅰ→Ⅱ	中	21:16	08:56	24　36	61.5
26	十三	Ⅰ→Ⅱ	中	21:52	09:34	24　32	61.3
27	十四	Ⅱ	中	22:24	10:08	24　32	61.3
28	十五	Ⅱ	中	22:56	10:40	24　32	61.3
29	十六	Ⅱ	中	23:28	11:12	24　33	61.4
30	十七	Ⅱ	中				

12 月

1993 年

日期		类型	强度	上中天时刻（时:分）	下中天时刻（时:分）	潮汐日（h min）	潮汐时（min）
公历	农历						
1	十月十八	Ⅱ	大	00:01	12:19	24 35	61.5
2	十九	Ⅱ	大	00:36	12:55	24 37	61.5
3	二十	Ⅱ	中	01:13	13:34	24 41	61.7
4	廿一	Ⅱ	中	01:54	14:18	24 47	62.0
5	廿二	Ⅱ→Ⅰ	中	02:41	15:10	24 57	62.4
6	廿三	Ⅱ→Ⅰ	中	03:38	16:14	25 12	63.0
7	廿四	Ⅱ→Ⅰ	小	04:50	17:32	25 24	63.5
8	廿五	Ⅰ	小	06:14		(12 46)	63.8
		Ⅰ	小	19:00		25 11	63.0
9	廿六	Ⅰ→Ⅱ	中	20:11	07:36	24 57	62.4
10	廿七	Ⅰ→Ⅱ	中	21:08	08:40	24 49	62.0
11	廿八	Ⅱ	大	21:57	09:33	24 45	61.9
12	廿九	Ⅱ	大	22:42	10:20	24 42	61.8
13	十一月一	Ⅱ	大	23:24	11:03	24 40	61.7
14	二	Ⅱ	大		11:44		
15	三	Ⅱ	大	00:04	12:24	24 40	61.7
16	四	Ⅱ	大	00:44	13:03	24 37	61.5
17	五	Ⅱ	中	01:21	13:40	24 37	61.5
18	六	Ⅱ→Ⅰ	中	01:58	14:18	24 39	61.6
19	七	Ⅱ→Ⅰ	中	02:37	15:00	24 45	61.9
20	八	Ⅱ→Ⅰ	小	03:22	15:53	25 01	62.5
21	九	Ⅰ	特小	04:23		(12 43)	63.5
		Ⅰ	特小	17:06		25 26	63.6
22	十	Ⅰ→Ⅱ	特小	18:32	05:49	25 16	63.2
23	十一	Ⅰ→Ⅱ	小	19:48	07:10	24 56	62.3
24	十二	Ⅰ→Ⅱ	小	20:44	08:16	24 43	61.8
25	十三	Ⅱ	中	21:27	09:06	24 37	61.8
26	十四	Ⅱ	中	22:04	09:46	24 36	61.5
27	十五	Ⅱ	中	22:40	10:22	24 35	61.5
28	十六	Ⅱ	大	23:15	10:58	24 36	61.5
29	十七	Ⅱ	大	23:51	11:33	24 36	61.5
30	十八	Ⅱ	大		12:09		
31	十九	Ⅱ	大	00:27	12:46	24 37	61.5

1 月

1994 年

日期		类型	强度	上中天时刻（时:分）	下中天时刻（时:分）	潮汐日（h min）	潮汐时（min）
公历	农历						
1	十一月二十	Ⅱ	大	01:04	13:24	24 40	61.7
2	廿一	Ⅱ→Ⅰ	中	01:44	14:06	24 43	61.8
3	廿二	Ⅱ→Ⅰ	中	02:27	14:53	24 51	62.1
4	廿三	Ⅱ→Ⅰ	中	03:18	15:46	24 56	62.3
5	廿四	Ⅱ→Ⅰ	中	04:14		(12 42)	63.5
		Ⅰ	小	16:56		25 32	63.8
6	廿五	Ⅰ→Ⅱ	小	18:28	05:42	25 26	63.6
7	廿六	Ⅱ	中	19:54	07:11	25 06	62.8
8	廿七	Ⅱ	中	21:00	08:27	24 52	62.2
9	廿八	Ⅱ	中	21:52	09:26	24 46	61.9
10	廿九	Ⅱ	大	22:38	10:15	24 40	61.7
11	三十	Ⅱ	大	23:18	10:58	24 37	61.5
12	十二月一	Ⅱ	大	23:55	11:37	24 35	61.5
13	二	Ⅱ	大		12:13		
14	三	Ⅱ→Ⅰ	大	00:30	12:46	24 32	61.3
15	四	Ⅱ→Ⅰ	中	01:02	13:19	24 33	61.4
16	五	Ⅱ→Ⅰ	中	01:35	13:51	24 32	61.3
17	六	Ⅱ→Ⅰ	中	02:07	14:25	24 35	61.5
18	七	Ⅰ	中	02:42	14:58	24 32	61.3
19	八	Ⅰ	小	03:14		(12 46)	63.8
		Ⅰ→Ⅱ	小	16:00		25 11	63.0
20	九	Ⅰ→Ⅱ	特小	17:11	04:36	25 32	63.8
21	十	Ⅰ→Ⅱ	特小	18:43	05:57	25 20	63.3.
22	十一	Ⅱ	小	20:03	07:23	24 56	62.3
23	十二	Ⅱ	中	20:59	08:31	24 45	61.9
24	十三	Ⅱ	中	21:44	09:22	24 39	61.6
25	十四	Ⅱ	中	22:23	10:04	24 37	61.5
26	十五	Ⅱ	大	23:00	10:42	24 37	61.5
27	十六	Ⅱ	大	23:37	11:19	24 36	61.5
28	十七	Ⅱ	大		11:55		
29	十八	Ⅱ→Ⅰ	大	00:13	12:32	24 38	61.6
30	十九	Ⅱ→Ⅰ	大	00:51	13:10	24 38	61.6
31	二十	Ⅱ→Ⅰ	大	01:29	13:50	24 41	61.7

2 月

1994 年

日期		类型	强度	上中天时刻	下中天时刻	潮汐日	潮汐时
公历	农历			(时:分)	(时:分)	(h min)	(min)
1	十二月廿一	Ⅱ→Ⅰ	中	02:10	14:31	24 41	61.7
2	廿二	Ⅱ→Ⅰ	中	02:51	15:14	24 45	61.9
3	廿三	Ⅰ	中	03:36		(12 50)	64.2
		Ⅰ→Ⅱ	中	16:26		25 34	63.9
4	廿四	Ⅰ→Ⅱ	小	18:00	05:13	25 40	64.2
5	廿五	Ⅱ	中	19:40	06:50	25 14	63.1
6	廿六	Ⅱ	中	20:54	08:17	24 54	62.3
7	廿七	Ⅱ	中	21:48	09:21	24 43	61.8
8	廿八	Ⅱ	中	22:31	10:10	24 37	61.5
9	廿九	Ⅱ→Ⅰ	中	23:08	10:50	24 33	61.4
10	一月一	Ⅱ→Ⅰ	中	23:41	11:25	24 30	61.3
11	二	Ⅱ→Ⅰ	中		11:56		
12	三	Ⅱ→Ⅰ	中	00:11	12:26	24 29	61.2
13	四	Ⅱ→Ⅰ	中	00:40	12:54	24 28	61.2
14	五	Ⅰ	中	01:08	13:22	24 28	61.2
15	六	Ⅰ	中	01:36	13:49	24 25	61.0
16	七	Ⅰ	中	02:01	14:15	24 27	61.1
17	八	Ⅰ	小	02:28		(12 41)	63.4
		Ⅰ→Ⅱ	小	15:09		24 55	62.3
18	九	Ⅰ→Ⅱ	小	16:04	03:37	25 20	63.3
19	十	Ⅰ→Ⅱ	特小	17:24	04:44	25 41	64.2
20	十一	Ⅱ	小	19:05	06:15	25 17	63.2
21	十二	Ⅱ	小	20:22	07:44	24 54	62.3
22	十三	Ⅱ→Ⅰ	中	21:16	08:49	24 44	61.8
23	十四	Ⅱ→Ⅰ	中	22:00	09:38	24 39	61.6
24	十五	Ⅱ→Ⅰ	中	22:39	10:20	24 37	61.5
25	十六	Ⅱ→Ⅰ	大	23:16	10:58	24 37	61.5
26	十七	Ⅱ→Ⅰ	大	23:53	11:35	24 38	61.6
27	十八	Ⅱ→Ⅰ	大		12:12		
28	十九	Ⅱ→Ⅰ	大	00:31	12:50	24 37	61.5

3 月

1994 年

日期		类型	强度	上中天时刻	下中天时刻	潮汐日	潮汐时
公历	农历			（时:分）	（时:分）	（h min）	（min）
1	一月二十	Ⅰ	大	01:08	13:27	24 38	61.6
2	廿一	Ⅰ	中	01:46		（13 13）	62.0
		Ⅰ→Ⅱ	中	14:10		24 49	62.0
3	廿二	Ⅰ→Ⅱ	中	14:59	02:35	25 02	62.6
4	廿三	Ⅰ→Ⅱ	中	16:01	03:30	25 28	63.7
5	廿四	Ⅱ	小	17:29	04:45	25 49	64.5
6	廿五	Ⅱ→Ⅰ	小	19:18	06:24	25 22	63.4
7	廿六	Ⅱ→Ⅰ	中	20:40	07:59	24 54	62.3
8	廿七	Ⅱ→Ⅰ	中	21:34	09:07	24 41	61.7
9	廿八	Ⅱ→Ⅰ	中	22:15	09:55	24 35	61.5
10	廿九	Ⅰ	中	22:50	10:33	24 30	61.3
11	三十	Ⅰ	中	23:20	11:05	24 28	61.2
12	二月一	Ⅰ	中	23:48	11:34	（12 13）	61.1
13	二	Ⅰ	中	12:01		24 27	61.1
14	三	Ⅰ	中	12:28	00:15	24 28	61.2
15	四	Ⅰ→Ⅱ	中	12:56	00:42	24 29	61.2
16	五	Ⅰ→Ⅱ	中	13:25	01:11	24 32	61.3
17	六	Ⅰ→Ⅱ	中	13:57	01:41	24 36	61.5
18	七	Ⅰ→Ⅱ	中	14:33	02:15	24 46	61.9
19	八	Ⅰ→Ⅱ	小	15:19	02:56	24 05	62.7
20	九	Ⅰ→Ⅱ	小	16:24	03:52	25 34	63.9
21	十	Ⅰ→Ⅱ	小	17:58	05:11	25 35	64.0
22	十一	Ⅰ→Ⅱ	小	19:33	06:06	25 06	62.8
23	十二	Ⅰ→Ⅱ	中	20:39	08:06	25 50	62.1
24	十三	Ⅰ→Ⅱ	中	21:29	09:04	24 42	61.8
25	十四	Ⅰ	中	22:11	09:50	24 40	61.7
26	十五	Ⅰ	大	22:51	10:31	24 38	61.6
27	十六	Ⅰ	大	23:29	11:10	（12 20）	61.7
28	十七	Ⅰ	大	11:49		24 39	61.6
29	十八	Ⅰ→Ⅱ	大	12:28	00:09	24 41	61.7
30	十九	Ⅰ→Ⅱ	大	13:09	00:49	24 43	61.8
31	二十	Ⅱ	中	13:52	01:31	24 49	62.0

4 月

1994 年

日期		类型	强度	上中天时刻	下中天时刻	潮汐日	潮汐时
公历	农历			(时:分)	(时:分)	(h min)	(min)
1	二月廿一	Ⅱ	中	14:41	02:17	24 58	62.4
2	廿二	Ⅱ	中	15:39	03:10	25 18	63.3
3	廿三	Ⅱ	小	16:57	04:18	25 44	64.3
4	廿四	Ⅱ→Ⅰ	小	18:41	05:09	25 28	63.7
5	廿五	Ⅱ→Ⅰ	小	20:09	07:25	24 58	62.4
6	廿六	Ⅰ	小	21:07	08:38	24 43	61.8
7	廿七	Ⅰ	中	21:50	09:29	24 34	61.4
8	廿八	Ⅰ	中	22:24	10:07	(12 13)	61.1
9	廿九	Ⅰ	中	10:37	22:52	24 29	61.2
10	三十	Ⅰ→Ⅱ	中	11:06	23:20	24 28	61.2
11	三月一	Ⅰ→Ⅱ	中	11:34	23:48	24 28	61.2
12	二	Ⅰ→Ⅱ	中	12:02		24 28	61.2
13	三	Ⅰ→Ⅱ	中	12:30	00:16	24 30	61.3
14	四	Ⅰ→Ⅱ	中	13:00	00:45	24 32	61.3
15	五	Ⅱ	中	13:32	01:16	24 36	61.5
16	六	Ⅱ	中	14:08	01:50	24 44	61.8
17	七	Ⅱ	中	14:52	02:30	24 56	62.3
18	八	Ⅱ	小	15:8	03:20	25 19	63.3
19	九	Ⅱ→Ⅰ	小	17:07	04:28	25 34	63.9
20	十	Ⅱ→Ⅰ	小	18:41	05:54	25 16	63.2
21	十一	Ⅰ	中	19:57	07:19	25 57	62.4
22	十二	Ⅰ	中	20:54	08:26	24 47	62.0
23	十三	Ⅰ	中	21:41	09:18	24 41	61.7
24	十四	Ⅰ	中	22:22	10:02	(12 26)	61.7
25	十五	Ⅰ→Ⅱ	大	10:48	23:08	24 40	61.7
26	十六	Ⅰ→Ⅱ	大	11:28	23:49	24 42	61.8
27	十七	Ⅱ	大	12:10		24 43	61.8
28	十八	Ⅱ	大	12:53	00:32	24 45	61.9
29	十九	Ⅱ	大	13:38	01:16	24 47	62.0
30	二十	Ⅱ	中	14:25	02:02	24 52	62.2

5 月

1994 年

日期		类型	强度	上中天时刻 (时:分)	下中天时刻 (时:分)	潮汐日 (h min)	潮汐时 (min)
公历	农历						
1	三月廿一	Ⅱ	中	15:17	02:51	25 06	62.8
2	廿二	Ⅱ→Ⅰ	小	16:23	03:50	25 28	63.7
3	廿三	Ⅱ→Ⅰ	小	17:51	05:07	25 31	63.8
4	廿四	Ⅰ	小	19:22	06:37	25 08	62.8
5	廿五	Ⅰ	小	20:30		(12 22)	61.8
6	廿六	Ⅰ	小	08:52	21:12	24 40	61.7
7	廿七	Ⅰ→Ⅱ	中	09:32	21:50	24 35	61.5
8	廿八	Ⅰ→Ⅱ	中	10:07	22:23	24 32	61.3
9	廿九	Ⅰ→Ⅱ	中	10:39	22:54	24 30	61.3
10	三十	Ⅰ→Ⅱ	中	11:09	23:24	24 30	61.3
11	四月一	Ⅱ	中	11:39	23:54	24 30	61.3
12	二	Ⅱ	中	12:09		24 32	61.3
13	三	Ⅱ	中	12:41	00:25	24 34	61.4
14	四	Ⅱ	中	13:15	00:58	24 37	61.5
15	五	Ⅱ	中	13:52	01:34	24 43	61.8
16	六	Ⅱ	中	14:35	02:14	24 52	62.2
17	七	Ⅱ→Ⅰ	中	15:27	03:01	25 08	62.8
18	八	Ⅱ→Ⅰ	小	16:35	04:01	25 22	63.4
19	九	Ⅰ	小	17:57	05:16	25 19	63.3
20	十	Ⅰ	中	19:16	06:37	25 02	62.6
21	十一	Ⅰ	中	20:18	07:47	(12 36)	63.0
22	十二	Ⅰ→Ⅱ	中	08:54	21:19	24 49	62.0
23	十三	Ⅰ→Ⅱ	中	09:43	22:06	24 46	6.9
24	十四	Ⅱ	大	10:29	22:51	24 44	61.8
25	十五	Ⅱ	大	11:13	23:35	24 44	61.8
26	十六	Ⅱ	特大	11:57		24 44	61.8
27	十七	Ⅱ	大	12:41	00:19	24 44	61.8
28	十八	Ⅱ	大	13:25	01:03	24 44	61.8
29	十九	Ⅱ	中	14:09	01:47	24 47	62.0
30	二十	Ⅱ→Ⅰ	中	14:56	02:33	24 53	62.2
31	廿一	Ⅱ→Ⅰ	小	15:49	03:23	25 09	62.9

6 月

1994 年

日期		类型	强度	上中天时刻（时:分）	下中天时刻（时:分）	潮汐日（h min）	潮汐时（min）
公历	农历						
1	四月廿二	Ⅰ	小	16:58	04:24	(12 54)	64.5
2	廿三	Ⅰ	小	05:52	18:26	25 08	62.8
3	廿四	Ⅰ	小	07:00	19:34	25 07	62.8
4	廿五	Ⅰ→Ⅱ	小	08:07	20:33	24 51	62.1
5	廿六	Ⅰ→Ⅱ	中	08:58	21:19	24 41	61.7
6	廿七	Ⅰ→Ⅱ	中	09:39	21:57	24 35	61.5
7	廿八	Ⅱ	中	10:14	22:31	24 34	61.4
8	廿九	Ⅱ	中	10:48	23:04	24 32	61.3
9	五月一	Ⅱ	中	11:20	23:37	24 33	6104
10	二	Ⅱ	中	11:53		24 34	61.4
11	三	Ⅱ	中	12:27	00:10	24 35	61.5
12	四	Ⅱ	中	13:02	00:46	24 38	61.6
13	五	Ⅱ	中	13:40	01:21	24 41	61.7
14	六	Ⅱ→Ⅰ	中	14:21	02:01	24 49	62.0
15	七	Ⅱ→Ⅰ	中	15:10	02:46	25 00	62.5
16	八	Ⅱ→Ⅰ	中	16:10	03:40	25 13	63.0
17	九	Ⅰ	小	17:23	04:47	(12 41)	63.74
18	十	Ⅰ	小	06:04	18:45	25 22	63.4
19	十一	Ⅰ→Ⅱ	中	07:26	20:00	25 07	62.8
20	十二	Ⅰ→Ⅱ	中	08:33	21:01	24 55	62.3
21	十三	Ⅱ	中	09:28	21:53	24 50	62.1
22	十四	Ⅱ	大	10:18	22:41	24 46	61.9
23	十五	Ⅱ	大	11:04	23:26	24 44	61.8
24	十六	Ⅱ	大	11:48		24 42	61.8
25	十七	Ⅱ	大	12:30	00:09	24 40	61.7
26	十八	Ⅱ	大	13:10	00:50	24 39	61.6
27	十九	Ⅱ→Ⅰ	中	13:49	01:30	24 40	61.7
28	二十	Ⅱ→Ⅰ	中	14:29	02:09	24 43	61.8
29	廿一	Ⅱ→Ⅰ	小	15:12	02:51	(12 35)	62.9
30	廿二	Ⅰ	小	03:47	16:16	24 57	62.4

7　月

1994 年

日　期		类型	强度	上中天时刻（时:分）	下中天时刻（时:分）	潮汐日（h min）	潮汐时（min）
公历	农历						
1	五月廿三	Ⅰ→Ⅱ	小	04:44	17:22	25　15	63.1
2	廿四	Ⅰ→Ⅱ	特小	05:59	18:38	25　18	63.3
3	廿五	Ⅰ→Ⅱ	小	07:17	19:49	25　04	62.7
4	廿六	Ⅰ→Ⅱ	小	08:21	20:46	24　49	62.0
5	廿七	Ⅱ	中	09:10	21:31	24　42	61.8
6	廿八	Ⅱ	中	09:52	22:10	24　36	61.5
7	廿九	Ⅱ	中	10:28	22:46	24　35	61.5
8	三十	Ⅱ	中	11:03	23:21	24　35	61.5
9	六月一	Ⅱ	中	11:38	23:55	24　34	61.4
10	二	Ⅱ	中	12:12		24　36	61.5
11	三	Ⅱ→Ⅰ	中	12:48	00:30	24　37	61.5
12	四	Ⅱ→Ⅰ	中	13:25	01:07	24　41	61.7
13	五	Ⅱ→Ⅰ	中	14:06	01:46	24　46	61.9
14	六	Ⅱ→Ⅰ	中	14:52	02:29	24　50	62.1
15	七	Ⅱ→Ⅰ	中	15:42	03:17	24　57	62.4
16	八	Ⅰ	小	16:39	04:11	(12　56)	64.7
17	九	Ⅰ→Ⅱ	小	05:35	18:20	25　30	63.8
18	十	Ⅰ→Ⅱ	中	07:05	19:43	25　16	63.2
19	十一	Ⅱ	中	08:21	20:51	25　00	62.5
20	十二	Ⅱ	中	09:21	21:47	24　51	62.1
21	十三	Ⅱ	中	10:12	22:35	24　45	61.9
22	十四	Ⅱ	大	10:57	23:17	24　40	61.7
23	十五	Ⅱ	大	11:37	23:56	24　37	61.5
24	十六	Ⅱ→Ⅰ	大	12:14		24　36	61.5
25	十七	Ⅱ→Ⅰ	中	12:50	00:32	24　34	61.4
26	十八	Ⅱ→Ⅰ	中	13:24	01:07	24　34	61.4
27	十九	Ⅱ→Ⅰ	中	13:58	01:41	(12　22)	61.8
28	二十	Ⅰ	中	02:20	14:40	24　40	61.7
29	廿一	Ⅰ→Ⅱ	中	03:22	15:25	24　49	62.0
30	廿二	Ⅰ→Ⅱ	小	03:49	16:22	25　06	62.8
31	廿三	Ⅰ→Ⅱ	特小	04:55	17:37	25　24	63.5

8　月

1994年

日　　期		类型	强度	上中天时刻（时:分）	下中天时刻（时:分）	潮汐日（h min）	潮汐时（min）
公历	农历						
1	六月廿四	Ⅰ→Ⅱ	特小	06:19	19:00	25　22	63.4
2	廿五	Ⅱ	小	07:41	20:12	25　01	62.5
3	廿六	Ⅱ	中	08:42	21:05	24　46	61.9
4	廿七	Ⅱ	中	09:28	21:48	24　39	61.6
5	廿八	Ⅱ	中	10:07	22:26	24　37	61.5
6	廿九	Ⅱ	中	10:44	23:02	24　35	61.5
7	七月一	Ⅱ→Ⅰ	中	11:19	23:37	24　35	61.5
8	二	Ⅱ→Ⅰ	中	11:54		24　36	61.5
9	三	Ⅱ→Ⅰ	中	12:30	00:12	24　37	61.5
10	四	Ⅱ→Ⅰ	中	13:07	00:49	24　39	61.6
11	五	Ⅱ→Ⅰ	中	13:46	01:27	24　40	61.7
12	六	Ⅱ→Ⅰ	中	14:26	02:06	24　43	61.8
13	七	Ⅰ	中	15:09	02:48	(12　43)	63.6
14	八	Ⅰ→Ⅱ	中	03:52	16:32	25　20	63.3
15	九	Ⅰ→Ⅱ	小	05:12	18:02	25　39	64.1
16	十	Ⅱ	中	06:51	19:33	25　24	63.5
17	十一	Ⅱ	中	08:15	20:46	25　01	62.5
18	十二	Ⅱ	中	09:16	21:40	24　48	62.0
19	十三	Ⅱ→Ⅰ	中	10:04	22:25	24　41	61.7
20	十四	Ⅱ→Ⅰ	中	10:45	23:03	24　36	61.5
21	十五	Ⅱ→Ⅰ	中	11:21	23:38	24　33	61.4
22	十六	Ⅱ→Ⅰ	中	11:54		24　31	61.3
23	十七	Ⅰ	中	12:25	00:10	24　30	61.3
24	十八	Ⅰ	中	12:55	00:40	24　28	61.2
25	十九	Ⅰ	中	13:23	01:09	24　28	61.2
26	二十	Ⅰ	中	13:51	01:37	(12　28)	62.3
27	廿一	Ⅰ→Ⅱ	中	02:19	14:40	24　41	61.7
28	廿二	Ⅰ→Ⅱ	小	03:00	15:27	24　54	62.3
29	廿三	Ⅰ→Ⅱ	小	03:54	16:33	25　18	63.3
30	廿四	Ⅰ→Ⅱ	特小	05:12	18:00	25　36	64.0
31	廿五	Ⅰ→Ⅱ	小	06:48	19:27	25　17	63.2

9　月

1994 年

日期		类型	强度	上中天时刻（时:分）	下中天时刻（时:分）	潮汐日（h min）	潮汐时（min）
公历	农历						
1	七月廿六	Ⅱ→Ⅰ	小	08:05	20:32	24　54	62.3
2	廿七	Ⅱ→Ⅰ	中	08:59	21:21	24　43	61.8
3	廿八	Ⅱ→Ⅰ	中	09:42	22:01	24　37	61.5
4	廿九	Ⅱ→Ⅰ	中	10:19	22:38	24　37	61.5
5	三十	Ⅱ→Ⅰ	中	10:56	23:14	24　35	61.5
6	八月一	Ⅰ	大	11:31	23:49	24　36	61.5
7	二	Ⅰ	大	12:07		24　37	61.5
8	三	Ⅰ	大	12:44	00:26	(12　19)	61.6
9	四	Ⅰ	中	01:03	13:24	24　42	61.8
10	五	Ⅰ→Ⅱ	中	01:45	14:09	24　47	62.0
11	六	Ⅰ→Ⅱ	中	02:32	15:01	24　58	62.4
12	七	Ⅰ→Ⅱ	中	03:30	16:11	25　21	63.4
13	八	Ⅱ	中	04:51	17:03	25　44	64.3
14	九	Ⅱ→Ⅰ	小	06:35	19:19	25　28	63.7
15	十	Ⅱ→Ⅰ	中	08:03	20:34	25　01	62.5
16	十一	Ⅱ→Ⅰ	中	09:04	21:27	24　46	61.9
17	十二	Ⅱ→Ⅰ	中	09:50	22:09	24　37	61.5
18	十三	Ⅰ	中	10:27	22:44	24　33	61.4
19	十四	Ⅰ	中	11:00		(12　14)	61.2
			中	23:14		24　30	61.3
20	十五	Ⅰ	中	23:44	11:29	24　29	61.2
21	十六	Ⅰ	中		11:58		
22	十七	Ⅰ→Ⅱ	中	00:13	12:28	24　29	61.2
23	十八	Ⅰ→Ⅱ	中	00:42	12:57	24　29	61.2
24	十九	Ⅰ→Ⅱ	中	01:11	13:28	24　33	61.4
25	二十	Ⅰ→Ⅱ	中	01:44	14:02	24　36	61.5
26	廿一	Ⅰ→Ⅱ	中	02:20	14:43	24　46	61.9
27	廿二	Ⅰ→Ⅱ	小	03:06	15:38	25　04	62.7
28	廿三	Ⅰ→Ⅱ	小	04:10	16:57	25　33	63.9
29	廿四	Ⅱ→Ⅰ	小	05:43	18:30	25　33	63.9
30	廿五	Ⅱ→Ⅰ	小	07:16	19:49	25　05	62.7

10 月

1994 年

日期		类型	强度	上中天时刻 (时:分)	下中天时刻 (时:分)	潮汐日 (h min)	潮汐时 (min)
公历	农历						
1	八月廿六	Ⅰ	中	08:21	20:45	24 48	62.0
2	廿七	Ⅰ	中	09:09	21:30	24 42	61.8
3	廿八	Ⅰ	中	09:51	22:10	24 38	61.6
4	廿九	Ⅰ	中	10:29	22:47	24 36	61.5
5	九月一	Ⅰ	大	11:05		(12 21)	61.8
		Ⅰ	大	23:26		23 38	61.6
6	二	Ⅰ	大		11:45		
7	三	Ⅰ→Ⅱ	大	00:04	12:24	24 40	61.7
8	四	Ⅰ→Ⅱ	大	00:44	13:06	24 43	61.8
9	五	Ⅱ	大	01:27	13:51	24 48	62.0
10	六	Ⅱ	中	02:15	14:43	24 56	62.3
11	七	Ⅱ	中	03:11	15:48	25 14	63.1
12	八	Ⅱ→Ⅰ	小	04:25	16:16	25 41	64.2
13	九	Ⅱ→Ⅰ	小	06:06	18:53	25 33	63.9
14	十	Ⅰ	小	07:39	20:11	25 03	62.6
15	十一	Ⅰ	中	08:42	21:05	(12 46	61.9
16	十二	Ⅰ	中	09:28		24 17)	61.4
		Ⅰ	中	21:45		24 32	61.3
17	十三	Ⅰ	中	22:17	10:01	24 32	61.3
18	十四	Ⅰ→Ⅱ	中	22:49	10:33	24 29	61.2
19	十五	Ⅰ→Ⅱ	中	23:18	11:04	24 29	61.2
20	十六	Ⅰ→Ⅱ	中	23:47	11:33	24 28	61.2
21	十七	Ⅰ→Ⅱ	中		12:01		
22	十八	Ⅰ→Ⅱ	中	00:15	12:30	24 30	61.3
23	十九	Ⅰ→Ⅱ	中	00:45	13:01	24 31	61.3
24	二十	Ⅱ	中	01:16	13:34	24 36	61.5
25	廿一	Ⅱ	中	02:52	14:13	24 41	61.7
26	廿二	Ⅱ	中	02:33	15:00	24 53	62.2
27	廿三	Ⅱ→Ⅰ	小	04:26	16:05	25 17	63.2
28	廿四	Ⅱ→Ⅰ	小	05:43	17:30	25 34	63.9
29	廿五	Ⅱ→Ⅰ	小	06:17	18:57	25 19	63.3
30	廿六	Ⅰ	小	07:36	20:05	24 57	62.4
31	廿七	Ⅰ	中	08:33	20:57	24 47	62.0.

11 月

1994 年

日期		类型	强度	上中天时刻（时:分）	下中天时刻（时:分）	潮汐日（h min）	潮汐时（min）
公历	农历						
1	九月廿八	Ⅰ	中	09:20		(12 25)	62.1
		Ⅰ→Ⅱ	中	21:45		24 40	61.7
2	廿九	Ⅰ→Ⅱ	中	22:25	10:05	24 40	61.7
3	十月一	Ⅰ→Ⅱ	中	23:05	10:45	24 42	61.8
4	二	Ⅱ	大	23:47	11:26	24 42	61.8
5	三	Ⅱ	特大		12:08		
6	四	Ⅱ	特大	00:29	12:52	24 45	61.9
7	五	Ⅱ	大	01:14	13:38	24 47	62.0
8	六	Ⅱ	大	02:01	14:27	24 52	62.2
9	七	Ⅱ	中	02:53	15:25	25 03	62.6
10	八	Ⅱ→Ⅰ	中	03:56	16:39	25 25	63.5
11	九	Ⅱ→Ⅰ	小	05:21	18:09	25 36	64.0
12	十	Ⅰ	小	06:57		(12 45)	63.8
		Ⅰ	小	19:42		20 50	62.1
13	十一	Ⅰ	中	20:32	08:07	24 44	61.8
14	十二	Ⅰ→Ⅱ	中	21:16	08:54	24 37	61.5
15	十三	Ⅰ→Ⅱ	中	21:53	09:35	24 33	61.4
16	十四	Ⅰ→Ⅱ	中	22:26	10:10	24 31	61.3
17	十五	Ⅰ→Ⅱ	中	22:57	10:42	24 29	61.2
18	十六	Ⅱ	中	23:26	11:12	24 30	61.3
19	十七	Ⅱ	中	23:56	11:41	24 31	61.3
20	十八	Ⅱ	中		12:12		
21	十九	Ⅱ	中	00:27	12:43	24 32	61.3
22	二十	Ⅱ	中	00:59	13:17	24 35	61.5
23	廿一	Ⅱ	中	01:34	13:53	24 38	61.6
24	廿二	Ⅱ	中	02:12	14:36	24 47	62.0
25	廿三	Ⅱ→Ⅰ	中	02:59	15:30	25 02	62.6
26	廿四	Ⅱ→Ⅰ	小	04:01	16:42	25 21	63.4
27	廿五	Ⅰ	小	05:22	18:05	25 25	63.5
28	廿六	Ⅰ	小	06:47	19:20	25 06	62.8
29	廿七	Ⅰ	中	07:53		(12 38)	63.2
		Ⅰ→Ⅱ	中	20:31		24 50	62.1
30	廿八	Ⅰ→Ⅱ	中	21:21	08:56	24 46	61.9

12 月

1994 年

日期		类型	强度	上中天时刻（时:分）	下中天时刻（时:分）	潮汐日（h min）	潮汐时（min）
公历	农历						
1	十月廿九	Ⅱ	大	22:07	09:44	24 44	61.8
2	三十	Ⅱ	大	22:51	10:29	24 44	61.8
3	十一月一	Ⅱ	特大	23:35	11:13	24 44	61.8
4	二	Ⅱ	特大		11:57		
5	三	Ⅱ	特大	00:19	12:41	24 44	61.8
6	四	Ⅱ	大	01:03	13:25	24 44	61.8
7	五	Ⅱ	中	01:47	14:10	24 46	61.9
8	六	Ⅱ→Ⅰ	中	02:33	14:59	24 51	62.1
9	七	Ⅱ→Ⅰ	中	03:24	15:57	25 05	62.7
10	八	Ⅰ	小	04:29		(12 53)	64.4
		Ⅰ	小	17:22		25 16	63.2
11	九	Ⅰ	小	18:38	06:00	25 15	63.1
12	十	Ⅰ→Ⅱ	小	19:53	07:16	24 55	62.3
13	十一	Ⅰ→Ⅱ	中	20:48	08:21	24 42	61.8
14	十二	Ⅰ→Ⅱ	中	21:30	09:09	24 36	61.5
15	十三	Ⅱ	中	22:06	09:48	24 34	61.4
16	十四	Ⅱ	中	22:40	10:23	24 31	61.3
17	十五	Ⅱ	中	23:11	10:56	24 32	61.3
18	十六	Ⅱ	中	23:43	11:27	24 31	61.3
19	十七	Ⅱ	中		11:59		
20	十八	Ⅱ	中	00:14	12:31	24 33	61.3
21	十九	Ⅱ	中	00:47	13:04	24 34	61.4
22	二十	Ⅱ→Ⅰ	中	01:21	13:40	24 37	61.5
23	廿一	Ⅱ→Ⅰ	中	01:58	14:19	24 42	61.8
24	廿二	Ⅱ→Ⅰ	中	02:40	15:06	24 52	62.2
25	廿三	Ⅱ→Ⅰ	中	03:32	16:06	25 08	62.8
26	廿四	Ⅰ	小	04:40		(12 37)	63.1
		Ⅰ	小	17:17		25 32	63.8
27	廿五	Ⅰ→Ⅱ	小	18:49	06:03	25 16	63.2
28	廿六	Ⅰ→Ⅱ	中	20:05	07:27	25 00	62.5
29	廿七	Ⅱ	中	21:05	08:35	24 52	62.2
30	廿八	Ⅱ	大	21:57	09:31	24 47	62.0
31	廿九	Ⅱ	大	22:44	10:21	24 44	61.8

附录2:

月球星下点处引潮力的调和展开

修日晨,叶和松(1999年4月)

(国家海洋局 第一海洋研究所,山东 青岛 266061)

所谓月球星下点,是指月球与地球中心之间的连线在地球表面上的交点,由于月球总是以地球赤道为中心而往返于赤道南北两侧,因此,月球的星下点是一个动点。这样,我们所要进行的月球星下点处的调和展开,实际上是相对于地球表面上的一个动点的调和展开。由于星下点处的水平引潮力为0,该点只有垂向引潮力,且为引潮力的最大值点。实际上,只要把月球垂向引潮力表达式中的地理纬度 ϕ 以月球赤纬 δ 取代,即令 $\phi=\delta$,就可获得月球星下点处的引潮力表达式。

由文献[1]可知,月球对于地球上某点的垂向引潮力为:

$$F_{V3}/g = \frac{3}{2}U\left(\frac{\bar{R}}{R}\right)^3\left(\frac{1}{2} - \frac{3}{2}\sin^2\phi\right)\left(\frac{2}{3} - 2\sin^2\delta\right) + \frac{3}{2}U\left(\frac{\bar{R}}{R}\right)^3 \sin2\phi\sin2\delta\cos A + \frac{3}{2}U\left(\frac{\bar{R}}{R}\right)^3 \cos^2\phi\cos^2\delta\cos2A, \tag{1}$$

$$F_{V4}/g = \frac{15}{4}U\frac{a}{\bar{R}}\left(\frac{\bar{R}}{R}\right)^4 \sin\phi\left(\cos^2\phi - \frac{2}{5}\right)\sin\delta(5\cos^2\delta - 2) + \frac{45}{8}U\frac{a}{\bar{R}}\left(\frac{\bar{R}}{R}\right)^4\cos\phi\left(\cos^2\phi - \frac{4}{5}\right)\cos\delta(5\cos^2\delta - 4)\cos A + \frac{45}{4}U\frac{a}{\bar{R}}\left(\frac{\bar{R}}{R}\right)^4 \sin\phi\cos^2\phi\sin\delta\cos^2\delta\cos2A + \frac{15}{8}U\frac{a}{\bar{R}}\left(\frac{\bar{R}}{R}\right)^4\cos^3\phi\cos^3\delta\cos3A. \tag{2}$$

只要令 $\phi=\delta$ 并代入式(1)和(2)。就可得到月球星下点处的引潮力表达式:

$$F_1 = \frac{3}{2}U\left(\frac{\bar{R}}{R}\right)^3\left(\frac{1}{3} - 2\sin^2\delta + 3\sin^4\delta\right) +$$

$$\frac{3}{2}U\left(\frac{\overline{R}}{R}\right)^3 \sin^2 2\delta\cos A +$$

$$\frac{3}{2}U\left(\frac{\overline{R}}{R}\right)^3 \cos^4\delta\cos 2A, \tag{3}$$

$$F_2 = \frac{15}{4}U\frac{a}{\overline{R}}\left(\frac{\overline{R}}{R}\right)^4 \sin^2\delta\left(5\cos^4\delta - 4\cos^2\delta + \frac{4}{5}\right) +$$

$$\frac{45}{8}U\frac{a}{\overline{R}}\left(\frac{\overline{R}}{R}\right)^4 \cos^2\delta\left(5\cos^4\delta - 8\cos^2\delta + \frac{16}{5}\right)\cos A +$$

$$\frac{45}{4}U\frac{a}{\overline{R}}\left(\frac{\overline{R}}{R}\right)^4 \sin^2\delta\cos^4\delta\cos 2A +$$

$$\frac{15}{8}U\frac{a}{\overline{R}}\left(\frac{\overline{R}}{R}\right)^4 \cos^6\delta\cos 3A. \tag{4}$$

式(3)和(4)即为月球星下点处的引潮力表达式。式中，

$$U = \frac{M}{E}\left(\frac{a}{\overline{R}}\right)^3 = 0.560\,1 \times 10^{-7};$$

R ——月地(真正)距离；

$\overline{R}$ ——月地平均距离；

a ——地球平均半径；

M ——月球质量；

E ——地球质量；

δ ——月球赤纬；

A ——月球时角；

ϕ ——地理纬度。

再引入下述天文变量：

I——白道对赤道的倾角(白赤倾角)；

λ ——月球在白道上的真正经度；

s ——月球在白道上的平均经度；

h' ——太阳平均经度；

p ——月球轨道近地点的平均经度；

e ——白道偏心率(e=0.059 7)；

m——太阳与月球的平均角速度之比(m=0.074 8)；

T ——平太阳时角；

γ ——白赤交点在赤道上的经度(±13°)；

ξ ——白赤交点在赤道上的经度(±12°)。

用文献[1]对式(1)和(2)进行调和展开的相同方法,对式(3)和(4)也进行调和展开,共计有167项,现按长周期、日周期、1/2日周期和1/3日周期排列如下。

【长周期分潮】

令:
$$A_1=\frac{3}{2}U\left(\frac{1}{3}-\sin^2 I+\frac{9}{8}\sin^4 I\right),$$
$$A_2=\frac{15}{4}U\left(\frac{a}{R}\right)\left(\frac{9}{10}\sin^2 I-\frac{9}{4}\sin^4 I+\frac{25}{16}\sin^6 I\right),$$

则有:

$$A_1=\left(1+\frac{3}{2}e^2\right)+A_2(1+3e^2), \tag{1}$$
$$(3A_1+4A_2)e\cos(s-p), \tag{2}$$
$$\left(\frac{9}{2}A_1+7A_2\right)e^2\cos(2s-2p), \tag{3}$$
$$\left(\frac{45}{8}A_1+\frac{15}{2}A_2\right)me\cos(s-2h'+p), \tag{4}$$
$$(3A_1+4A_2)m^2\cos(2s-2h'). \tag{5}$$

令:
$$B_1=\frac{3}{2}U\left(\sin^2 I-\frac{3}{2}\sin^4 I\right),$$
$$B_2=-\frac{15}{4}U\left(\frac{a}{R}\right)\left(\frac{9}{10}\sin^2 I-3\sin^4 I+\frac{75}{32}\sin^6 I\right),$$

则有:

$$\left[B_1\left(1-\frac{5}{2}e^2\right)+B_2(1-e^2)\right]\cos(2s-2\xi), \tag{6}$$
$$\left(\frac{7}{2}B_1+4B_2\right)e\cos(3s-p-2\xi), \tag{7}$$
$$\frac{1}{2}B_1e\cos(s+p+\pi-2\xi), \tag{8}$$
$$\left(\frac{17}{2}B_1+\frac{43}{4}B_2\right)e^2\cos(4s-2p-2\xi), \tag{9}$$
$$\frac{1}{4}B_2e^2\cos(2p-2\xi), \tag{10}$$
$$\left(\frac{105}{16}B_1+\frac{15}{2}B_2\right)me\cos(3s-2h'+p-2\xi), \tag{11}$$
$$\frac{15}{16}B_1me\cos(s+2h'-p+\pi-2\xi), \tag{12}$$
$$\left(\frac{23}{8}B_1+\frac{27}{8}B_2\right)m^2\cos(4s-2h'-2\xi), \tag{13}$$

$$\left(\frac{1}{8}B_1 + \frac{5}{8}B_2\right) m^2\cos(2h' - 2\xi). \tag{14}$$

令：

$$C_1 = \frac{3}{2}U\left(\frac{3}{8}\sin^4 I\right),$$

$$C_2 = -\frac{15}{4}U\left(\frac{a}{\overline{R}}\right)\left(\frac{3}{4}\sin^4 I - \frac{15}{16}\sin^6 I\right),$$

则有：

$$\left[C_1\left(1 - \frac{29}{2}e^2\right) + C_2(1 - 13e^2)\right]\cos(4s - 4\xi), \tag{15}$$

$$\left(\frac{11}{2}C_1 + 6C_2\right) e\cos(5s - p - 4\xi), \tag{16}$$

$$\left(\frac{5}{2}C_1 + 2C_2\right) e\cos(3s + p + \pi - 4\xi), \tag{17}$$

$$\left(\frac{75}{4}C_1 + 22C_2\right) e^2\cos(6s - 2p - 4\xi), \tag{18}$$

$$\left(\frac{7}{4}C_1 + C_2\right) e^2\cos(2s + 2p - 4\xi), \tag{19}$$

$$\left(\frac{165}{16}C_1 + \frac{45}{4}C_2\right) me\cos(5s - 2h' + p - 4\xi), \tag{20}$$

$$\left(\frac{75}{16}C_1 + \frac{15}{4}C_2\right) me\cos(3s + 2h' - p + \pi - 4\xi), \tag{21}$$

$$\left(\frac{17}{4}C_1 + \frac{19}{4}C_2\right) m^2\cos(6s - 2h' - 4\xi), \tag{22}$$

$$\left(\frac{5}{4}C_1 + \frac{3}{4}C_2\right) m^2\cos(2s + 2h' + \pi - 4\xi). \tag{23}$$

令：

$$D = -\frac{15}{4}U\left(\frac{a}{\overline{R}}\right)\left(\frac{5}{32}\sin^6 I\right),$$

则有：

$$(1 - 33e^2)D\cos(6s - 6\xi), \tag{24}$$

$$8De\cos(7s - p - 6\xi), \tag{25}$$

$$4De\cos(5s + p + \pi - 6\xi), \tag{26}$$

$$\frac{149}{4}De^2\cos(8s - 2p - 6\xi), \tag{27}$$

$$\frac{23}{4}De^2\cos(4s + 2p - 6\xi), \tag{28}$$

$$15Dme\cos(7s - 2h' + p - 6\xi), \tag{29}$$

$$\frac{15}{2}Dme\cos(5s + 2h' - p + \pi - 6\xi), \tag{30}$$

$$\frac{49}{8}Dm^2\cos(8s - 2h' - 6\xi), \tag{31}$$

$$\frac{17}{8}Dm^2\cos(4s + 2h' + \pi - 6\xi). \tag{32}$$

【全日分潮】

令：$E_1 = \frac{3}{2}U\left[\left(2 - \frac{3}{4}\sin^2 I\right)\sin^2 I\cos^2\frac{I}{2} - \left(1 - \frac{1}{2}\sin^2 I\right)\sin^2 I\sin^2\frac{I}{2}\right]$,

$E_2 = \frac{45}{8}U\left(\frac{a}{\overline{R}}\right)\left[\frac{1}{5}\cos^2\frac{I}{2} - \frac{3}{20}\sin^2 I\left(\cos^2\frac{I}{2} + \cos I\right) + \frac{41}{80}\sin^4 I\left(\cos^2\frac{I}{2} + 2\cos I\right)\right]$,

则有：

$$\left[E_1\left(1 + \frac{1}{2}e^2\right) + E_2(1 + 2e^2)\right]\cos(T - s + h' + \xi - \gamma), \tag{33}$$

$$\left(\frac{5}{2}E_1 + 3E_2\right)e\cos(T - 2s + h' + p + \xi - \gamma), \tag{34}$$

$$\left(\frac{1}{2}E_1 + E_2\right)e\cos(T + h' - p + \xi - \gamma), \tag{35}$$

$$\left(\frac{29}{8}E_1 + \frac{53}{8}E_2\right)e^2\cos(T - 3s + h' + 2p + \xi - \gamma), \tag{36}$$

$$\left(\frac{5}{8}E_1 + \frac{11}{8}E_2\right)e^2\cos(T + s + h' - 2p + \xi - \gamma), \tag{37}$$

$$\left(\frac{75}{16}E_1 + \frac{45}{8}E_2\right)me\cos(T - 2s + 3h' - p + \xi - \gamma), \tag{38}$$

$$\left(\frac{15}{16}E_1 + \frac{15}{8}E_2\right)me\cos(T - h' + p + \xi - \gamma), \tag{39}$$

$$\left(\frac{35}{16}E_1 + \frac{43}{16}E_2\right)m^2\cos(T - 3s + 3h' + \xi - \gamma), \tag{40}$$

$$\left(\frac{13}{16}E_1 + \frac{21}{16}E_2\right)m^2\cos(T + s - h' + \xi - \gamma). \tag{41}$$

令：　$F_1 = \frac{3}{2}U\left[\left(2 - \frac{3}{4}\sin^2 I\right)\sin^2 I\sin^2\frac{I}{2} - \left(1 - \frac{1}{2}\sin^2 I\right)\sin^2 I\cos^2\frac{I}{2}\right]$,

$F_2 = \frac{45}{8}U\left(\frac{a}{\overline{R}}\right)\left[\frac{1}{5}\sin^2\frac{I}{2} - \frac{3}{20}\sin^2 I\left(\sin^2\frac{I}{2} - \cos I\right) + \frac{41}{80}\sin^4 I\left(\sin^2\frac{I}{2} - 2\cos I\right)\right]$,

则有：

$$\left[F_1\left(1 + \frac{1}{2}e^2\right) + F_2(1 + 2e^2)\right]\cos(T + s + h' - \xi - \gamma), \tag{42}$$

$$\left(\frac{5}{2}F_1 + 3F_2\right)e\cos(T + 2s + h' - p - \xi - \gamma), \tag{43}$$

$$\left(\frac{1}{2}F_1 + F_2\right)e\cos(T + h' + p - \xi - \gamma), \tag{44}$$

$$\left(\frac{29}{8}F_1 + \frac{53}{8}F_2\right)e^2\cos(T + 3s + h' - 2p - \xi - \gamma), \tag{45}$$

$$\left(\frac{5}{8}F_1 + \frac{11}{8}F_2\right)e^2\cos(T - s + h' + 2p - \xi - \gamma), \tag{46}$$

$$\left(\frac{75}{16}F_1 + \frac{45}{8}F_2\right)me\cos(T + 2s - h' + p - \xi - \gamma), \tag{47}$$

$$\left(\frac{15}{16}F_1 + \frac{15}{8}F_2\right)me\cos(T + 3h' - p - \xi - \gamma), \tag{48}$$

$$\left(\frac{35}{16}F_1 + \frac{43}{16}F_2\right)m^2\cos(T + 3s - h' - \xi - \gamma), \tag{49}$$

$$\left(\frac{13}{16}F_1 + \frac{21}{16}F_2\right)m^2\cos(T - s + 3h' - \xi - \gamma). \tag{50}$$

令：
$$H_1 = -\frac{3}{2}U\left[\left(1 - \frac{1}{2}\sin^2 I\right)\sin^2 I\cos^2\frac{I}{2} + \frac{1}{8}\sin^4 I\sin^2\frac{I}{2}\right],$$

$$H_2 = \frac{45}{8}U\left(\frac{a}{\bar{R}}\right)\left[\frac{3}{20}\sin^2 I\cos^2\frac{I}{2} - \frac{7}{80}\sin^4 I\cos^2\frac{I}{2} - \frac{33}{320}\sin^4 I\sin^2\frac{I}{2}\right],$$

则有：

$$\left[H_1\left(1 - \frac{15}{2}e^2\right) + H_2(1 - 16e^2)\right]\cos(T - 3s + h' + 3\xi - \gamma), \tag{51}$$

$$\left(\frac{9}{2}H_1 + 5H_2\right)e\cos(T - 4s + h' + p + 3\xi - \gamma), \tag{52}$$

$$\left(\frac{3}{2}H_1 + H_2\right)e\cos(T - 2s + h' - p + \pi + 3\xi - \gamma), \tag{53}$$

$$\left(\frac{105}{8}H_1 + \frac{127}{8}H_2\right)e^2\cos(T - 5s + h' + 2p + 3\xi - \gamma), \tag{54}$$

$$\left(\frac{3}{8}H_1 + \frac{1}{8}H_2\right)e^2\cos(T - s + h' - 2p + 3\xi - \gamma), \tag{55}$$

$$\left(\frac{135}{16}H_1 + \frac{75}{8}H_2\right)me\cos(T - 4s + 3h' - p + 3\xi - \gamma), \tag{56}$$

$$\left(\frac{45}{16}H_1 + \frac{15}{8}H_2\right)me\cos(T - 2s - h' + p + \pi + 3\xi - \gamma), \tag{57}$$

$$\left(\frac{57}{16}H_1 + \frac{65}{16}H_2\right)m^2\cos(T - 5s + 3h' + 3\xi - \gamma), \tag{58}$$

$$\left(\frac{9}{16}H_1 + \frac{1}{16}H_2\right)m^2\cos(T - s - h' + \pi + 3\xi - \gamma). \tag{59}$$

令： $$G_1 = -\frac{3}{2}U\left[\left(1-\frac{1}{2}\sin^2 I\right)\sin^2 I\sin^2\frac{I}{2}+\frac{1}{8}\sin^4 I\cos^2\frac{I}{2}\right],$$

$$G_2 = \frac{45}{8}U\left(\frac{a}{\overline{R}}\right)\left(\frac{3}{20}\sin^2 I\sin^2\frac{I}{2}-\frac{7}{80}\sin^4 I\sin^2\frac{I}{2}-\frac{33}{320}\sin^4 I\cos^2\frac{I}{2}\right),$$

则有：

$$\left[G_1\left(1-\frac{15}{2}e^2\right)+G_2(1-16e^2)\right]\cos(T+3s+h'-3\xi-\gamma), \tag{60}$$

$$\left(\frac{9}{2}G_1+5G_2\right)e\cos(T+4s+h'-p-3\xi-\gamma), \tag{61}$$

$$\left(\frac{3}{2}G_1+G_2\right)e\cos(T+2s+h'+p+\pi-3\xi-\gamma), \tag{62}$$

$$\left(\frac{105}{8}G_1+\frac{127}{8}G_2\right)e^2\cos(T+5s+h'-2p-3\xi-\gamma), \tag{63}$$

$$\left(\frac{3}{8}G_1+\frac{1}{8}G_2\right)e^2\cos(T+s+h'+2p-3\xi-\gamma), \tag{64}$$

$$\left(\frac{135}{16}G_1+\frac{75}{8}G_2\right)me\cos(T+4s-h'+p-3\xi-\gamma), \tag{65}$$

$$\left(\frac{45}{16}G_1+\frac{15}{8}G_2\right)me\cos(T+2s+3h'-p+\pi-3\xi-\gamma), \tag{66}$$

$$\left(\frac{57}{16}G_1+\frac{65}{16}G_2\right)m^2\cos(T+5s-h'-3\xi-\gamma), \tag{67}$$

$$\left(\frac{9}{16}G_1+\frac{1}{16}G_2\right)m^2\cos(T+s+3h'+\pi-3\xi-\gamma). \tag{68}$$

令： $$O_1 = -\frac{3}{2}U\left[\frac{1}{8}\sin^4 I\cos^2\frac{I}{2}\right],$$

$$O_2 = \frac{45}{8}U\left(\frac{a}{\overline{R}}\right)\left(\frac{1}{160}\sin^4 I\cos^2\frac{I}{2}\right),$$

则有：

$$\left[O_1\left(1-\frac{47}{2}e^2\right)+O_2(1-22e^2)\right]\cos(T-5s+h'+5\xi-\gamma), \tag{69}$$

$$\left(\frac{13}{2}O_1+7O_2\right)e\cos(T-6s+h'+p+5\xi-\gamma), \tag{70}$$

$$\left(\frac{7}{2}O_1+3O_2\right)e\cos(T-4s+h'-p+\pi+5\xi-\gamma), \tag{71}$$

$$\left(\frac{203}{8}O_1+\frac{233}{8}O_2\right)e^2\cos(T-7s+h'+2p+5\xi-\gamma), \tag{72}$$

$$\left(\frac{33}{8}O_1+\frac{13}{8}O_2\right)e^2\cos(T-3s+h'-2p+5\xi-\gamma), \tag{73}$$

$$\left(\frac{195}{16}O_1+\frac{105}{8}O_2\right)me\cos(T-6s+3h'-p+5\xi-\gamma), \quad (74)$$

$$\left(\frac{105}{16}O_1+\frac{45}{8}O_2\right)me\cos(T-4s-h'+p+\pi+5\xi-\gamma), \quad (75)$$

$$\left(\frac{79}{16}O_1+\frac{87}{16}O_2\right)m^2\cos(T-7s+3h'+5\xi-\gamma), \quad (76)$$

$$\left(\frac{31}{16}O_1+\frac{23}{16}O_2\right)m^2\cos(T-3s-h'+\pi+5\xi-\gamma). \quad (77)$$

令：

$$P_1=-\frac{3}{2}U\left(\frac{1}{8}\sin^4 I\sin^2\frac{I}{2}\right),$$

$$P_2=\frac{45}{8}U\left(\frac{a}{R}\right)\left(\frac{1}{160}\sin^4 I\sin^2\frac{I}{2}\right),$$

则有：

$$\left[P_1\left(1-\frac{47}{2}e^2\right)+P_2(1-22e^2)\right]\cos(T+5s+h'-5\xi-\gamma), \quad (78)$$

$$\left(\frac{13}{2}P_1+7P_2\right)e\cos(T+6s+h'-p-5\xi-\gamma), \quad (79)$$

$$\left(\frac{7}{2}P_1+3P_2\right)e\cos(T+4s+h'+p+\pi-5\xi-\gamma), \quad (80)$$

$$\left(\frac{203}{8}P_1+\frac{233}{8}P_2\right)e^2\cos(T+7s+h'-2p-5\xi-\gamma), \quad (81)$$

$$\left(\frac{33}{8}P_1+\frac{13}{8}P_2\right)e^2\cos(T+3s+h'+2p-5\xi-\gamma), \quad (82)$$

$$\left(\frac{195}{16}P_1+\frac{105}{8}P_2\right)me\cos(T+6s-h'+p-5\xi-\gamma), \quad (83)$$

$$\left(\frac{105}{16}P_1+\frac{45}{8}P_2\right)me\cos(T+4s+3h'-p+\pi-5\xi-\gamma), \quad (84)$$

$$\left(\frac{79}{16}P_1+\frac{87}{16}P_2\right)m^2\cos(T+7s-h'-5\xi-\gamma), \quad (85)$$

$$\left(\frac{31}{16}P_1+\frac{23}{16}P_2\right)m^2\cos(T+3s+3h'+\pi-5\xi-\gamma). \quad (86)$$

【半日分潮】

令：

$$I_1=\frac{3}{2}U\left(\cos^4\frac{I}{2}-\frac{1}{2}\sin^2 I\cos^4\frac{I}{2}+\frac{1}{8}\sin^4 I\right),$$

$$I_2=\frac{45}{8}U\left(\frac{a}{R}\right)\left(\frac{1}{2}\sin^2 I\cos^4\frac{I}{2}-\frac{3}{16}\sin^4 I+\frac{5}{32}\sin^6 I\right),$$

则有：

$$\left[\left(1-\frac{5}{2}e^{2}\right)I_{1}+(1-e^{2})I_{2}\right]\cos(2T-2s+2h'+2\xi-2\gamma), \tag{87}$$

$$\frac{1}{2}I_{1}e\cos(2T-s+2h'-p+\pi+2\xi-2\gamma), \tag{88}$$

$$\left(\frac{7}{2}I_{1}+4I_{2}\right)e\cos(2T-3s+2h'+p+2\xi-2\gamma), \tag{89}$$

$$\left(\frac{17}{2}I_{1}+\frac{43}{4}I_{2}\right)e^{2}\cos(2T-4s+2h'+2p+2\xi-2\gamma), \tag{90}$$

$$\frac{1}{4}I_{2}e^{2}\cos(2T+2h'-2p+2\xi-2\gamma), \tag{91}$$

$$\frac{15}{16}I_{1}me\cos(2T-s+p+\pi+2\xi-2\gamma), \tag{92}$$

$$\left(\frac{105}{16}I_{1}+\frac{15}{2}I_{2}\right)me\cos(2T-3s+4h'-p+2\xi-2\gamma), \tag{93}$$

$$\left(\frac{23}{8}I_{1}+\frac{27}{8}I_{2}\right)m^{2}\cos(2T-4s+4h'+2\xi-2\gamma), \tag{94}$$

$$\left(\frac{1}{8}I_{1}+\frac{5}{8}I_{2}\right)m^{2}\cos(2T+2\xi-2\gamma). \tag{95}$$

令：

$$J_{1}=\frac{3}{2}U\left(\sin^{4}\frac{I}{2}-\frac{1}{2}\sin^{2}I\sin^{4}\frac{I}{2}+\frac{1}{8}\sin^{4}I\right),$$

$$J_{2}=\frac{45}{8}U\left(\frac{a}{R}\right)\left(\frac{1}{2}\sin^{2}I\sin^{4}\frac{I}{2}-\frac{3}{16}\sin^{4}I+\frac{5}{32}\sin^{6}I\right),$$

则有：

$$\left[\left(1-\frac{5}{2}e^{2}\right)J_{1}+(1-e^{2})J_{2}\right]\cos(2T+2s+2h'-2\xi-2\gamma), \tag{96}$$

$$\frac{1}{2}J_{1}e\cos(2T+s+2h'+p+\pi-2\xi-2\gamma), \tag{97}$$

$$\left(\frac{7}{2}J_{1}+4J_{2}\right)e\cos(2T+3s+2h'-p-2\xi-2\gamma), \tag{98}$$

$$\left(\frac{17}{2}J_{1}+\frac{43}{4}J_{2}\right)e^{2}\cos(2T+4s+2h'-2p-2\xi-2\gamma), \tag{99}$$

$$\frac{1}{4}J_{2}e^{2}\cos(2T+2h'+2p-2\xi-2\gamma), \tag{100}$$

$$\frac{15}{16}J_{1}me\cos(2T+s+4h'-p+\pi-2\xi-2\gamma), \tag{101}$$

$$\left(\frac{105}{16}J_{1}+\frac{15}{2}J_{2}\right)me\cos(2T+3s+p-2\xi-2\gamma), \tag{102}$$

$$\left(\frac{23}{8}J_1+\frac{27}{8}J_2\right)m^2\cos(2T+4s-2\xi-2\gamma), \tag{103}$$

$$\left(\frac{1}{8}J_1+\frac{5}{8}J_2\right)m^2\cos(2T+4h'-2\xi-2\gamma). \tag{104}$$

令：

$$K_1=\frac{3}{2}U\left(\frac{3}{4}-\frac{3}{8}\sin^2 I\right)\sin^2 I,$$

$$K_2=-\frac{45}{4}U\left(\frac{a}{R}\right)\left(\frac{1}{4}\sin^2 I-\frac{1}{2}\sin^4 I+\frac{1}{4}\sin^6 I\right),$$

则有：

$$\left[\left(1+\frac{3}{2}e^2\right)K_1+(1+3e^2)K_2\right]\cos(2T+2h'-2\gamma), \tag{105}$$

$$\left(\frac{3}{2}K_1+2K_2\right)e\cos(2T+s+2h'-p-2\gamma), \tag{106}$$

$$\left(\frac{3}{2}K_1+2K_2\right)e\cos(2T-s+2h'+p-2\gamma), \tag{107}$$

$$\left(\frac{9}{4}K_1+\frac{7}{2}K_2\right)e^2\cos(2T+2s+2h'-2p-2\gamma), \tag{108}$$

$$\left(\frac{9}{4}K_1+\frac{7}{2}K_2\right)e^2\cos(2T-2s+2h'+2p-2\gamma), \tag{109}$$

$$\left(\frac{45}{16}K_1+\frac{15}{4}K_2\right)me\cos(2T+s+p-2\gamma), \tag{110}$$

$$\left(\frac{45}{16}K_1+\frac{15}{4}K_2\right)me\cos(2T-s+4h'-p-2\gamma), \tag{111}$$

$$\left(\frac{3}{2}K_1+2K_2\right)m^2\cos(2T+2s-2\gamma), \tag{112}$$

$$\left(\frac{3}{2}K_1+2K_2\right)m^2\cos(2T-2s+4h'-2\gamma). \tag{113}$$

令：

$$L_1=\frac{3}{2}U\left(\frac{1}{4}\sin^2 I\cos^4\frac{I}{2}\right),$$

$$L_2=-\frac{45}{4}U\left(\frac{a}{R}\right)\left(\frac{1}{4}\sin^2 I\cos^4\frac{I}{2}+\frac{1}{32}\sin^6 I\right),$$

则有：

$$\left[\left(1-\frac{29}{2}e^2\right)L_1+(1-13e^2)L_2\right]\cos(2T-4s+2h'+4\xi-2\gamma) \tag{114}$$

$$\left(\frac{11}{2}L_1-6L_2\right)e\cos(2T-5s+2h'+p+4\xi-2\gamma) \tag{115}$$

$$\left(\frac{5}{2}L_1+2L_2\right)e\cos(2T-3s+2h'-p+\pi+4\xi-2\gamma) \tag{116}$$

$$\left(\frac{75}{4}L_1 + 22L_2\right)e^2\cos(2T - 6s + 2h' + 2p + 4\xi - 2\gamma) \tag{117}$$

$$\left(\frac{7}{4}L_1 + L_2\right)e^2\cos(2T - 2s + 2h' - 2p + 4\xi - 2\gamma) \tag{118}$$

$$\left(\frac{165}{16}L_1 + \frac{45}{4}L_2\right)me\cos(2T - 5s + 4h' - p + 4\xi - 2\gamma) \tag{119}$$

$$\left(\frac{75}{16}L_1 + \frac{15}{4}L_2\right)me\cos(2T - 3s + p + \pi + 4\xi - 2\gamma) \tag{120}$$

$$\left(\frac{17}{4}L_1 + \frac{19}{4}L_2\right)m^2\cos(2T - 6s + 4h' + 4\xi - 2\gamma) \tag{121}$$

$$\left(\frac{5}{4}L_1 + \frac{3}{4}L_2\right)m^2\cos(2T - 2s + \pi + 4\xi - 2\gamma) \tag{122}$$

令：
$$M_1 = \frac{3}{2}U\left(\frac{1}{4}\sin^2 I\sin^4\frac{I}{2}\right),$$

$$M_2 = -\frac{45}{4}U\left(\frac{a}{R}\right)\left(\frac{1}{4}\sin^2 I\sin^4\frac{I}{2} + \frac{1}{32}\sin^6 I\right),$$

则有：

$$\left[\left(1 - \frac{29}{2}e^2\right)M_1 + (1 - 13e^2)M_2\right]\cos(2T + 4s + 2h' - 4\xi - 2\gamma), \tag{123}$$

$$\left(\frac{11}{2}M_1 + 6M_2\right)e\cos(2T + 5s + 2h' - p - 4\xi - 2\gamma), \tag{124}$$

$$\left(\frac{5}{2}M_1 + 2M_2\right)e\cos(2T + 3s + 2h' + p + \pi - 4\xi - 2\gamma), \tag{125}$$

$$\left(\frac{75}{4}M_1 + 22M_2\right)e^2\cos(2T + 6s + 2h' - 2p - 4\xi - 2\gamma), \tag{126}$$

$$\left(\frac{7}{4}M_1 + M_2\right)e^2\cos(2T + 2s + 2h' + 2p - 4\xi - 2\gamma), \tag{127}$$

$$\left(\frac{165}{16}M_1 + \frac{45}{4}M_2\right)me\cos(2T + 5s + p - 4\xi - 2\gamma), \tag{128}$$

$$\left(\frac{75}{16}M_1 + \frac{15}{4}M_2\right)me\cos(2T + 3s + 4h' - p + \pi - 4\xi - 2\gamma), \tag{129}$$

$$\left(\frac{17}{4}M_1 + \frac{19}{4}M_2\right)m^2\cos(2T + 6s - 4\xi - 2\gamma), \tag{130}$$

$$\left(\frac{5}{4}M_1 + \frac{3}{4}M_2\right)m^2\cos(2T + 2s + 4h' + \pi - 4\xi - 2\gamma). \tag{131}$$

【1/3 日周期分潮】

令：
$$N_1 = \frac{15}{8}U\left(\frac{a}{R}\right)\left(\frac{3}{4}\sin^2 I\cos^2\frac{I}{2}\right),$$

则有：

$$(1+2e^2)N_1\cos(3T-s+3h'+\xi-3\gamma), \quad (132)$$

$$3N_1e\cos(3T-2s+3h'+p+\xi-3\gamma), \quad (133)$$

$$N_1e\cos(3T+3h'-p+\xi-3\gamma), \quad (134)$$

$$\frac{53}{8}N_1e^2\cos(3T-3s+3h'+2p+\xi-3\gamma), \quad (135)$$

$$\frac{11}{8}N_1e^2\cos(3T+s+3h'-2p+\xi-3\gamma), \quad (136)$$

$$\frac{45}{8}N_1me\cos(3T-2s+5h'-p+\xi-3\gamma), \quad (137)$$

$$\frac{15}{8}N_1me\cos(3T+h'+p+\xi-3\gamma) \quad (138)$$

$$\frac{43}{16}N_1m^2\cos(3T-3s+5h'+\xi-3\gamma), \quad (139)$$

$$\frac{21}{16}N_1m^2\cos(3T+s+h'+\xi-3\gamma). \quad (140)$$

令：

$$N_2=\frac{15}{8}U\left(\frac{a}{R}\right)\left(\frac{3}{4}\sin^2 I\sin^2\frac{I}{2}\right),$$

则有：

$$(1+2e^2)N_2\cos(3T+s+3h'-\xi-3\gamma), \quad (141)$$

$$3N_2e\cos(3T+2s+3h'-p-\xi-3\gamma), \quad (142)$$

$$N_2e\cos(3T+3h'+p-\xi-3\gamma), \quad (143)$$

$$\frac{53}{8}N_2e^2\cos(3T+3s+3h'-2p-\xi-3\gamma), \quad (144)$$

$$\frac{11}{8}N_2e^2\cos(3T-s+3h'+2p-\xi-3\gamma), \quad (145)$$

$$\frac{45}{8}N_2me\cos(3T-2s+h'+p-\xi-3\gamma), \quad (146)$$

$$\frac{15}{8}N_2me\cos(3T+5h'-p-\xi-3\gamma), \quad (147)$$

$$\frac{43}{16}N_2m^2\cos(3T+3s+h'-\xi-3\gamma), \quad (148)$$

$$\frac{21}{16}N_2m^2\cos(3T-s+5h'-\xi-3\gamma). \quad (149)$$

令：

$$N_3=\frac{15}{8}U\left(\frac{a}{R}\right)\cos^6\frac{I}{2},$$

则有：

$$(1-16e^2)N_3\cos(3T-3s+3h'+3\xi-3\gamma), \tag{150}$$

$$5N_3e\cos(3T-4s+3h'+p+3\xi-3\gamma), \tag{151}$$

$$N_3e\cos(3T-2s+3h'-p+\pi+3\xi-3\gamma), \tag{152}$$

$$\frac{127}{8}N_3e^2\cos(3T-5s+3h'+2p+3\xi-3\gamma), \tag{153}$$

$$\frac{1}{8}N_3e^2\cos(3T-s+3h'-2p+3\xi-3\gamma), \tag{154}$$

$$\frac{75}{8}N_3me\cos(3T-4s+5h'-p+3\xi-3\gamma), \tag{155}$$

$$\frac{15}{8}N_3me\cos(3T-2s+h'+p+\pi+3\xi-3\gamma), \tag{156}$$

$$\frac{65}{16}N_3m^2\cos(3T-5s+5h'+3\xi-3\gamma), \tag{157}$$

$$\frac{1}{16}N_3m^2\cos(3T-s+h'+\pi+3\xi-3\gamma). \tag{158}$$

令：

$$N_4=\frac{15}{8}U\left(\frac{a}{\overline{R}}\right)\sin^6\frac{I}{2},$$

则有：

$$(1-16e^2)N_4\cos(3T+3s+3h'-3\xi-3\gamma), \tag{159}$$

$$5N_4e\cos(3T+4s+3h'-p-3\xi-3\gamma), \tag{160}$$

$$N_4e\cos(3T+2s+3h'+p+\pi-3\xi-3\gamma), \tag{161}$$

$$\frac{127}{8}N_4e^2\cos(3T+5s+3h'-2p-3\xi-3\gamma), \tag{162}$$

$$\frac{1}{8}N_4e^2\cos(3T+s+3h'+2p-3\xi-3\gamma), \tag{163}$$

$$\frac{75}{8}N_4me\cos(3T+4s+h'+p-3\xi-3\gamma), \tag{164}$$

$$\frac{15}{8}N_4me\cos(3T+2s+5h'-p+\pi-3\xi-3\gamma), \tag{165}$$

$$\frac{65}{16}N_4m^2\cos(3T+5s+h'-3\xi-3\gamma), \tag{166}$$

$$\frac{1}{16}N_4m^2\cos(3T+s+5h'+\pi-3\xi-3\gamma). \tag{167}$$

参考文献(References)

[1] 方国洪,郑文振,陈宗镛,等(1986). 潮汐和潮流的分析和预报. 北京:海洋出版社:474.

Fang Guohong, Zheng Wenzhen, Chen Zongyong, et al. (1986). Analysis and Prediction of Tide and Tidal Currents. Beijing: China Ocean Press: 474.

附录3：

太阳星下点处引潮力的调和展开

修日晨，叶和松（1999年4月）

（国家海洋局 第一海洋研究所，山东 青岛 266061）

所谓太阳星下点，是指太阳与地球中心之间的连线在地球表面上的交点。对于太阳星下点处引潮力的调和展开，较月球要简单些，这是因为在其引潮力的表达式中略去了太阳地平视差的高阶项。

参照月球星下点处引潮力的表达式，略去其高阶项，则有：

$$F' = \frac{3}{2}U'\left(\frac{\bar{R}'}{R'}\right)^3\left(\frac{1}{3} - 2\sin^2\delta' + 3\sin^4\delta'\right) + \frac{3}{2}U'\left(\frac{R'}{R'}\right)^3\sin^2 2\delta'\cos A' + \frac{3}{2}U'\left(\frac{\bar{R}'}{R'}\right)^3\cos^4\delta'\cos 2A' \tag{1}$$

式中，$U' = \frac{S}{E}\left(\frac{a}{\bar{R}'}\right)^3 = 0.257\,2\times10^{-7}$；

R'——日地距离；

$\bar{R}'$——日地平均距离；

S——太阳质量；

E——地球质量；

a——地球平均半径；

δ'——太阳赤纬；

A'——太阳时角。

再引入下述天文变量：

λ'——太阳黄经；

h'——太阳平均经度；

p'——太阳近地点平均经度；

e'——地球轨道的偏心率（$e' = 0.016\,75$）；

ω——黄道对赤道的倾角（黄赤倾角）；

T——平太阳时角。

式（1）的调和展开则如下所示，共分3部分：长周期分潮、全日分潮及半日分潮。

【长周期分潮】

令：$$K_1 = \frac{3}{2}U'\left(\frac{1}{3} - \sin^2\omega + \frac{9}{8}\sin^4\omega\right),$$

则有：

$$\left(1 + \frac{3}{2}e'^2\right)K_1, \tag{1}$$

$$3K_1 e'\cos(h' - p'), \tag{2}$$

$$\frac{9}{2}K_1 e'^2\cos(2h' - 2p'). \tag{3}$$

令：$$K_2 = \frac{3}{2}U'\left(\sin^2\omega - \frac{3}{2}\sin^4\omega\right),$$

则有：

$$\left(1 - \frac{5}{2}e'^2\right)K_2\cos(2h'), \tag{4}$$

$$\frac{7}{2}K_2 e'\cos(3h' - p'), \tag{5}$$

$$\frac{1}{2}K_2 e'\cos(h' + p' + \pi), \tag{6}$$

$$\frac{17}{2}K_2 e'^2\cos(4h' - 2p'). \tag{7}$$

令：$$K_3 = \frac{3}{2}U'\left(\frac{3}{8}\sin^4\omega\right),$$

则有：

$$\left(1 - \frac{29}{2}e'^2\right)K_3\cos(4h'), \tag{8}$$

$$\frac{11}{2}K_3 e'\cos(5h' - p'), \tag{9}$$

$$\frac{5}{2}K_3 e'\cos(3h' + p' + \pi), \tag{10}$$

$$\frac{75}{4}K_3 e'^2\cos(6h' - 2p'), \tag{11}$$

$$\frac{7}{4}K_3 e'^2\cos(2h' + 2p'). \tag{12}$$

【全日分潮】

令：$$K_4 = \frac{3}{2}U'\left[\left(2 - \frac{3}{4}\sin^2\omega\right)\sin^2\omega\cos^2\frac{\omega}{2} - \left(1 - \frac{1}{2}\sin^2\omega\right)\sin^2\omega\sin^2\frac{\omega}{2}\right],$$

则有：

$$\left(1+\frac{1}{2}e'^2\right)K_4\cos(T), \tag{13}$$

$$\frac{1}{2}K_4e'\cos(T+h'-p'), \tag{14}$$

$$\frac{5}{2}K_4e'\cos(T-h'+p'), \tag{15}$$

$$\frac{29}{8}K_4\ e'^2\cos(T-2h'+2p'), \tag{16}$$

$$\frac{5}{8}K_4\ e'^2\cos(T+2h'-2p'). \tag{17}$$

令：$$K_5=\frac{3}{2}U'\left[\left(2-\frac{3}{4}\sin^2\omega\right)\sin^2\omega\cos^2\frac{\omega}{2}-\left(1-\frac{1}{2}\sin^2\omega\right)\sin^2\omega\sin^2\frac{\omega}{2}\right],$$

则有：

$$\left(1+\frac{1}{2}e'^2\right)K_5\cos(T+2h'), \tag{18}$$

$$\frac{5}{2}K_5e'\cos(T+3h'-p'), \tag{19}$$

$$\frac{1}{2}K_5e'\cos(T+h'+p'), \tag{20}$$

$$\frac{29}{8}K_5\ e'^2\cos(T+4h'-2p'), \tag{21}$$

$$\frac{5}{8}K_5\ e'^2\cos(T+2p'). \tag{22}$$

令：$$K_6=-\frac{3}{2}U'\left[\left(1-\frac{1}{2}\sin^2\omega\right)\sin^2\omega\cos^2\frac{\omega}{2}+\frac{1}{8}\sin^4\omega\sin^2\frac{\omega}{2}\right],$$

则有：

$$\left(1-\frac{15}{2}e'^2\right)K_6\cos(T-2h'), \tag{23}$$

$$\frac{9}{2}K_6e'\cos(T-3h'+p'), \tag{24}$$

$$\frac{3}{2}K_6e'\cos(T-h'-p'+\pi), \tag{25}$$

$$\frac{105}{8}K_6\ e'^2\cos(T-4h'+2p'), \tag{26}$$

$$\frac{3}{8}K_6\ e'^2\cos(T-2p'). \tag{27}$$

令：$$K_7=-\frac{3}{2}U'\left[\left(1-\frac{1}{2}\sin^2\omega\right)\sin^2\omega\sin^2\frac{\omega}{2}+\frac{1}{8}\sin^4\omega\cos^2\frac{\omega}{2}\right],$$

则有：

$$\left(1-\frac{15}{2}e'^2\right)K_7\cos(T+4h'),\tag{28}$$

$$\frac{9}{2}K_7e'\cos(T+5h'-p'),\tag{29}$$

$$\frac{3}{2}K_7e'\cos(T+3h'+p'+\pi),\tag{30}$$

$$\frac{105}{8}K_7\,e'^2\cos(T+6h'-2p'),\tag{31}$$

$$\frac{3}{8}K_7\,e'^2\cos(T+2h'+2p').\tag{32}$$

令：
$$K_8=-\frac{3}{2}U'\left(\frac{1}{8}\sin^4\omega\cos^2\frac{\omega}{2}\right),$$

则有：

$$\left(1-\frac{47}{2}e'^2\right)K_8\cos(T-4h'),\tag{33}$$

$$\frac{13}{2}K_8e'\cos(T-5h'+p'),\tag{34}$$

$$\frac{7}{2}K_8e'\cos(T-3h'-p'+\pi),\tag{35}$$

$$\frac{203}{8}K_8\,e'^2\cos(T-6h'+2p'),\tag{36}$$

$$\frac{33}{8}K_8\,e'^2\cos(T-2h'-2p'+\pi).\tag{37}$$

令：
$$K_9=-\frac{3}{2}U'\left(\frac{1}{8}\sin^4\omega\sin^2\frac{\omega}{2}\right)$$

则有：

$$\left(1-\frac{47}{2}e'^2\right)K_9\cos(T+6h'),\tag{38}$$

$$\frac{13}{2}K_9e'\cos(T+7h'-p'),\tag{39}$$

$$\frac{7}{2}K_9e'\cos(T+5h'+p'+\pi),\tag{40}$$

$$\frac{203}{8}K_9\,e'^2\cos(T+8h'-2p'),\tag{41}$$

$$\frac{33}{8}K_9\,e'^2\cos(T+4h'+2p'+\pi).\tag{42}$$

【半日分潮】

令：
$$K_{10} = \frac{3}{2}U'\left(\cos^4\frac{\omega}{2} - \frac{1}{2}\sin^2\omega\cos^4\frac{\omega}{2} + \frac{1}{8}\sin^4\omega\right),$$

则有：

$$\left(1 - \frac{5}{2}e'^2\right)K_{10}\cos(2T), \tag{43}$$

$$\frac{1}{2}K_{10}e'\cos(2T + h - p' + \pi), \tag{44}$$

$$\frac{7}{2}K_{10}e'\cos(2T - h' + p'), \tag{45}$$

$$\frac{17}{2}K_{10}e'^2\cos(2T - 2h' + 2p'). \tag{46}$$

令：
$$K_{11} = \frac{3}{2}U'\left(\sin^4\frac{\omega}{2} - \frac{1}{2}\sin^2\omega\cos^4\frac{\omega}{2} + \frac{1}{8}\sin^4\omega\right),$$

则有：

$$\left(1 - \frac{5}{2}e'^2\right)K_{11}\cos(2T + 4h'), \tag{47}$$

$$\frac{1}{2}K_{11}e'\cos(2T + 3h' + p' + \pi), \tag{48}$$

$$\frac{7}{2}K_{11}e'\cos(2T + 5h' - p'), \tag{49}$$

$$\frac{17}{2}K_{11}e'^2\cos(2T + 6h' - 2p'). \tag{50}$$

令：
$$K_{12} = \frac{3}{2}U'\left(\frac{3}{4} - \frac{3}{8}\sin^2\omega\right)\sin^2\omega,$$

则有：

$$\left(1 + \frac{3}{2}e'^2\right)K_{12}\cos(2T + 2h'), \tag{51}$$

$$\frac{3}{2}K_{12}e'\cos(2T + 3h' - p'), \tag{52}$$

$$\frac{3}{2}K_{12}e'\cos(2T + h' + p'), \tag{53}$$

$$\frac{9}{4}K_{12}e'^2\cos(2T + 4h' - 2p'), \tag{54}$$

$$\frac{9}{4}K_{12}e'^2\cos(2T + 2p'). \tag{55}$$

令：
$$K_{13} = \frac{3}{2}U'\left(\frac{1}{4}\sin^2\omega\right)\cos^4\frac{\omega}{2}$$

则有：

$$\left(1-\frac{29}{2}e'^2\right)K_{13}\cos(2T-2h'),\tag{56}$$

$$\frac{11}{2}K_{13}e'\cos(2T-3h'+p'),\tag{57}$$

$$\frac{5}{2}K_{13}e'\cos(2T-h'-p'+\pi),\tag{58}$$

$$\frac{75}{4}K_{13}e'^2\cos(2T-4h'+2p'),\tag{59}$$

$$\frac{7}{4}K_{13}e'^2\cos(2T-2p').\tag{60}$$

令：

$$K_{14}=\frac{3}{2}U'\left(\frac{1}{4}\sin^2\omega\right)\sin^4\frac{\omega}{2},$$

则有：

$$\left(1-\frac{29}{2}e'^2\right)K_{14}\cos(2T+6h').\tag{61}$$

$$\frac{11}{2}K_{14}e'\cos(2T+7h'-p'),\tag{62}$$

$$\frac{5}{2}K_{14}e'\cos(2T+5h'+p'+\pi),\tag{63}$$

$$\frac{75}{4}K_{14}e'^2\cos(2T+8h'-2p'),\tag{64}$$

$$\frac{7}{4}K_{14}e'^2\cos(2T+4h'+2p').\tag{65}$$

附录 4:

附表 1　F_{V3}的第三展开式

$$F_{V3}/g = \frac{3}{2}U\Sigma\Phi JE\cos(v+u)\text{ },u=0.560\ 1\times10^{-7}$$

序号	符号	Φ	J	E	v	u
1		$\frac{1}{2}-\frac{3}{2}\sin^2\phi$	$\frac{2}{3}-\sin^2 I$	$1+\frac{3}{2}e^2$	0	0
2	M_m	$\frac{1}{2}-\frac{3}{2}\sin^2\phi$	$\frac{2}{3}-\sin^2 I$	$3e$	$s-p$	0
3		$\frac{1}{2}-\frac{3}{2}\sin^2\phi$	$\frac{2}{3}-\sin^2 I$	$\frac{9}{2}e^2$	$2s-2p$	0
4		$\frac{1}{2}-\frac{3}{2}\sin^2\phi$	$\frac{2}{3}-\sin^2 I$	$\frac{45}{8}me$	$s-2h'+p$	0
5	(MS_f)	$\frac{1}{2}-\frac{3}{2}\sin^2\phi$	$\frac{2}{3}-\sin^2 I$	$3m^2$	$2s-2h'$	0
6	M_f	$\frac{1}{2}-\frac{3}{2}\sin^2\phi$	$\sin^2 I$	$1-\frac{5}{2}e^2$	$2s$	-2ξ
7		$\frac{1}{2}-\frac{3}{2}\sin^2\phi$	$\sin^2 I$	$\frac{7}{2}e$	$3s-p$	-2ξ
8		$\frac{1}{2}-\frac{3}{2}\sin^2\phi$	$\sin^2 I$	$\frac{1}{2}e$	$s+p+\pi$	-2ξ
9		$\frac{1}{2}-\frac{3}{2}\sin^2\phi$	$\sin^2 I$	$\frac{17}{2}e^2$	$4s-2p$	-2ξ
10		$\frac{1}{2}-\frac{3}{2}\sin^2\phi$	$\sin^2 I$	$\frac{105}{16}me$	$3s-2h'+p$	-2ξ
11		$\frac{1}{2}-\frac{3}{2}\sin^2\phi$	$\sin^2 I$	$\frac{15}{16}me$	$s+2h'-p+\pi$	-2ξ
12		$\frac{1}{2}-\frac{3}{2}\sin^2\phi$	$\sin^2 I$	$\frac{23}{8}m^2$	$4s-2h'$	-2ξ
13		$\frac{1}{2}-\frac{3}{2}\sin^2\phi$	$\sin^2 I$	$\frac{1}{8}m^2$	$2h'$	-2ξ
14	O_1	$\sin 2\phi$	$\sin I\cos^2\frac{I}{2}$	$1-\frac{5}{2}e^2$	$T-2s+h'+\frac{\pi}{2}$	$2\xi-v$

续表

序号	符号	Φ	J	E	v	u
15	Q_1	$\sin 2\phi$	$\sin I\cos^2\frac{I}{2}$	$\frac{7}{2}e$	$T-3s+h'+p+\frac{\pi}{2}$	$2\xi-v$
16	$[M_1]$	$\sin 2\phi$	$\sin I\cos^2\frac{I}{2}$	$\frac{1}{2}e$	$T-s+h'-p-\frac{\pi}{2}$	$2\xi-v$
17	$2Q_1$	$\sin 2\phi$	$\sin I\cos^2\frac{I}{2}$	$\frac{17}{2}e^2$	$T-4s+h'+2p+\frac{\pi}{2}$	$2\xi-v$
18	ρ_1	$\sin 2\phi$	$\sin I\cos^2\frac{I}{2}$	$\frac{105}{16}me$	$T-3s+3h'-p+\frac{\pi}{2}$	$2\xi-v$
19		$\sin 2\phi$	$\sin I\cos^2\frac{I}{2}$	$\frac{15}{16}me$	$T-s-h'+p-\frac{\pi}{2}$	$2\xi-v$
20	σ_1	$\sin 2\phi$	$\sin I\cos^2\frac{I}{2}$	$\frac{23}{8}m^2$	$T-4s+3h'+\frac{\pi}{2}$	$2\xi-v$
21		$\sin 2\phi$	$\sin I\cos^2\frac{I}{2}$	$\frac{1}{8}m^2$	$T-h'+\frac{\pi}{2}$	$2\xi-v$
22	$[K_1]$	$\sin 2\phi$	$\sin 2I$	$\frac{1}{2}+\frac{3}{4}e^2$	$T+h'-\frac{\pi}{2}$	$-v$
23	$[M_1]$	$\sin 2\phi$	$\sin 2I$	$\frac{3}{4}e$	$T-s+h'+p-\frac{\pi}{2}$	$-v$
24	J_1	$\sin 2\phi$	$\sin 2I$	$\frac{3}{4}e$	$T+s+h'-p-\frac{\pi}{2}$	$-v$
25		$\sin 2\phi$	$\sin 2I$	$\frac{9}{8}e^2$	$T-2s+h'+2p-\frac{\pi}{2}$	$-v$
26		$\sin 2\phi$	$\sin 2I$	$\frac{9}{8}e^2$	$T+2s+h'-2p-\frac{\pi}{2}$	$-v$
27	χ_1	$\sin 2\phi$	$\sin 2I$	$\frac{45}{32}me$	$T-s+3h'-p-\frac{\pi}{2}$	$-v$
28	θ_1	$\sin 2\phi$	$\sin 2I$	$\frac{45}{32}me$	$T+s-h'+p-\frac{\pi}{2}$	$-v$
29	$(M\overline{P}_1)$	$\sin 2\phi$	$\sin 2I$	$\frac{3}{4}m^2$	$T-2s+3h'-\frac{\pi}{2}$	$-v$
30	$(S\overline{O}_1)$	$\sin 2\phi$	$\sin 2I$	$\frac{3}{4}m^2$	$T+2s-h'-\frac{\pi}{2}$	$-v$
31	OO_1	$\sin 2\phi$	$\sin I\sin^2\frac{I}{2}$	$1-\frac{5}{2}e^2$	$T+2s+h'-\frac{\pi}{2}$	$-2\xi-v$

续表

序号	符号	Φ	J	E	v	u
32	$(2K\overline{Q}_1)$	$\sin 2\phi$	$\sin I\sin^2\dfrac{I}{2}$	$\dfrac{7}{2}e$	$T+3s+h'-p-\dfrac{\pi}{2}$	$-2\xi-v$
33		$\sin 2\phi$	$\sin I\sin^2\dfrac{I}{2}$	$\dfrac{1}{2}e$	$T+s+h'+p+\dfrac{\pi}{2}$	$-2\xi-v$
34		$\sin 2\phi$	$\sin I\sin^2\dfrac{I}{2}$	$\dfrac{17}{2}e^2$	$T+4s+h'-2p-\dfrac{\pi}{2}$	$-2\xi-v$
35		$\sin 2\phi$	$\sin I\sin^2\dfrac{I}{2}$	$\dfrac{105}{16}me$	$T+3s-h'+p-\dfrac{\pi}{2}$	$-2\xi-v$
36		$\sin 2\phi$	$\sin I\sin^2\dfrac{I}{2}$	$\dfrac{15}{16}me$	$T+s+3h'-p+\dfrac{\pi}{2}$	$-2\xi-v$
37		$\sin 2\phi$	$\sin I\sin^2\dfrac{I}{2}$	$\dfrac{23}{8}m^2$	$T+4s-h'-\dfrac{\pi}{2}$	$-2\xi-v$
38		$\sin 2\phi$	$\sin I\sin^2\dfrac{I}{2}$	$\dfrac{1}{8}m^2$	$T+3h'-\dfrac{\pi}{2}$	$-2\xi-v$
39	M_2	$\cos^2\phi$	$\cos^4\dfrac{I}{2}$	$1-\dfrac{5}{2}e^2$	$2T-2s+2h'$	$2\xi-2v$
40	N_2	$\cos^2\phi$	$\cos^4\dfrac{I}{2}$	$\dfrac{7}{2}e$	$2T-3s+2h'+p$	$2\xi-2v$
41	$[L_2]$	$\cos^2\phi$	$\cos^4\dfrac{I}{2}$	$\dfrac{1}{2}e$	$2T-s+2h'-p+\pi$	$2\xi-2v$
42	$2N_2$	$\cos^2\phi$	$\cos^4\dfrac{I}{2}$	$\dfrac{17}{2}e^2$	$2T-4s+2h'+2p$	$2\xi-2v$
43	v_2	$\cos^2\phi$	$\cos^4\dfrac{I}{2}$	$\dfrac{105}{16}me$	$2T-3s+4h'-p$	$2\xi-2v$
44	λ_2	$\cos^2\phi$	$\cos^4\dfrac{I}{2}$	$\dfrac{15}{16}me$	$2T-s+p+\pi$	$2\xi-2v$
45	μ_2	$\cos^2\phi$	$\cos^4\dfrac{I}{2}$	$\dfrac{23}{8}m^2$	$2T-4s+4h'$	$2\xi-2v$
46		$\cos^2\phi$	$\cos^4\dfrac{I}{2}$	$\dfrac{1}{8}m^2$	$2T$	$2\xi-2v$
47	$[K_2]$	$\cos^2\phi$	$\sin^2 I$	$\dfrac{1}{2}+\dfrac{3}{4}e^2$	$2T+2h'$	$-2v$
48	$[L_2]$	$\cos^2\phi$	$\sin^2 I$	$\dfrac{3}{4}e$	$2T-s+2h'+p$	$-2v$

续表

序号	符号	Φ	J	E	v	u
49	(KJ_2)	$\cos^2\phi$	$\sin^2 I$	$\frac{3}{4}e$	$2T + s + 2h' - p$	$-2v$
50		$\cos^2\phi$	$\sin^2 I$	$\frac{9}{8}e^2$	$2T - 2s + 2h' + 2p$	$-2v$
51		$\cos^2\phi$	$\sin^2 I$	$\frac{9}{8}e^2$	$2T + 2s + 2h' - 2p$	$-2v$
52		$\cos^2\phi$	$\sin^2 I$	$\frac{45}{32}me$	$2T - s + 4h' - p$	$-2v$
53		$\cos^2\phi$	$\sin^2 I$	$\frac{45}{32}me$	$2T + s + p$	$-2v$
54		$\cos^2\phi$	$\sin^2 I$	$\frac{3}{4}m^2$	$2T - 2s + 4h'$	$-2v$
55		$\cos^2\phi$	$\sin^2 I$	$\frac{3}{4}m^2$	$2T + 2s$	$-2v$
56		$\cos^2\phi$	$\sin^4 \frac{I}{2}$	$1 - \frac{5}{2}e^2$	$2T + 2s + 2h'$	$-2\xi - v$
57		$\cos^2\phi$	$\sin^4 \frac{I}{2}$	$\frac{7}{2}e$	$2T + 3s + 2h' - p$	$-2\xi - v$
58		$\cos^2\phi$	$\sin^4 \frac{I}{2}$	$\frac{1}{2}e$	$2T + s + 2h' + p + \pi$	$-2\xi - v$
59		$\cos^2\phi$	$\sin^4 \frac{I}{2}$	$\frac{17}{2}e^2$	$2T + 4s + 2h' - 2p$	$-2\xi - v$
60		$\cos^2\phi$	$\sin^4 \frac{I}{2}$	$\frac{105}{16}me$	$2T + 3s + p$	$-2\xi - v$
61		$\cos^2\phi$	$\sin^4 \frac{I}{2}$	$\frac{15}{16}me$	$2T + s + 4h' - p + \pi$	$-2\xi - v$
62	M_2	$\cos^2\phi$	$\sin^4 \frac{I}{2}$	$\frac{23}{8}m^2$	$2T + 4s$	$-2\xi - 2v$
63	N_2	$\cos^2\phi$	$\sin^4 \frac{I}{2}$	$\frac{1}{8}m^2$	$2T + 4h'$	$-2\xi - 2v$

附表 2　F_{V4}的第三展开式

$$F_{V4}/g = \frac{9}{4}U\Sigma\Phi JE\cos(v+u), U = 0.560\,1\times10^{-7}$$

序号	符号	Φ	J	E	v	u
64		$\frac{\sqrt{5}}{2}\sin\phi(5\cos^2\phi-2)$	$\frac{2}{\sqrt{5}}\frac{a}{R}\left(\sin I-\frac{5}{4}\sin^3 I\right)$	$1+2e^2$	$s-\frac{\pi}{2}$	$-\xi$
65		$\frac{\sqrt{5}}{2}\sin\phi(5\cos^2\phi-2)$	$\frac{2}{\sqrt{5}}\frac{a}{R}\left(\sin I-\frac{5}{4}\sin^3 I\right)$	$3e$	$2s-p-\frac{\pi}{2}$	$-\xi$
66		$\frac{\sqrt{5}}{2}\sin\phi(5\cos^2\phi-2)$	$\frac{2}{\sqrt{5}}\frac{a}{R}\left(\sin I-\frac{5}{4}\sin^3 I\right)$	e	$p-\frac{\pi}{2}$	$-\xi$
67		$\frac{\sqrt{5}}{2}\sin\phi(5\cos^2\phi-2)$	$\frac{\sqrt{5}}{6}\frac{a}{R}\sin^3 I$	$1-6e^2$	$3s-\frac{\pi}{2}$	-3ξ
68		$\frac{\sqrt{5}}{2}\sin\phi(5\cos^2\phi-2)$	$\frac{\sqrt{5}}{6}\frac{a}{R}\sin^3 I$	$5e$	$4s-p-\frac{\pi}{2}$	-3ξ
69		$\frac{3\sqrt{15}}{16}\cos\phi(5\cos^2\phi-4)$	$\frac{10}{3\sqrt{15}}\frac{a}{R}\sin^2 I\cos^2\frac{I}{2}$	$1-6e^2$	$T-3s+h'$	$3\xi-v$
70		$\frac{3\sqrt{15}}{16}\cos\phi(5\cos^2\phi-4)$	$\frac{10}{3\sqrt{15}}\frac{a}{R}\sin^2 I\cos^2\frac{I}{2}$	$5e$	$T-4s+h'-p$	$3\xi-v$
71	(M_1)	$\frac{3\sqrt{15}}{16}\cos\phi(5\cos^2\phi-4)$	$\frac{8}{3\sqrt{15}}\frac{a}{R}\left(1-10\sin^2\frac{I}{2}+15\sin^4\frac{I}{2}\right)\cos^2\frac{I}{2}$	$1+2e^2$	$T-s+h'$	$\xi-v$
72		$\frac{3\sqrt{15}}{16}\cos\phi(5\cos^2\phi-4)$	$\frac{8}{3\sqrt{15}}\frac{a}{R}\left(1-10\sin^2\frac{I}{2}+15\sin^4\frac{I}{2}\right)\cos^2\frac{I}{2}$	$3e$	$T-2s+h'+p$	$\xi-v$

续表

序号	符号	Φ	J	E	v	u
73		$\frac{3\sqrt{15}}{16}\cos\phi\,(5\cos^2\phi-4)$	$\frac{8}{3\sqrt{15}}\frac{a}{R}\left(1-10\sin^2\frac{I}{2}+15\sin^4\frac{I}{2}\right)\cos^2\frac{I}{2}$	e	$T+h'-p$	$\xi-v$
74		$\frac{3\sqrt{15}}{16}\cos\phi\,(5\cos^2\phi-4)$	$\frac{8}{3\sqrt{15}}\frac{a}{R}\left(1-10\cos^2\frac{I}{2}+15\cos^4\frac{I}{2}\right)\sin\frac{I}{2}$	$1+2e^2$	$T+s+h'$	$-\xi-v$
75		$\frac{3\sqrt{15}}{16}\cos\phi\,(5\cos^2\phi-4)$	$\frac{8}{3\sqrt{15}}\frac{a}{R}\left(1-10\cos^2\frac{I}{2}+15\cos^4\frac{I}{2}\right)\sin^2\frac{I}{2}$	$3e$	$T+2s+h'-p$	$-\xi-v$
76		$\frac{3\sqrt{3}}{2}\sin\phi\cos^2\phi$	$\frac{5}{3\sqrt{3}}\frac{a}{R}\sin I\cos^4\frac{I}{2}$	$1-6e^2$	$2T-3s+2h'+\frac{\pi}{2}$	$3\xi-2v$
77		$\frac{3\sqrt{3}}{2}\sin\phi\cos^2\phi$	$\frac{5}{3\sqrt{3}}\frac{a}{R}\sin I\cos^4\frac{I}{2}$	$5e$	$2T-4s+2h'+p+\frac{\pi}{2}$	$3\xi-2v$
78		$\frac{3\sqrt{3}}{2}\sin\phi\cos^2\phi$	$\frac{5}{3\sqrt{3}}\frac{a}{R}\sin I\cos^4\frac{I}{2}$	e	$2T-2s+2h'-p-\frac{\pi}{2}$	$3\xi-2v$
79		$\frac{3\sqrt{3}}{2}\sin\phi\cos^2\phi$	$\frac{5}{\sqrt{3}}\frac{a}{R}\left(\cos^2\frac{I}{2}-\frac{2}{3}\right)\sin I\cos^2\frac{I}{2}$	$1+2e^2$	$2T-s+2h'-\frac{\pi}{2}$	$\xi-2v$
80		$\frac{3\sqrt{3}}{2}\sin\phi\cos^2\phi$	$\frac{5}{\sqrt{3}}\frac{a}{R}\left(\cos^2\frac{I}{2}-\frac{2}{3}\right)\sin I\cos^2\frac{I}{2}$	$3e$	$2T-2s+2h'+p-\frac{\pi}{2}$	$\xi-2v$
81		$\frac{3\sqrt{3}}{2}\sin\phi\cos^2\phi$	$\frac{5}{\sqrt{3}}\frac{a}{R}\left(\cos^2\frac{I}{2}-\frac{1}{3}\right)\sin I\sin^2\frac{I}{2}$	$1+2e^2$	$2T+s+2h'$	$-\xi-2v$

续表

序号	符号	Φ	J	E	v	u
82	M_3	$\cos^3\phi$	$\frac{5}{6}\frac{a}{R}\cos^6\frac{I}{2}$	$1-6e^2$	$3T-3s+3h'$	$3\xi-3v$
83		$\cos^3\phi$	$\frac{5}{6}\frac{a}{R}\cos^6\frac{I}{2}$	$5e$	$3T-4s+3h'+p$	$3\xi-3v$
84		$\cos^3\phi$	$\frac{5}{6}\frac{a}{R}\cos^6\frac{I}{2}$	e	$3T-2s+3h'-p+\pi$	$3\xi-3v$
85		$\cos^3\phi$	$\frac{5}{6}\frac{a}{R}\cos^6\frac{I}{2}$	$\frac{127}{8}e^2$	$3T-5s+3h'+2p$	$3\xi-3v$
86		$\cos^3\phi$	$\frac{5}{6}\frac{a}{R}\cos^6\frac{I}{2}$	$\frac{75}{8}me$	$3T-4s+5h'-p$	$3\xi-3v$
87		$\cos^3\phi$	$\frac{5}{2}\frac{a}{R}\cos^4\frac{I}{2}\sin^2\frac{I}{2}$	$1+2e^2$	$3T-s+3h'$	$\xi-3v$
88		$\cos^3\phi$	$\frac{5}{2}\frac{a}{R}\cos^4\frac{I}{2}\sin^2\frac{I}{2}$	$3e$	$3T-2s+3h'+p$	$\xi-3v$

附表 3 F_{V3}^{1} 的第三展开式

$$F_{V3}^{1}/g = \frac{3}{2}U\Sigma\Phi JE\cos(v+u),U=0.560\,1\times10^{-7}$$

序号	符号	Φ	J	E	v	u
1		$\frac{1}{2}-\frac{3}{2}\sin^2\phi$	$s\left(\frac{2}{3}-\sin^2\omega\right)$	$1+\frac{3}{2}e'^2$	0	0
2		$\frac{1}{2}-\frac{3}{2}\sin^2\phi$	$s\left(\frac{2}{3}-\sin^2\omega\right)$	$3e'$	$h'-p'$	0
3		$\frac{1}{2}-\frac{3}{2}\sin^2\phi$	$s\left(\frac{2}{3}-\sin^2\omega\right)$	$\frac{9}{2}e'^2$	$2h'-2p'$	0
6	(Ssa)	$\frac{1}{2}-\frac{3}{2}\sin^2\phi$	$s\sin^2\omega$	$1-\frac{5}{2}e'^2$	$2h'$	0
7		$\frac{1}{2}-\frac{3}{2}\sin^2\phi$	$s\sin^2\omega$	$\frac{7}{2}e'$	$3h'-p'$	0
8		$\frac{1}{2}-\frac{3}{2}\sin^2\phi$	$s\sin^2\omega$	$\frac{1}{2}e'$	$h'+p'+\pi$	0
9		$\frac{1}{2}-\frac{3}{2}\sin^2\phi$	$s\sin^2\omega$	$\frac{17}{2}e'^2$	$4h'-2p'$	0
14	P_1	$\sin2\phi$	$s\sin\omega\cos^2\frac{\omega}{2}$	$1-\frac{5}{2}e'^2$	$Th'+\frac{\pi}{2}$	0
15	π_1	$\sin2\phi$	$s\sin\omega\cos^2\frac{\omega}{2}$	$\frac{7}{2}e'$	$T-2h'+p'+\frac{\pi}{2}$	0
16		$\sin2\phi$	$s\sin\omega\cos^2\frac{\omega}{2}$	$\frac{1}{2}e'$	$T-p'-\frac{\pi}{2}$	0
17		$\sin2\phi$	$s\sin\omega\cos^2\frac{\omega}{2}$	$\frac{17}{2}e'^2$	$T-3h'+2p'+\frac{\pi}{2}$	0
22	[K_1]	$\sin2\phi$	$s\sin2\omega$	$\frac{1}{2}+\frac{3}{4}e'^2$	$T+h'-\frac{\pi}{2}$	0
23		$\sin2\phi$	$s\sin2\omega$	$\frac{3}{4}e'$	$T+p'-\frac{\pi}{2}$	0
24	Ψ_1	$\sin2\phi$	$s\sin2\omega$	$\frac{3}{4}e'$	$T+2h'-p'-\frac{\pi}{2}$	0
25		$\sin2\phi$	$s\sin2\omega$	$\frac{9}{8}e'^2$	$T-h'+2p'-\frac{\pi}{2}$	0
26		$\sin2\phi$	$s\sin2\omega$	$\frac{9}{8}e'^2$	$T+3h'-2p'-\frac{\pi}{2}$	0

续表

序号	符号	Φ	J	E	v	u
31	ϕ_1	$\sin 2\phi$	$s\sin\omega\sin^2\frac{\omega}{2}$	$1-\frac{5}{2}e'^2$	$T+3h'-\frac{\pi}{2}$	0
32		$\sin 2\phi$	$s\sin\omega\sin^2\frac{\omega}{2}$	$\frac{7}{2}e'$	$T+4h'-p'-\frac{\pi}{2}$	0
33		$\sin 2\phi$	$s\sin\omega\sin^2\frac{\omega}{2}$	$\frac{1}{2}e'$	$T+2h'+p'+\frac{\pi}{2}$	0
34		$\sin 2\phi$	$s\sin\omega\sin^2\frac{\omega}{2}$	$\frac{17}{2}e'^2$	$T+5h'-2p'-\frac{\pi}{2}$	0
39	S_2	$\cos^2\phi$	$s\cos^4\frac{\omega}{2}$	$1-\frac{5}{2}e'^2$	$2T$	0
40	T_2	$\cos^2\phi$	$s\cos^4\frac{\omega}{2}$	$\frac{7}{2}e'$	$2T-h'+p'$	0
41	R_2	$\cos^2\phi$	$s\cos^4\frac{\omega}{2}$	$\frac{1}{2}e'$	$2T+h'-p'+\pi$	0
42		$\cos^2\phi$	$s\cos^4\frac{\omega}{2}$	$\frac{17}{2}e'^2$	$2T-2h'+2p'$	0
47	$[K_2]$	$\cos^2\phi$	$s\sin^2\omega$	$\frac{1}{2}+\frac{3}{4}e'^2$	$2T+2h'$	0
48		$\cos^2\phi$	$s\sin^2\omega$	$\frac{3}{4}e'$	$2T+h'+p'$	0
49		$\cos^2\phi$	$s\sin^2\omega$	$\frac{3}{4}e'$	$2T+3h'-p'$	0
50		$\cos^2\phi$	$s\sin^2\omega$	$\frac{9}{8}e'^2$	$2T+2p'$	0
51		$\cos^2\phi$	$s\sin^2\omega$	$\frac{9}{8}e'^2$	$2T+4h'-2p'$	0
56		$\cos^2\phi$	$s\sin^4\frac{\omega}{2}$	$1-\frac{5}{2}e'^2$	$2T+4h'$	0
57		$\cos^2\phi$	$s\sin^4\frac{\omega}{2}$	$\frac{7}{2}e'$	$2T+5h'-p'$	0
58		$\cos^2\phi$	$s\sin^4\frac{\omega}{2}$	$\frac{1}{2}e'$	$2T+3h'+p'+\pi$	0
59		$\cos^2\phi$	$s\sin^4\frac{\omega}{2}$	$\frac{17}{2}e'^2$	$2T+6h'-2p'$	0

附录5：

渤海黄海
I 型潮流场永久预报示意图

(天文潮永久预报表)

(表层)

山东省科学技术委员会

国家海洋局第一海洋研究所

(附录5内容已于1992年由海洋出版社出版)

上中天前5 h (-5 时)潮流场

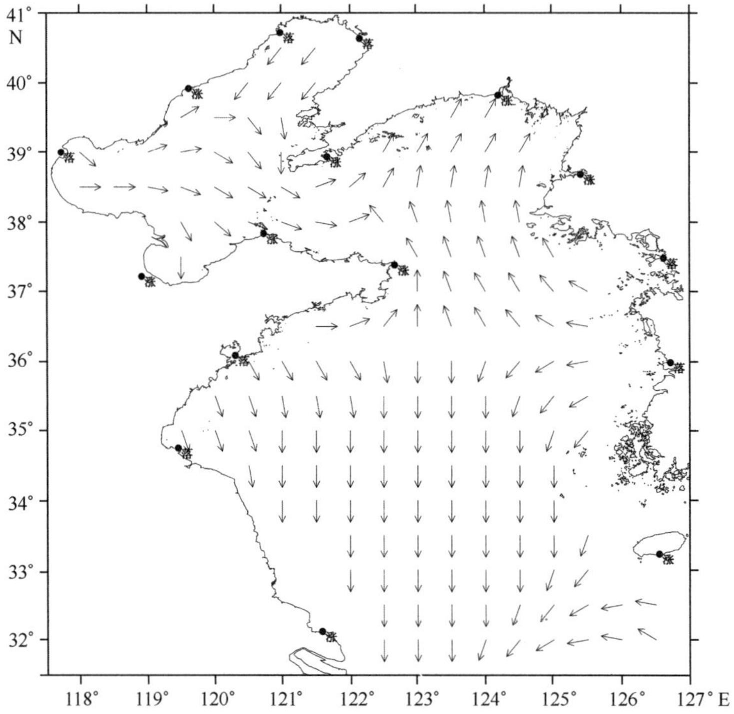

上中天前4 h (-4 时)潮流场

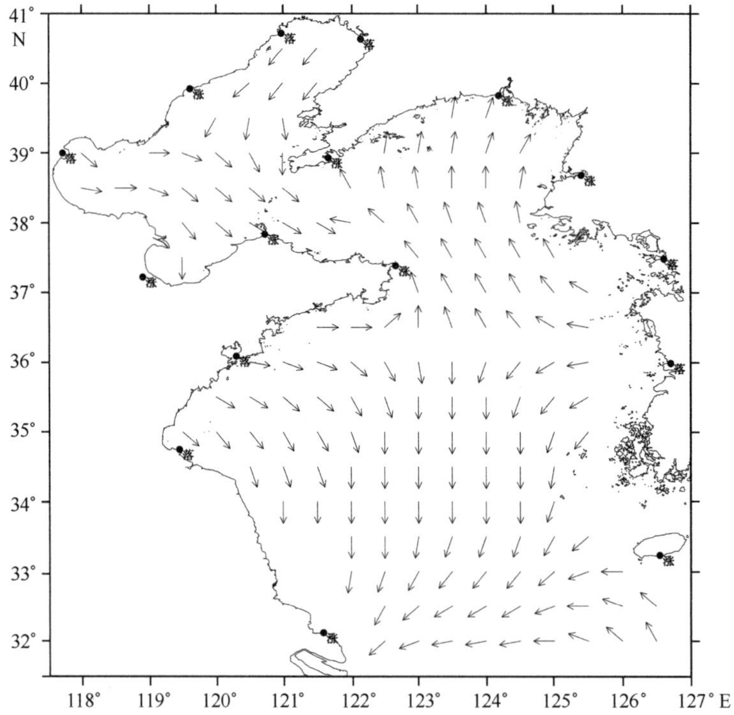

上中天前3 h (-3 时)潮流场

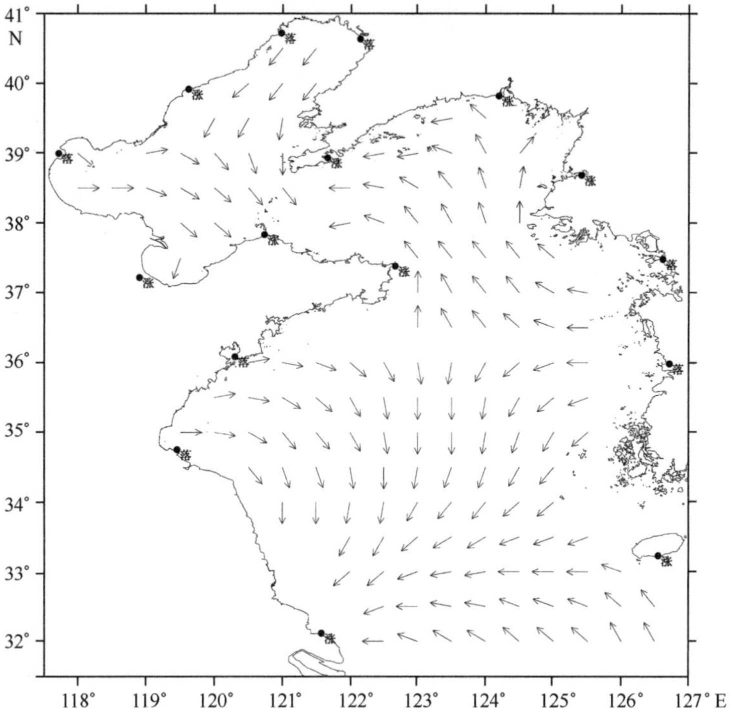

上中天前2 h (-2 时)潮流场

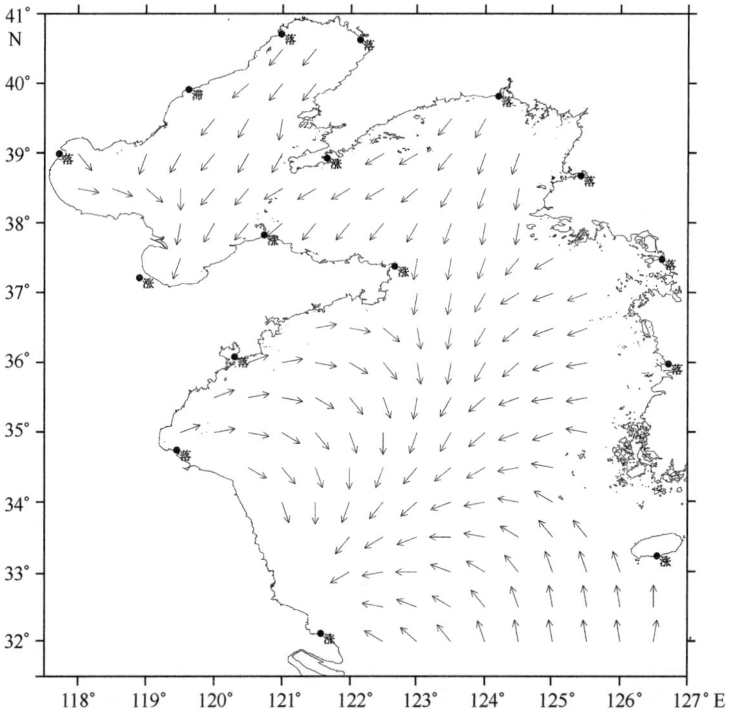

上中天前1 h (-1 时)潮流场

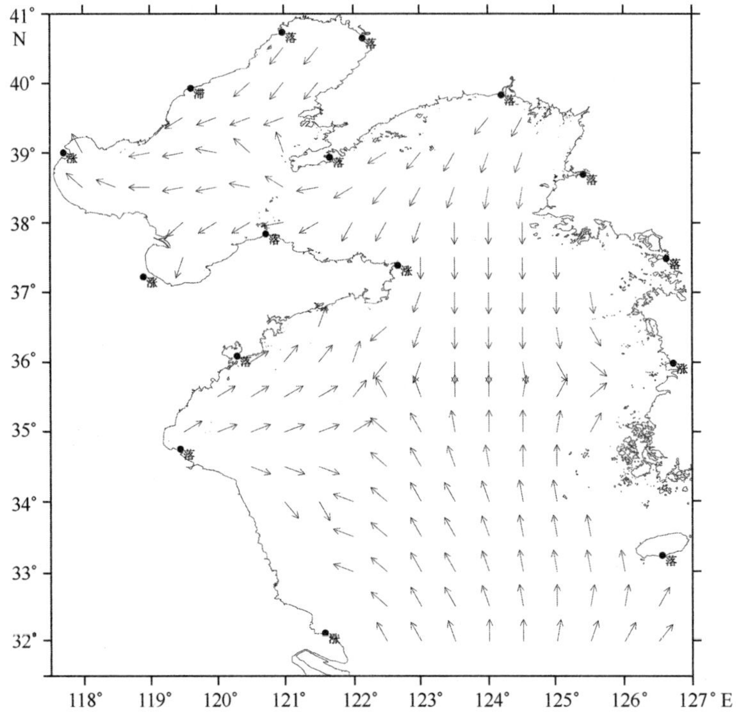

上中天时刻 (0 时)潮流场

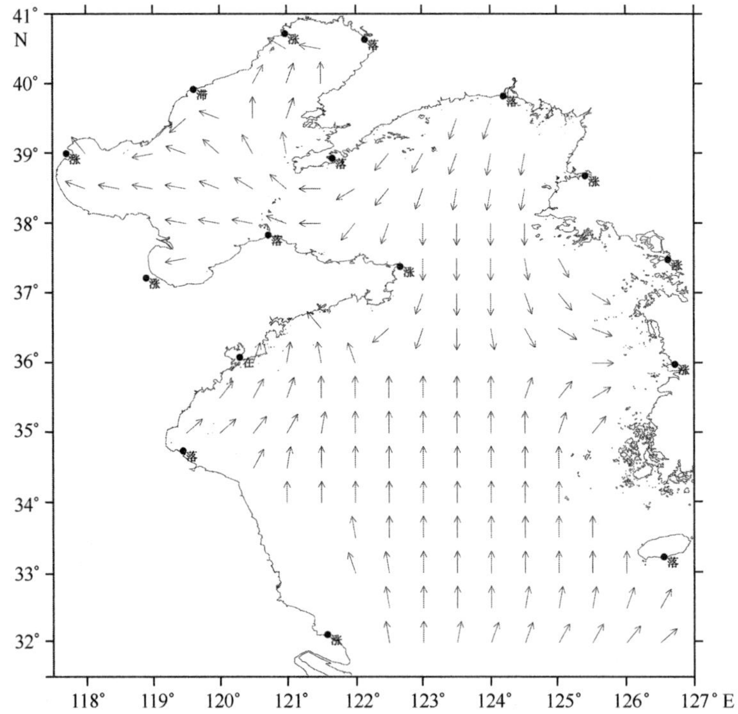

上中天后1 h (1 时)潮流场

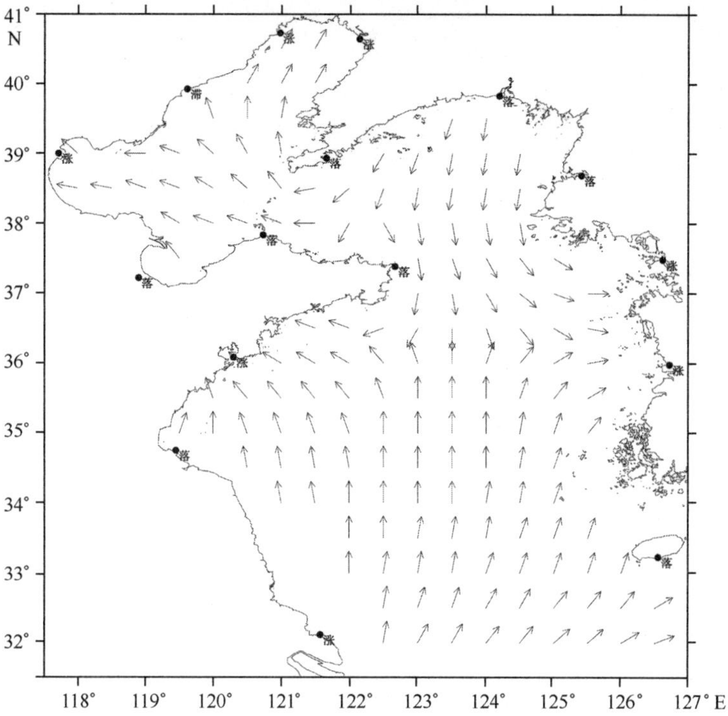

上中天后2 h (2 时)潮流场

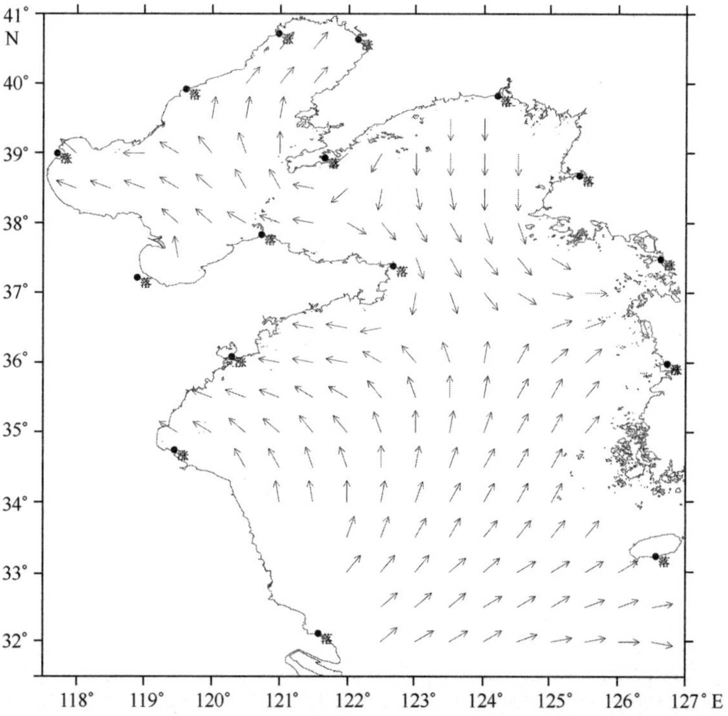

上中天后3 h (3 时)潮流场

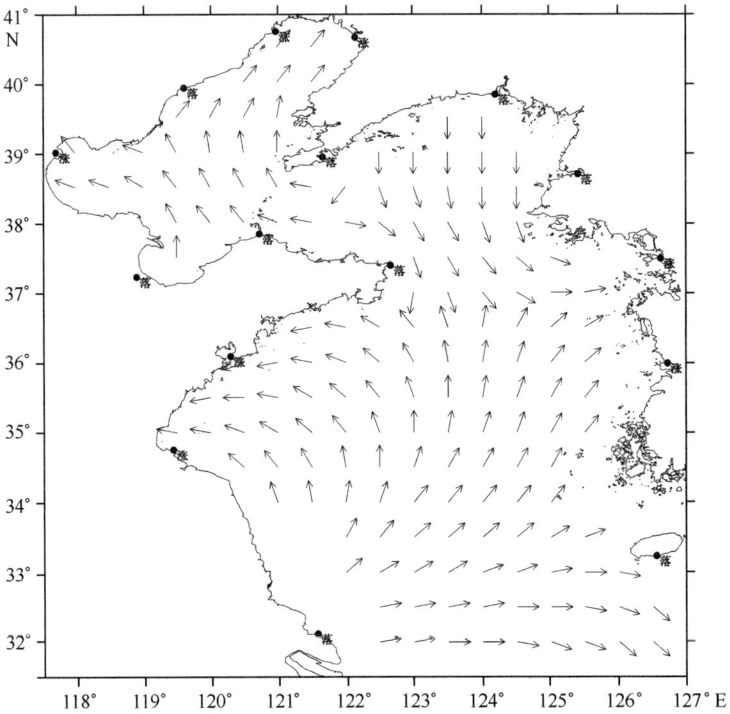

上中天后4 h (4 时)潮流场

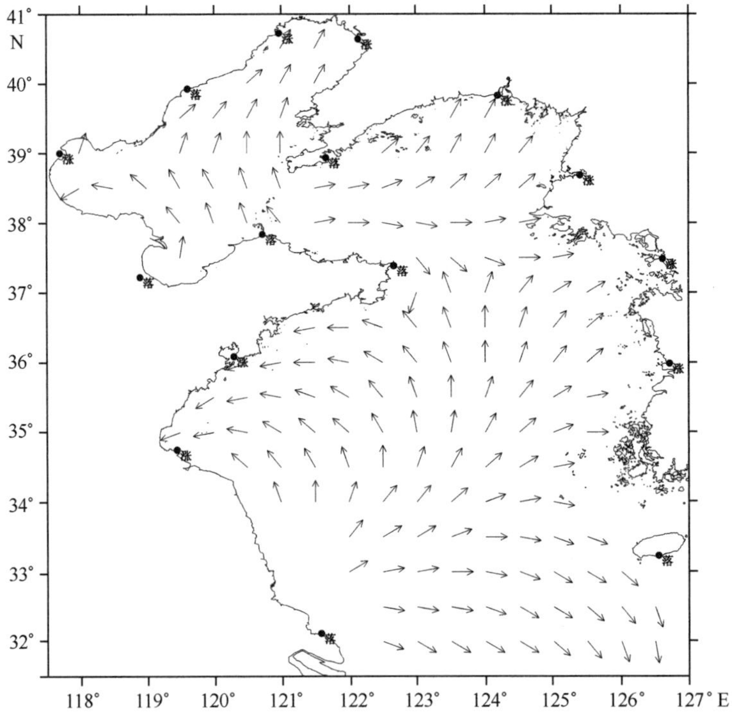

上中天后5 h (5 时)潮流场

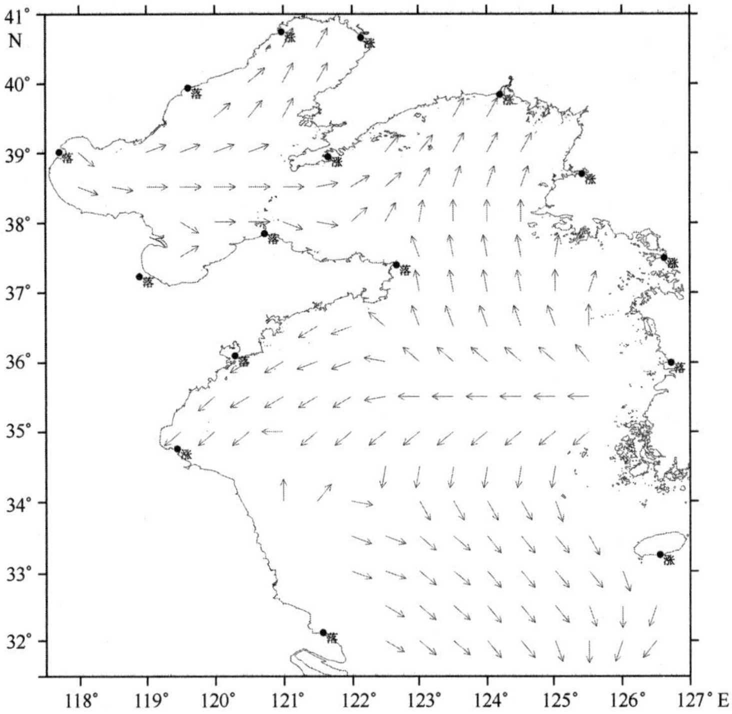

上中天后6 h (6 时)潮流场

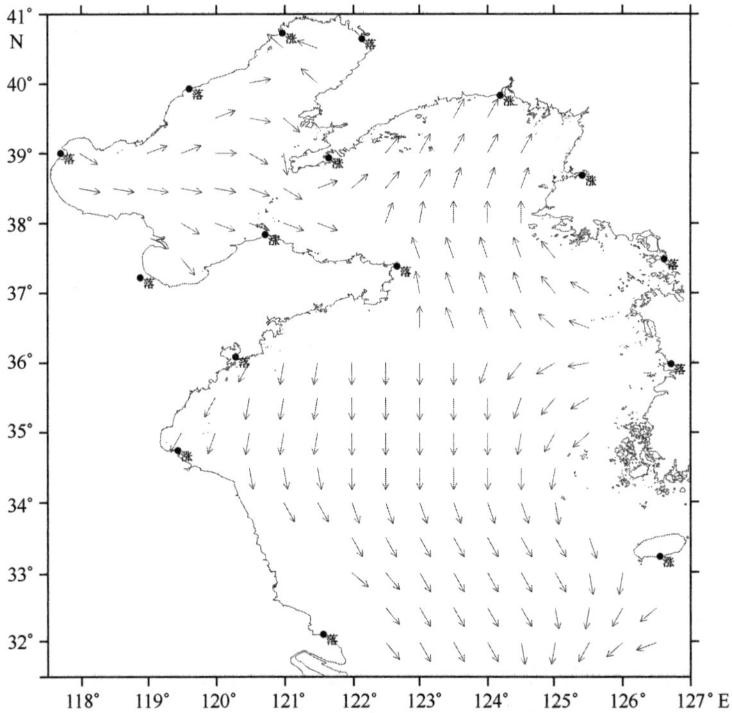

下中天前5 h (-5 时)潮流场

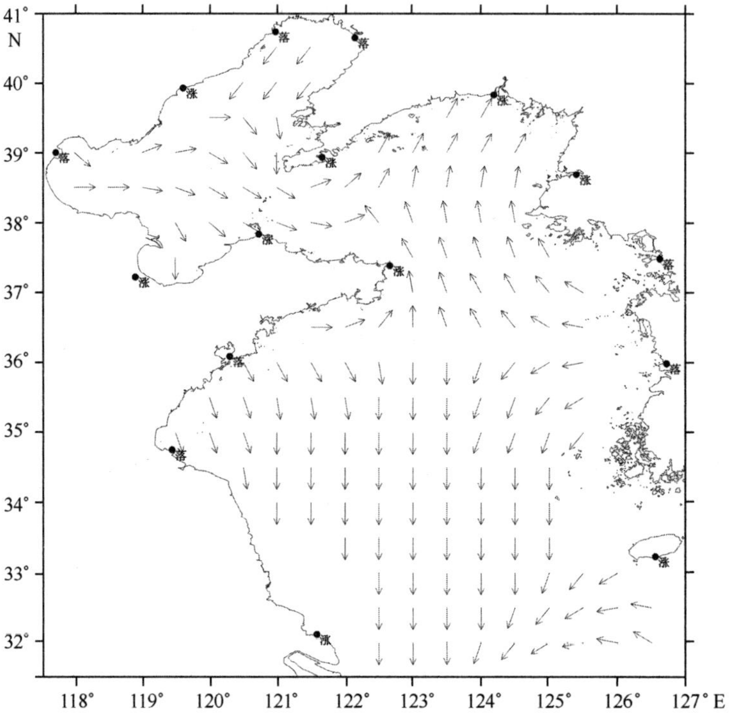

下中天前4 h (-4 时)潮流场

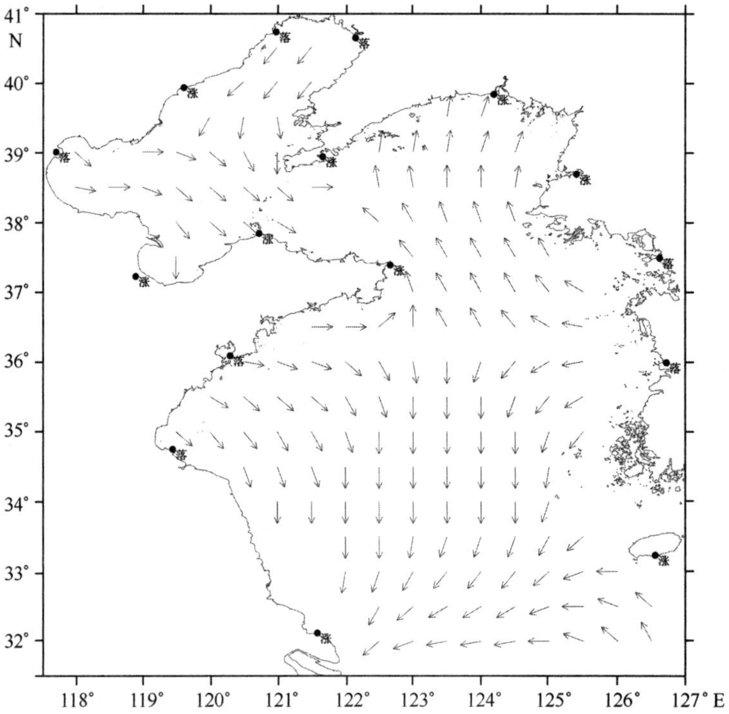

下中天前3 h (-3 时)潮流场

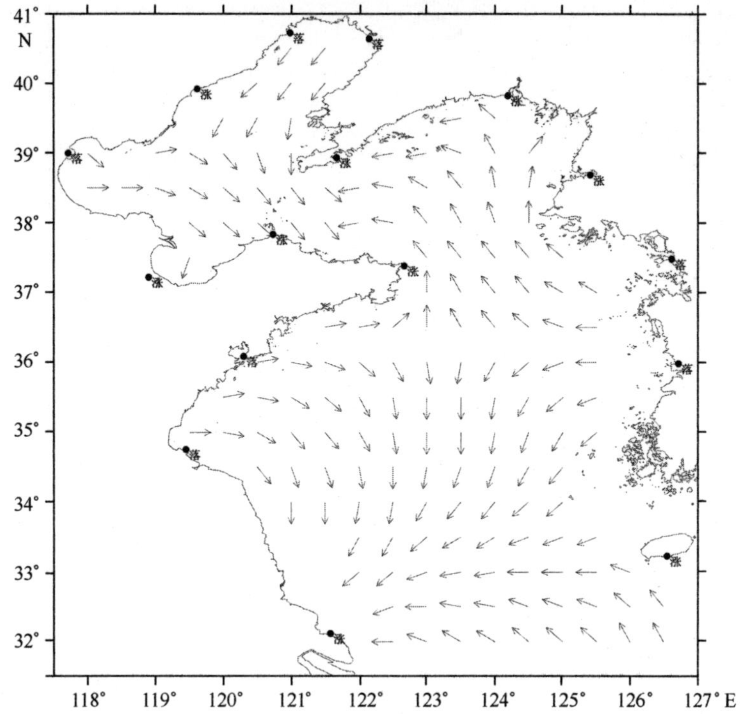

下中天前2 h (-2 时)潮流场

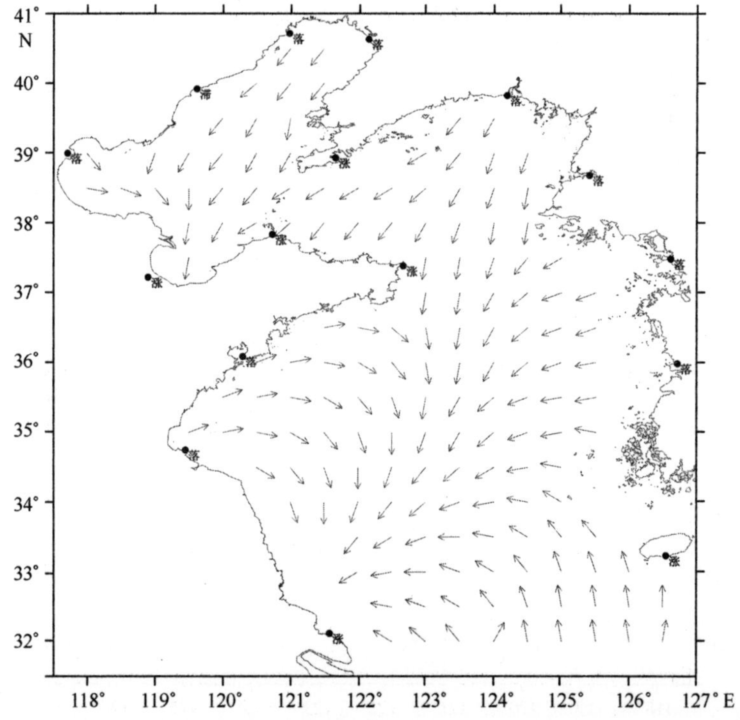

下中天前1 h (-1 时)潮流场

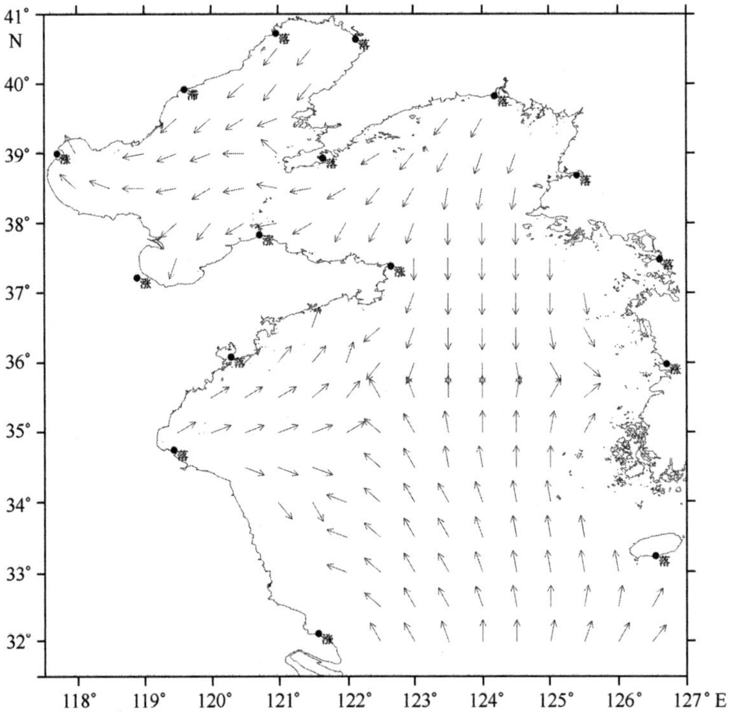

下中天时刻 (0 时)潮流场

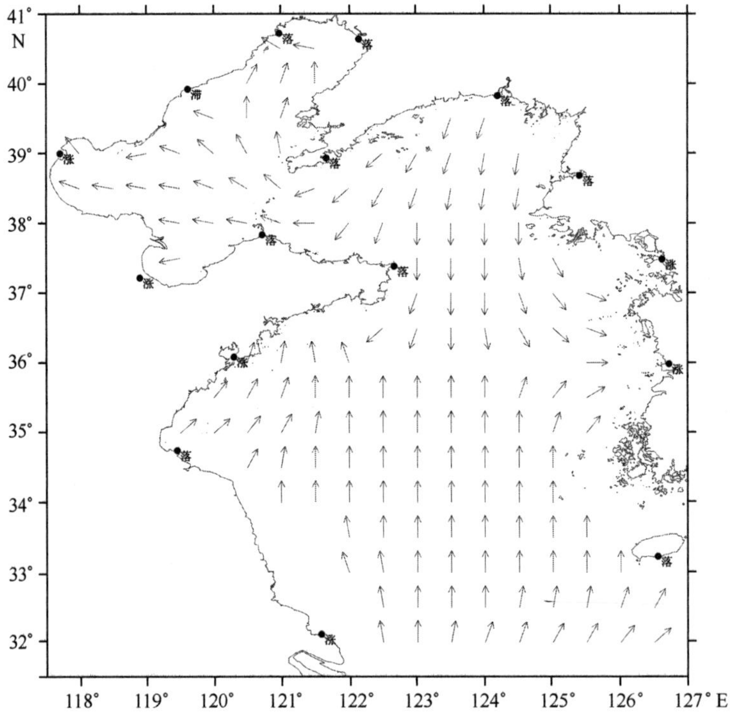

下中天后1 h (1 时)潮流场

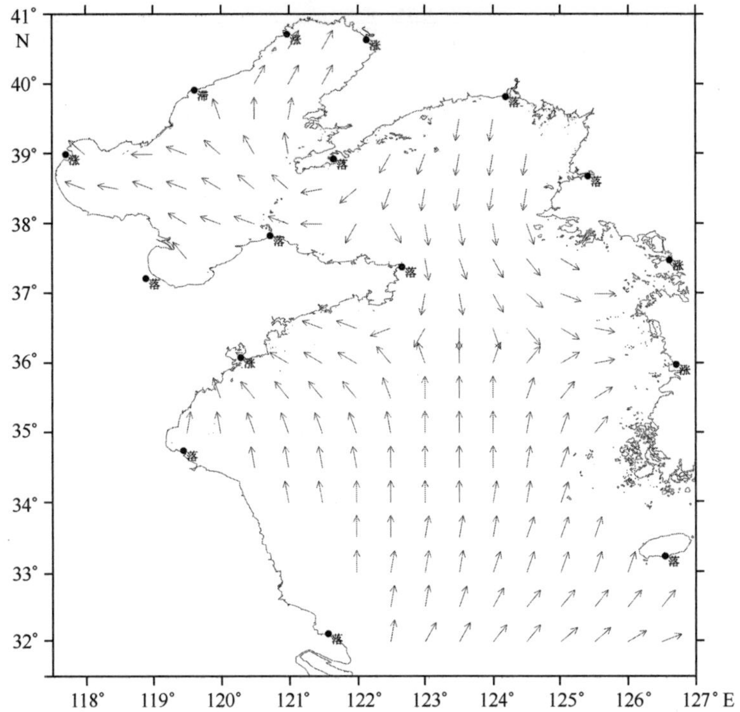

下中天后2 h (2 时)潮流场

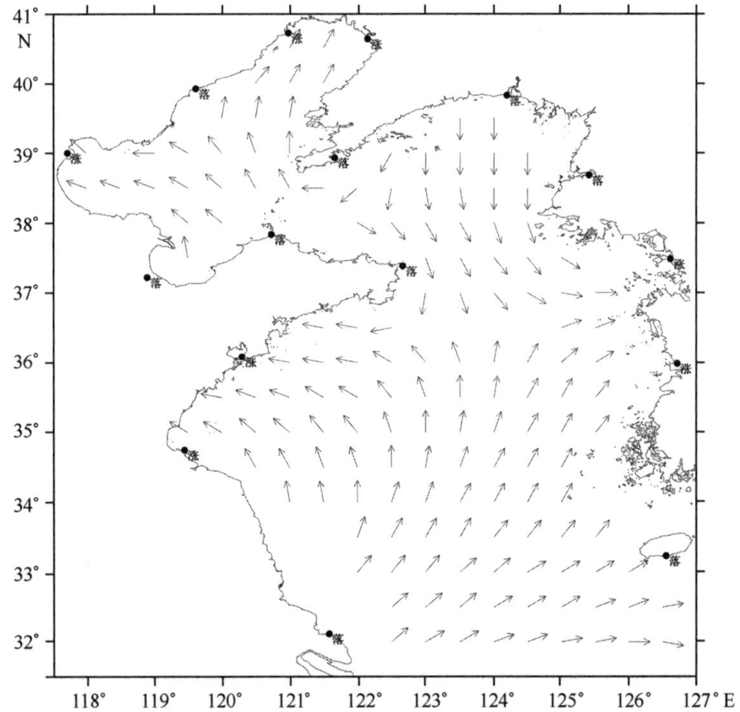

下中天后3 h (3 时)潮流场

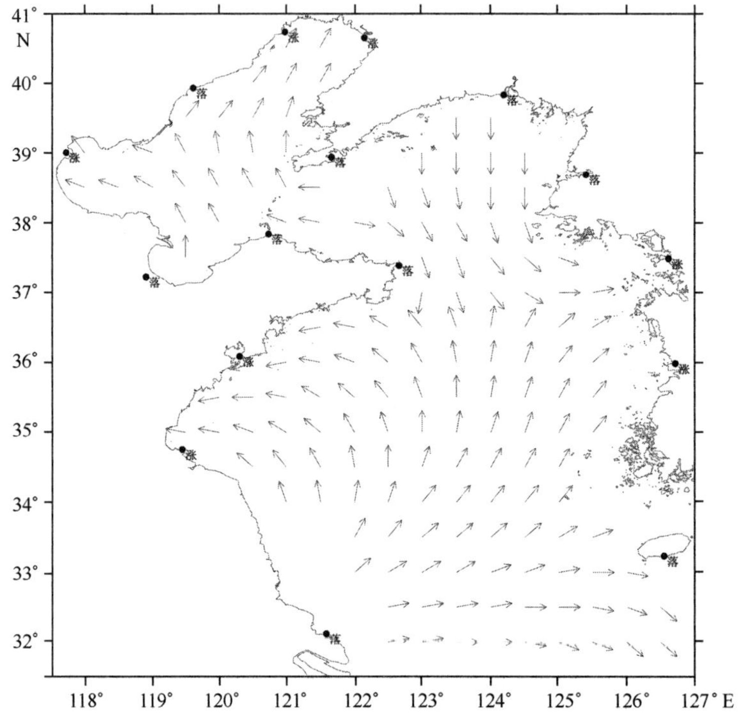

下中天后4 h (4 时)潮流场

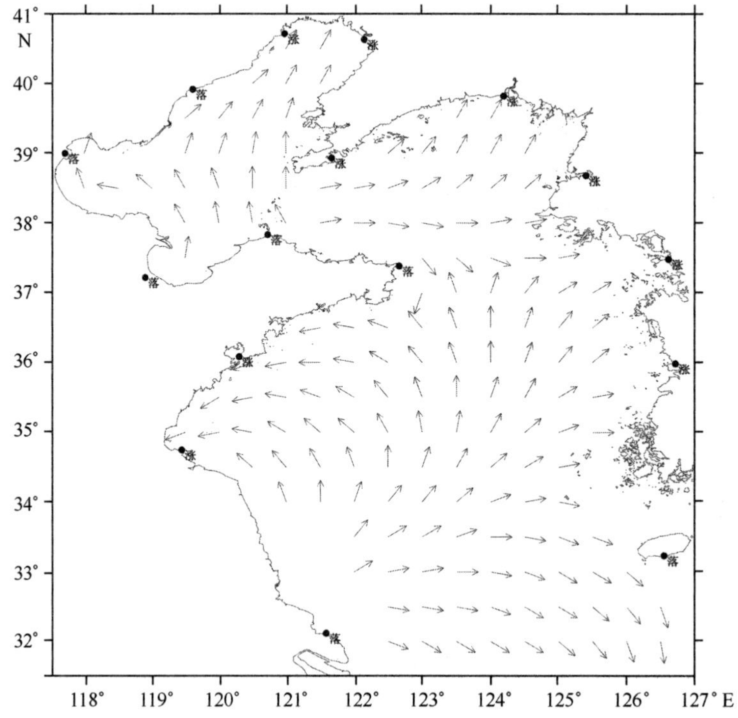

下中天后5 h (5 时)潮流场

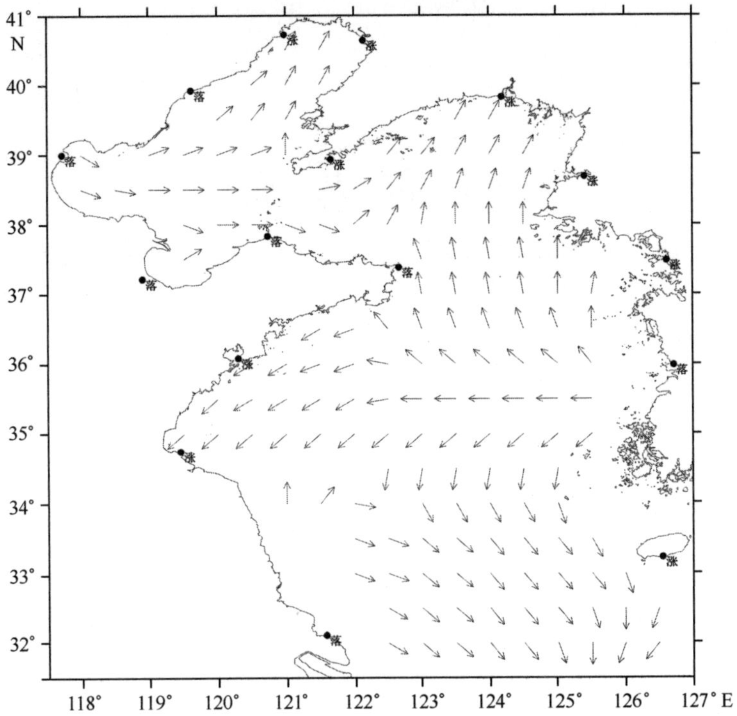

下中天后6 h (6 时)潮流场

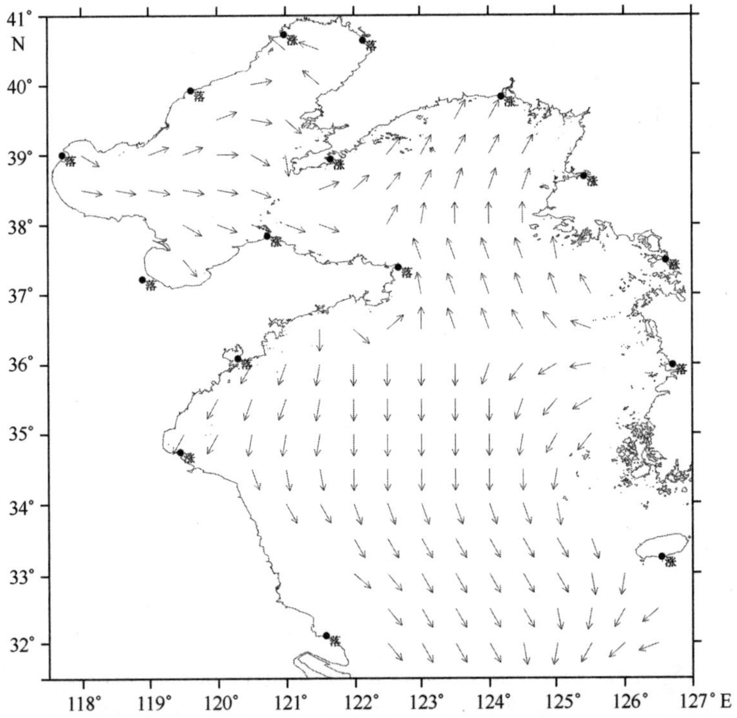

附录 6：

渤 海 黄 海
Ⅱ型潮流场永久预报示意图

（天文潮永久预报表）

（表层）

山东省科学技术委员会
国家海洋局第一海洋研究所

（附录 6 内容已于 1992 年由海洋出版社出版）

上中天前5 h (-5 时)潮流场

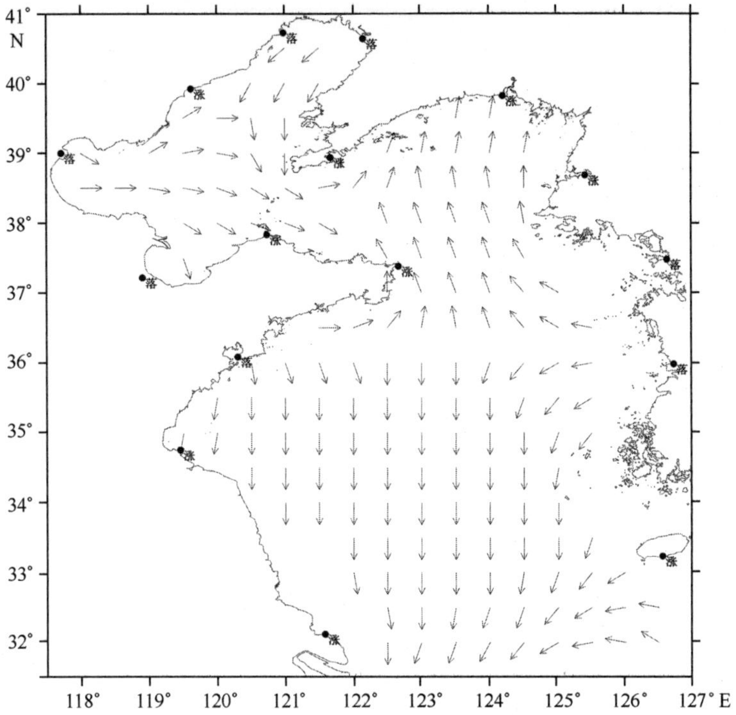

上中天前4 h (-4 时)潮流场

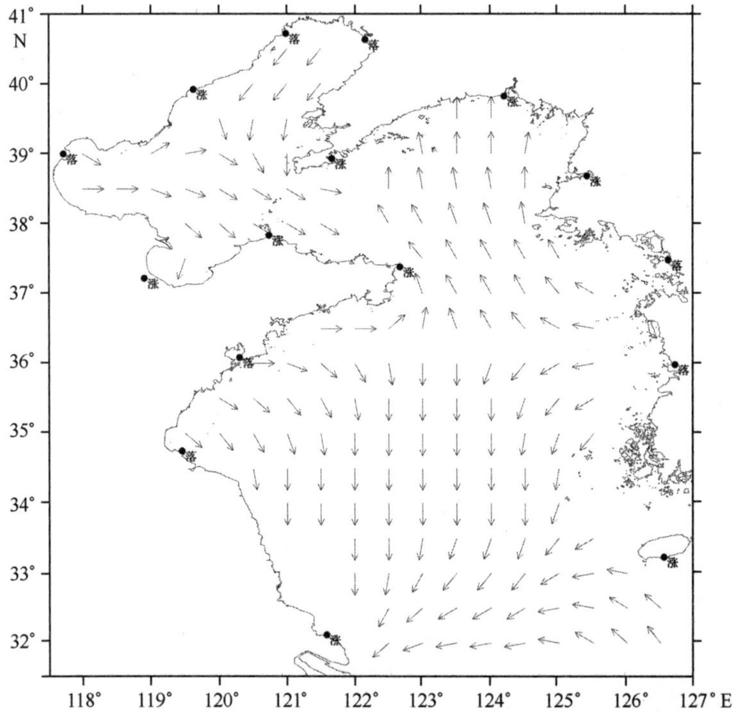

上中天前3 h (-3 时)潮流场

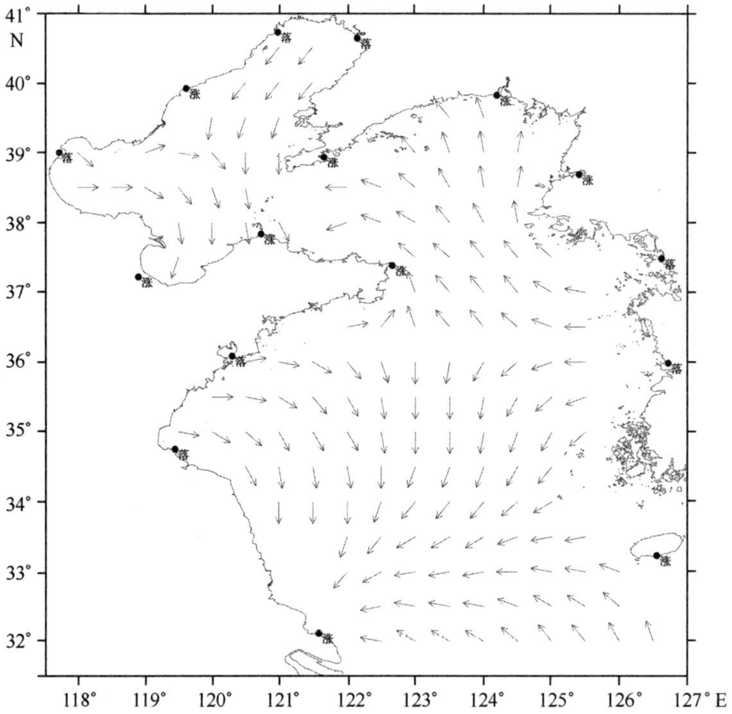

上中天前2 h (-2 时)潮流场

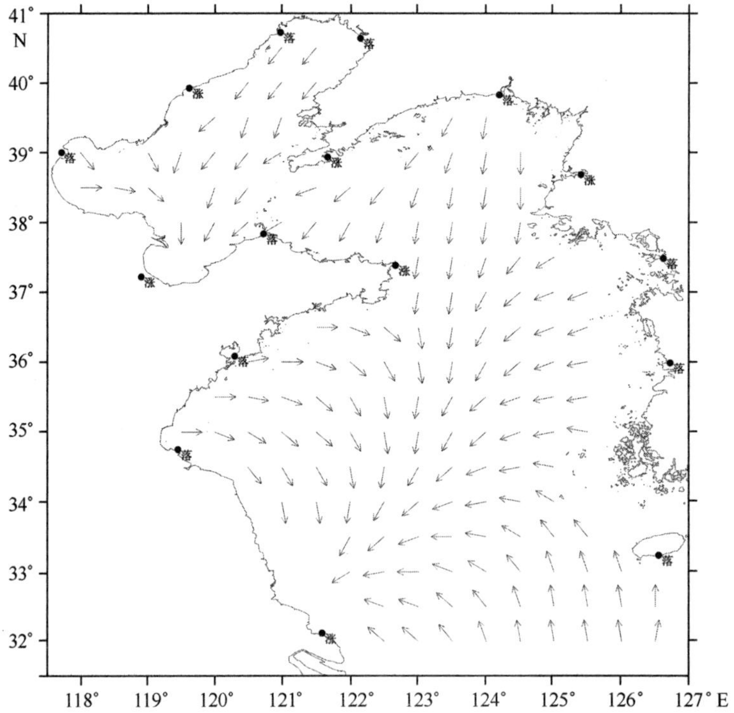

上中天前1 h (-1 时)潮流场

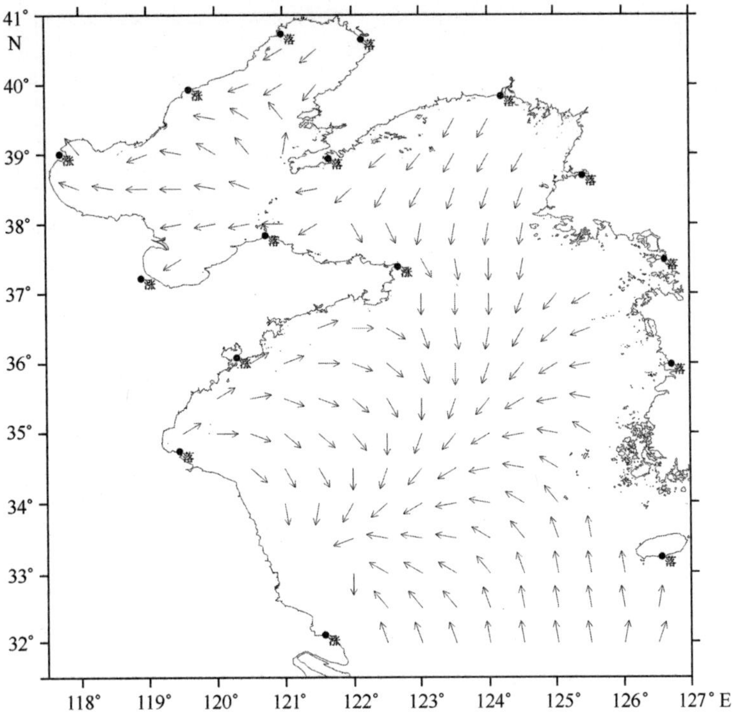

上中天时刻 (0 时)潮流场

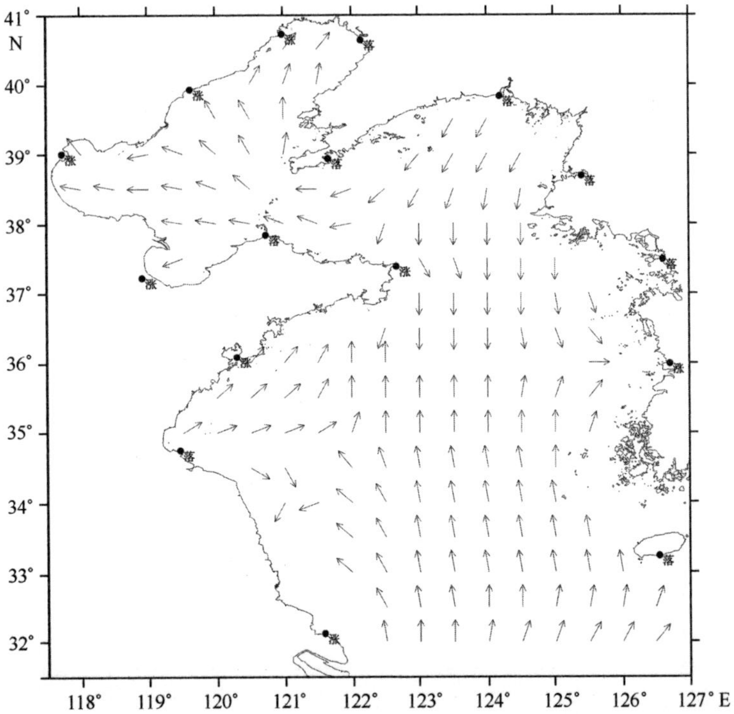

上中天后1 h (1 时)潮流场

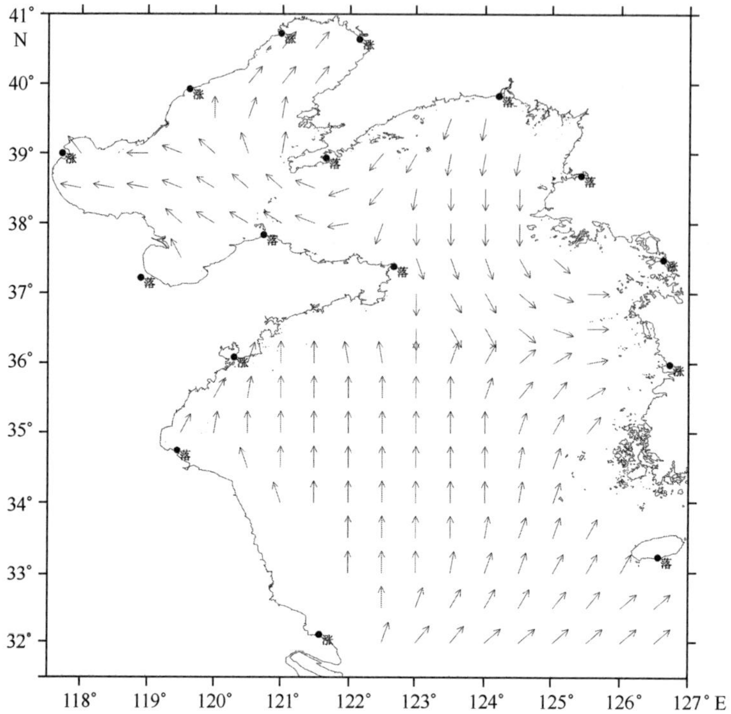

上中天后2 h (2 时)潮流场

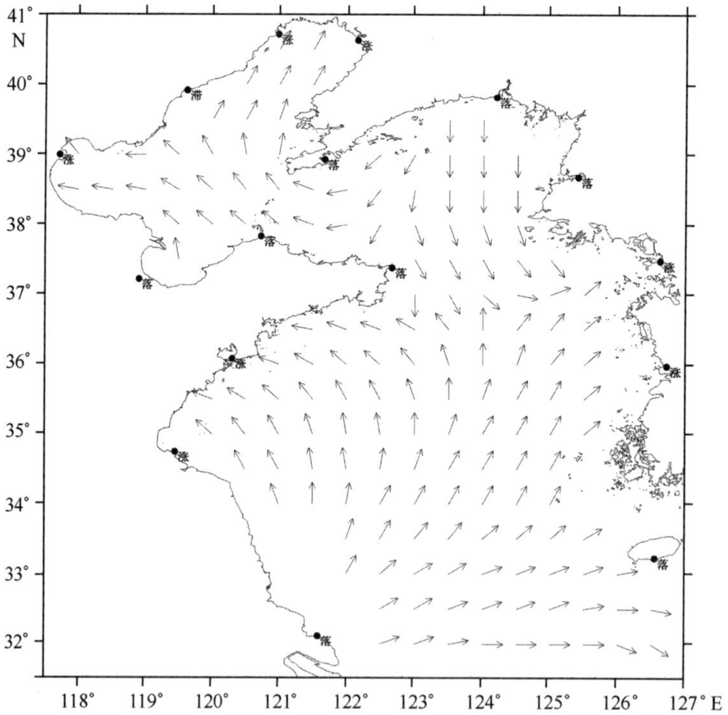

上中天后3 h (3 时)潮流场

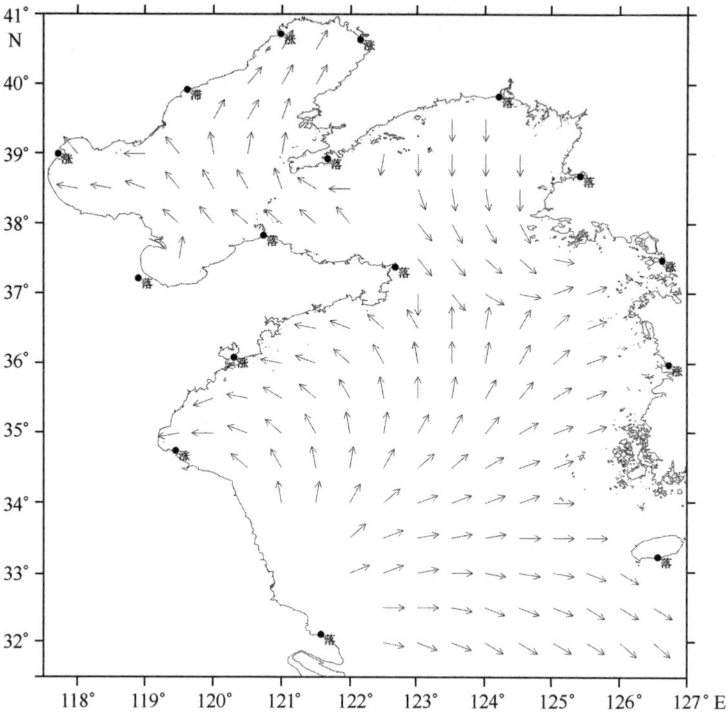

上中天后4 h (4 时)潮流场

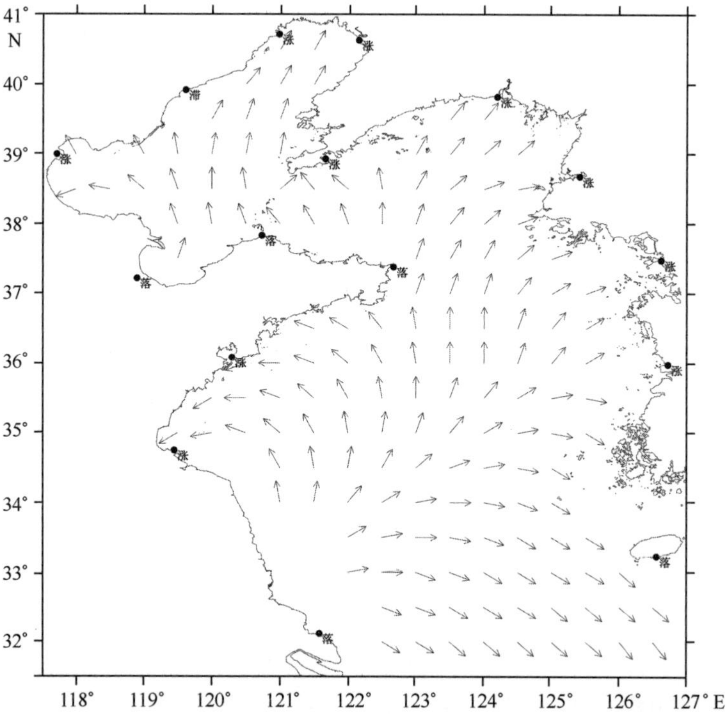

上中天后5 h (5 时)潮流场

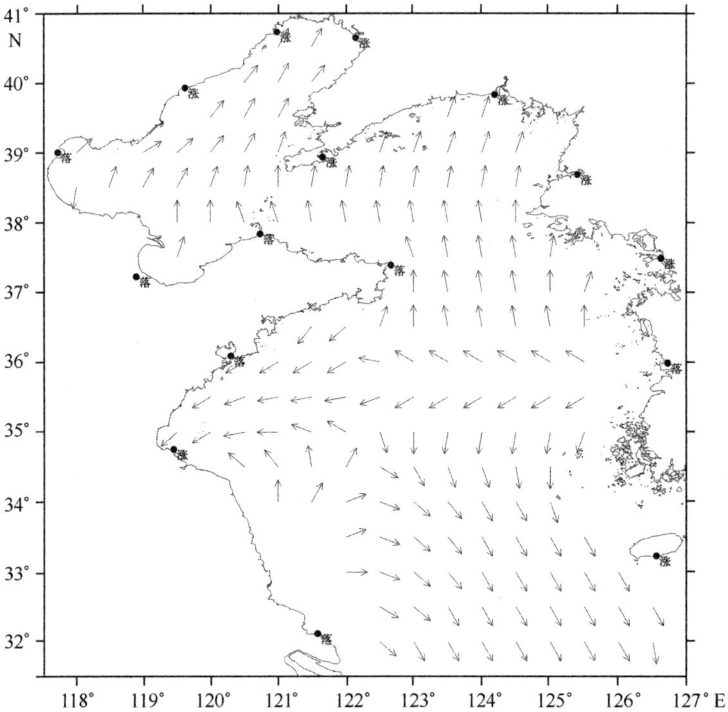

上中天后6 h (6 时)潮流场

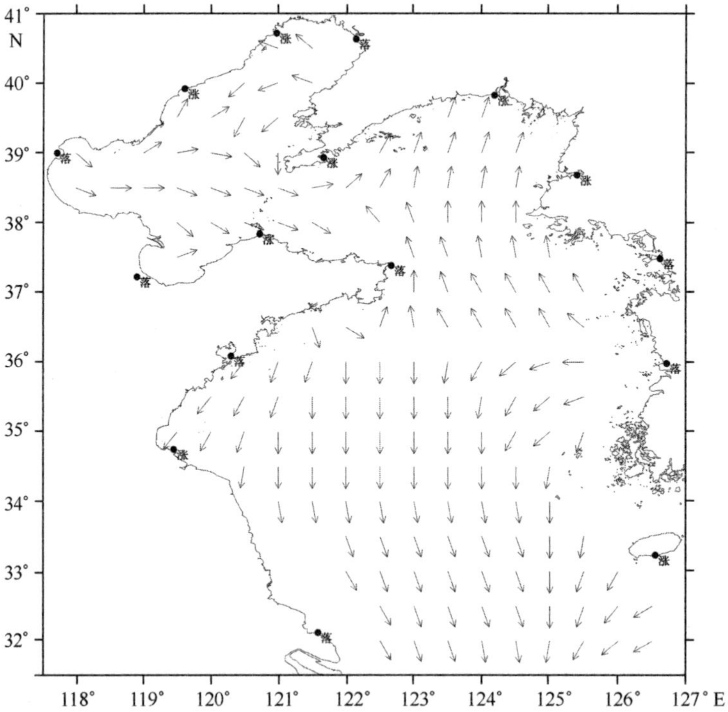

下中天前5 h (-5 时)潮流场

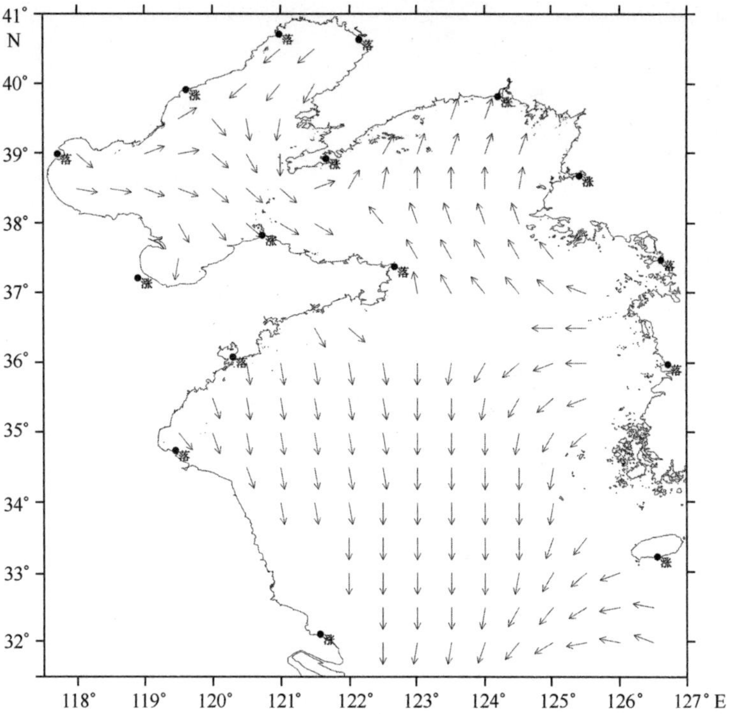

下中天前4 h (-4 时)潮流场

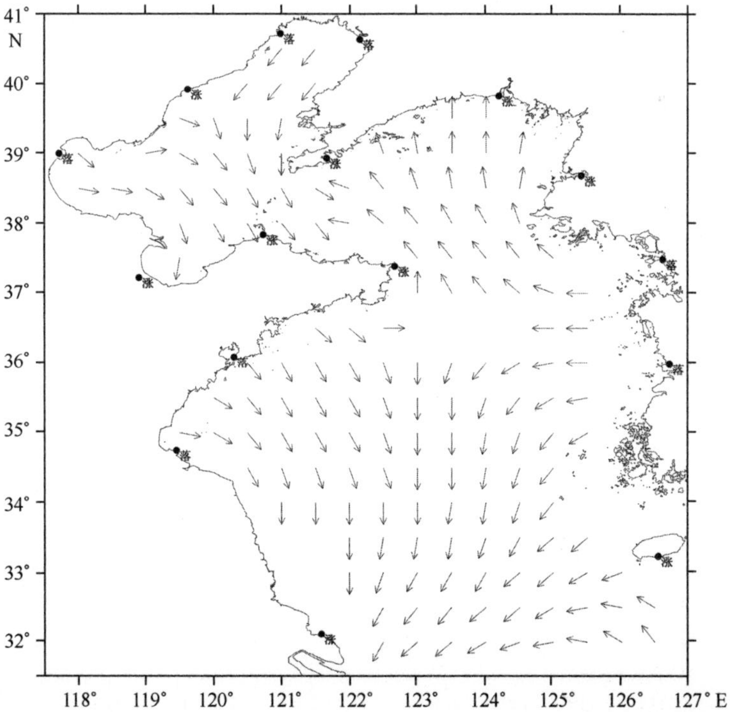

下中天前3 h (-3 时)潮流场

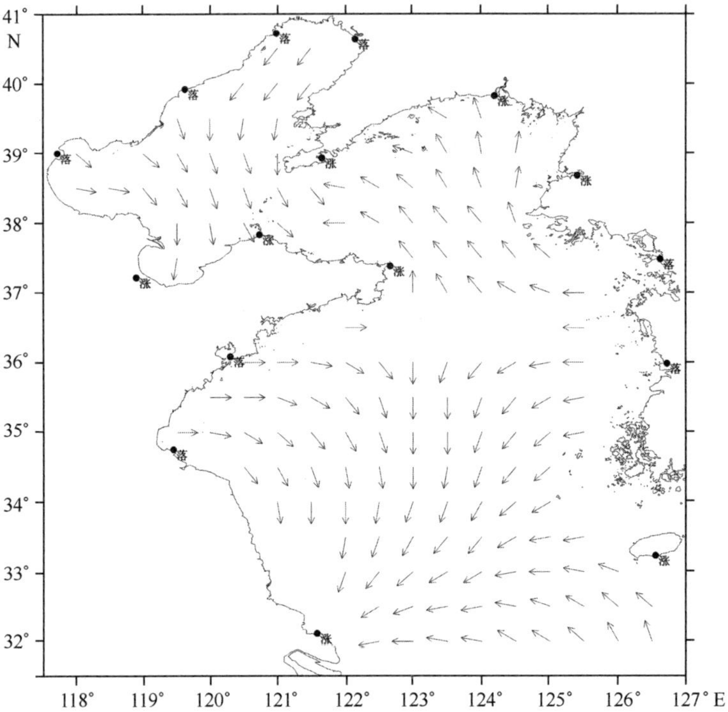

下中天前2 h (-2 时)潮流场

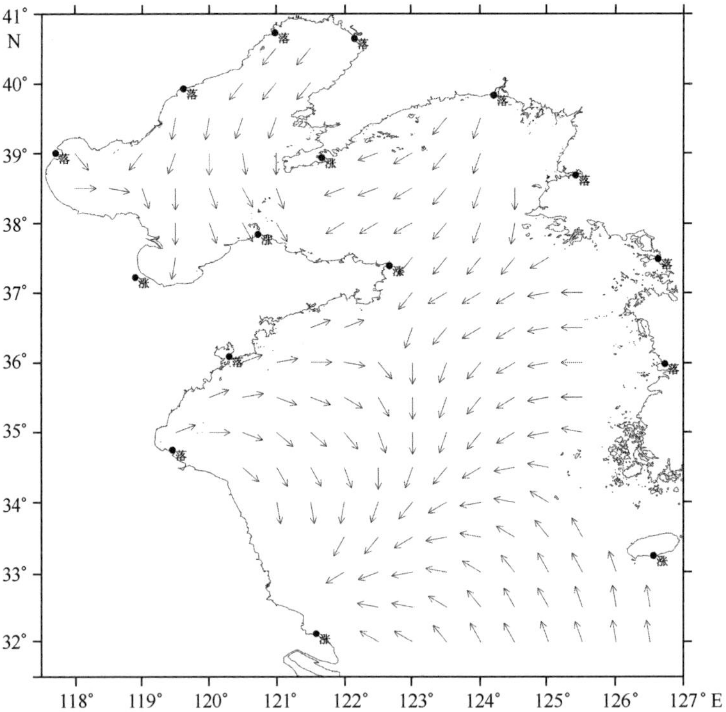

下中天前1 h (-1 时)潮流场

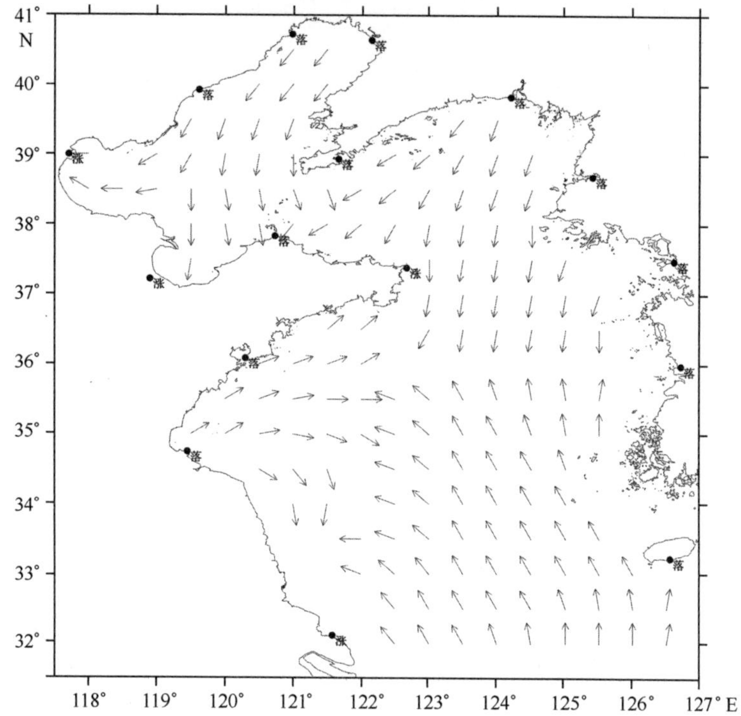

下中天时刻 (0 时)潮流场

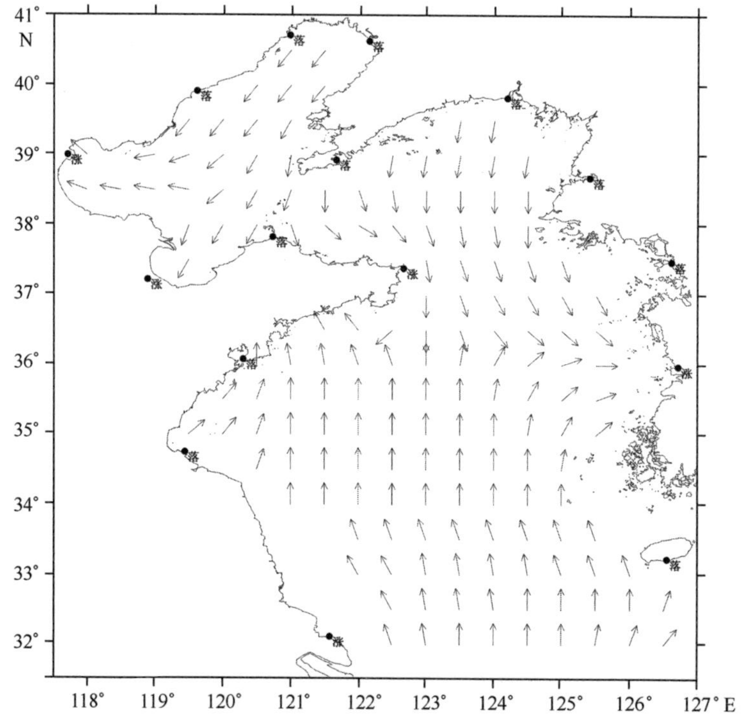

下中天后1 h (1 时)潮流场

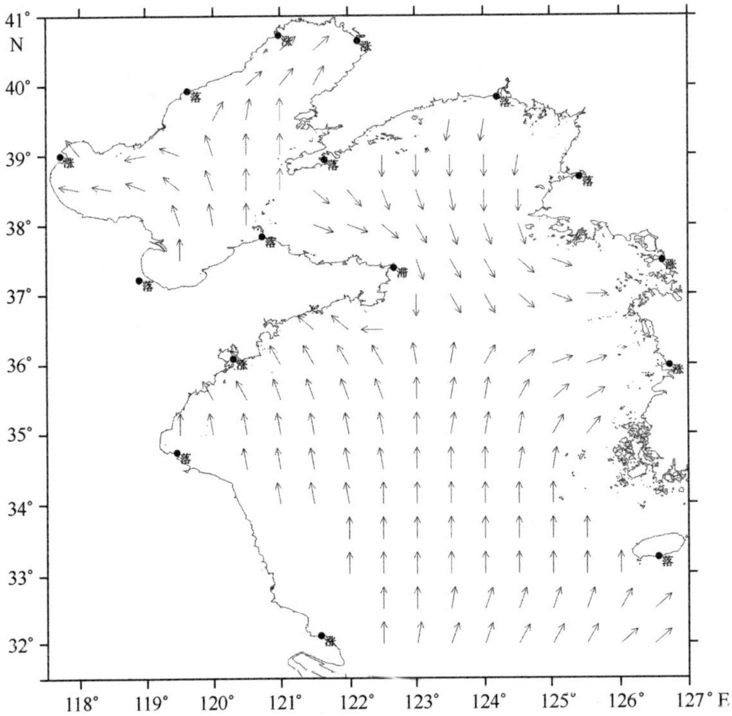

下中天后2 h (2 时)潮流场

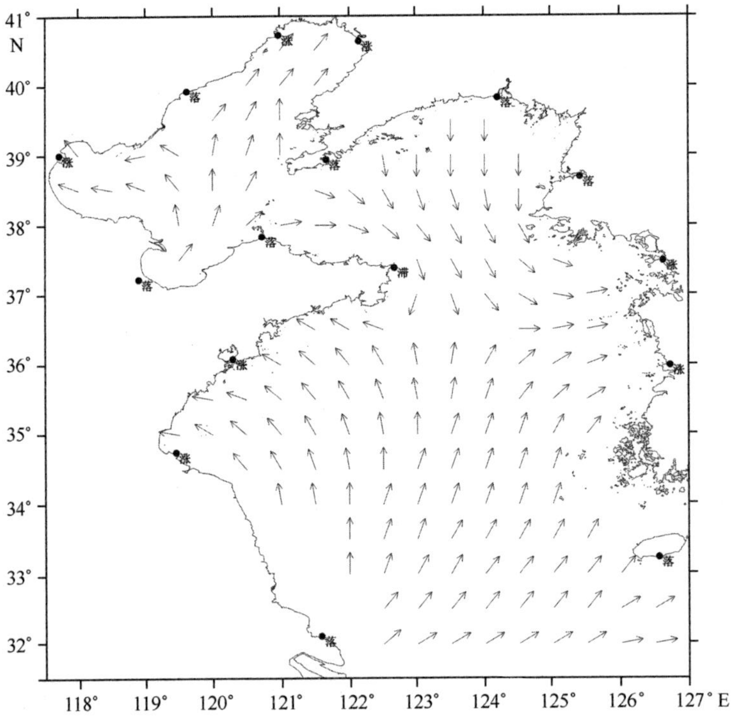

下中天后3 h (3 时)潮流场

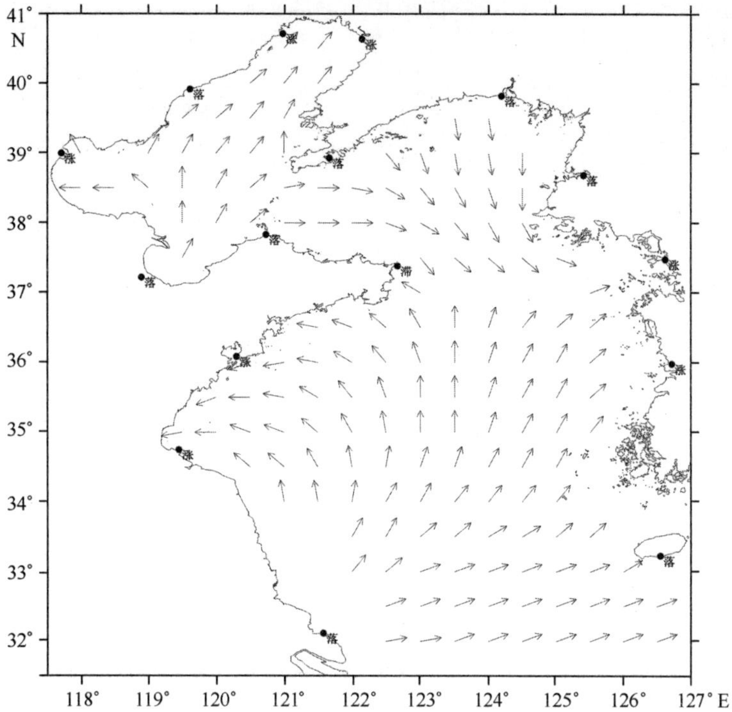

下中天后4 h (4 时)潮流场

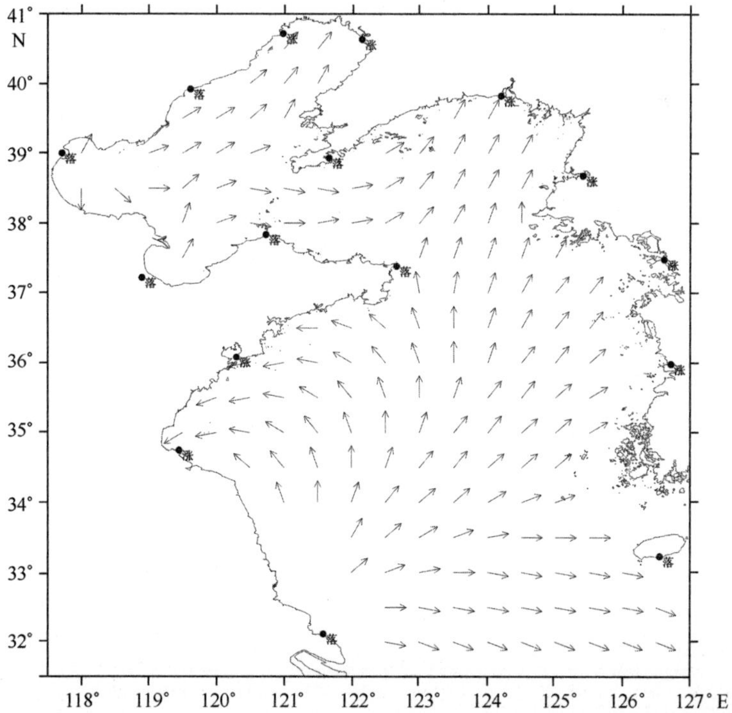

下中天后5 h (5 时)潮流场

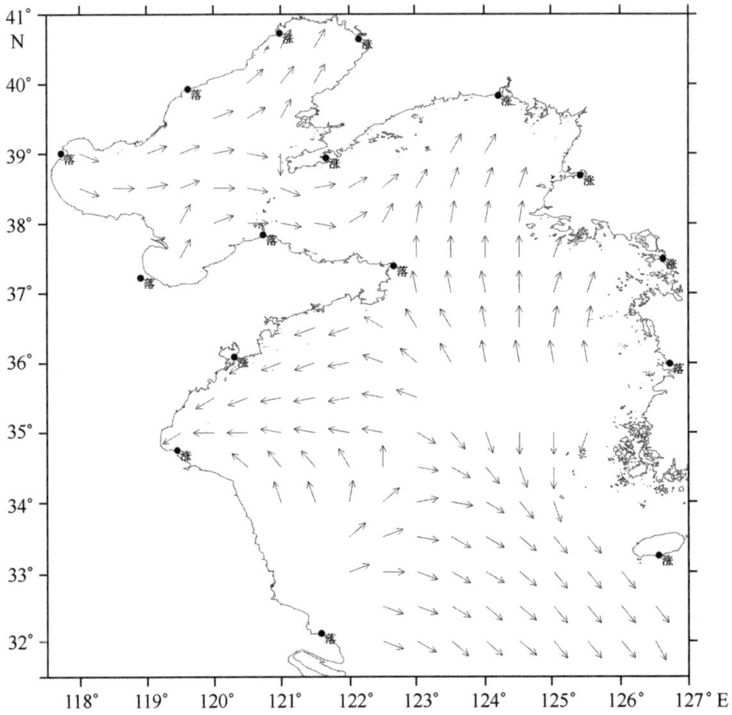

下中天后6 h (6 时)潮流场

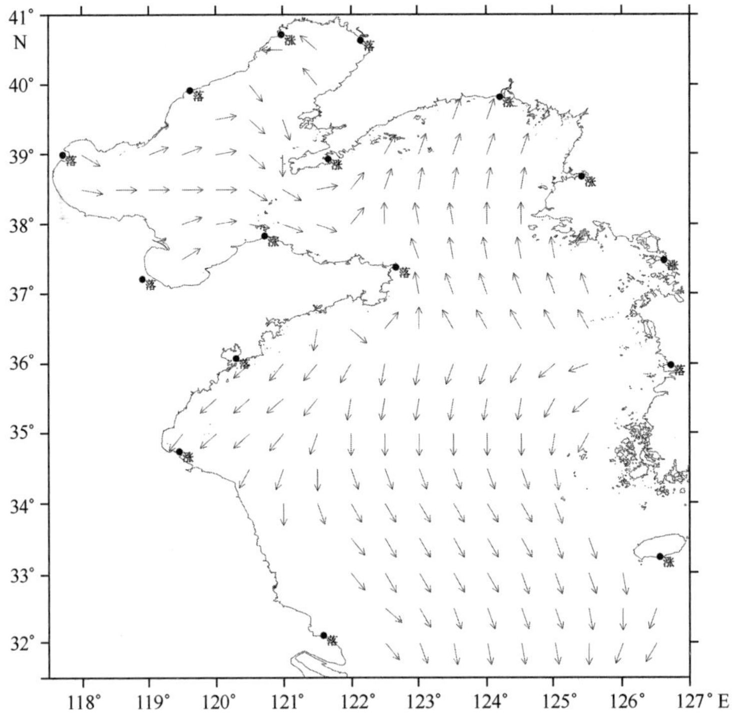